安徽省高等学校"十三五"省级规划教材

工程弹塑性力学

主　编　经来旺　卢小雨

副主编　董春亮　缪广红　郝朋伟

编　委（以姓氏笔画排序）

卢小雨　江向阳　李　亮

罗吉安　经来旺　郝朋伟

董春亮　缪广红

U0256618

中国科学技术大学出版社

内 容 简 介

本书是安徽省"十三五"省级规划教材,主要内容包括绪论、应力理论、应变理论、弹性应力-应变关系、弹性力学的边值问题、平面问题的基本理论、平面问题的直角坐标解答和极坐标解答、空间简单问题的解答、单轴状态下材料的塑性本构关系、屈服条件、塑性本构理论、塑性理论在岩土工程中的应用、弹塑性力学问题的数值方法。

本书可作为高等学校工程力学、土木、采矿、弹药等工科类专业本科生和研究生的弹塑性力学课程教材,也可供工程技术人员参考和使用。

图书在版编目(CIP)数据

工程弹塑性力学/经来旺,卢小雨主编. —合肥:中国科学技术大学出版社,2021.7
ISBN 978-7-312-05044-2

Ⅰ. 工… Ⅱ. ①经…②卢… Ⅲ. ①工程力学—弹性力学 ②工程力学—塑性力学 Ⅳ. TB125

中国版本图书馆 CIP 数据核字(2021)第 048250 号

工程弹塑性力学
GONGCHENG TANSUXING LIXUE

出版	中国科学技术大学出版社 安徽省合肥市金寨路 96 号,230026 http://press.ustc.edu.cn https://zgkxjsdxcbs.tmall.com
印刷	安徽省瑞隆印务有限公司
发行	中国科学技术大学出版社
经销	全国新华书店
开本	710 mm×1000 mm 1/16
印张	14.75
字数	297 千
版次	2021 年 7 月第 1 版
印次	2021 年 7 月第 1 次印刷
定价	45.00 元

前　言

　　"弹塑性力学"是工程力学、采矿、土木等工程类相关专业重要的专业基础课程。随着理论的完善和应用的发展,特别是与计算机技术的结合,弹塑性力学为解决许多实际工程问题提供了理论和技术上的有力支持。在高校教育改革不断深入、教学内容不减但课时大幅压缩的背景下,我们对教学内容和教学体系进行了优化调整,在满足国家教学大纲的基础上,对教学内容进行了更新和完善。同时,出于理论联系实际的考虑,本书增加了部分工程和科研方面的实例,以满足创新性教育的要求。

　　"弹塑性力学"是变形体力学的重要基础分支之一,是一门研究外界因素作用下变形体的位移、应变和应力分布规律,并分析变形体的强度和刚度的理论课程。因此,本教材围绕弹塑性力学的基本假设、应力状态理论、应变状态理论、应力和应变的关系、弹塑性力学问题的建立、平面问题的直角坐标解、平面问题的极坐标解、柱形杆的扭转和弯曲、弹性力学问题的一般解、弹性力学的变分解法、弹性波理论、经典屈服理论、岩土类材料的强度准则等方面的核心内容进行介绍,使读者能比较牢固地掌握弹塑性力学的基本理论和解决问题的基本方法,这不仅是从事变形固体力学的研究人员及从事结构强度分析的工程技术人员必备的基础知识,还能为进一步学习其他固体力学分支学科提供必要的基础知识和研究分析方法。

　　与其他教材相比,本书在以下两个方面进行了改进:

　　(1) 目前弹塑性力学的一些经典教材对弹塑性力学概念把握得很准确,但大都注重于公式的推导,对力学专业的学生是适用的,对土木、采矿等专业的学生来说则较为难懂,因此我们在本书中尽量避免大篇幅的理论推导,重点强调应用,让学生不被繁琐的推导过程难倒,提高学生学习的信心。

　　(2) 目前市面上虽然有大量的弹塑性力学教材,但是它们的例题和习题大同小异,因此我们在编写本书的过程中增加了一些新的例题和习题,重点增加与工程密切相关的例题和习题,提高学生学习的感性认识,让学生感受到与这门课的相关性及课程的实用性,使他们自发产生"我要学好这门课"的想法。

　　本书由安徽理工大学的经来旺教授、卢小雨副教授主编。经来旺负责第 1 章,卢小雨负责第 2～4 章和附录,郝朋伟负责第 5～8 章,董春亮负责第 10～12 章,缪广红负责第 9、13 和 14 章。江向阳、李亮、罗吉安也参与了编写工作。全书由经来旺教授负责统稿。

　　本书的编写得到了安徽理工大学各级领导的大力支持,还得到了安徽省省级质量工程项目的资助,包括省级规划教材项目(编号:2017ghjc106)、工程力学省级一流专业、工程力学专业综合改革试点(编号:2016zy039)、工程力学专业卓越工程师计划(编号:2016zjjh021),在此一并表示感谢!

　　由于编者水平有限,疏漏之处在所难免,恳请有关专家及读者批评指正。

编　者

2020 年 8 月 5 日

目　　录

第1章 绪 论

弹塑性力学是固体力学的一门分支学科,在土木工程、机械工程、水利工程、航空航天工程等诸多技术领域得到了广泛的应用。

为使读者对弹塑性力学的学科性质和基本内容有个概观,本章将分别介绍弹塑性力学的下述内容:① 研究任务;② 研究对象;③ 基本假设。

1.1 弹塑性力学的研究任务

弹塑性力学就是研究物体在荷载(包括外力、温度变化或边界约束改变等)作用下产生的应力、变形状态的一门学科。弹塑性力学的基本任务是,针对实际工程问题构建力学模型和微分方程并设法求解它们,以获得结构在荷载作用下产生的变形、应力分布等。

一切物体在荷载作用下都将产生变形,不过变形有大有小,有的变形很微小,肉眼不能明显观察出来。一般随着荷载的增大,材料变形可由弹性阶段过渡到塑性阶段。弹性变形是指卸载后可以恢复或消失的变形;塑性变形是指卸载后不能恢复而保留下来的变形。

在传统上,弹性力学研究弹性变形阶段的力学问题,塑性力学研究塑性变形阶段的力学问题。实际上,弹性阶段与塑性阶段是整个变形过程中的两个连续阶段,且结构内部可能同时存在弹性区和塑性区。因此,实际结构的变形分析常需要同时应用弹性力学和塑性力学的知识,这两者的有机结合便是弹塑性力学的内容。

1.2 弹塑性力学的研究对象

由已学过的一些力学课程可知,理论力学的研究对象主要是刚体或刚体系统;

材料力学的研究对象主要是杆件;结构力学主要是在材料力学的基础上研究杆件系统;而弹塑性力学的研究对象则可以是各种形状的可变形固体,包括大坝、挡土墙、飞机机身、隧道洞室、建筑地基、桥梁结构等。

弹塑性力学也研究梁的弯曲、柱的扭转等问题,分析结果比材料力学更为精确。比如,在材料力学中研究梁的纯弯曲时采用了平截面假定,得出的解答是近似的;而弹性力学则不必做这种假设,所得结果也比较精确,且可用来核验材料力学的近似解答。此外,弹塑性力学还研究非圆截面杆的扭转、圆孔附近的应力集中等问题,这都不是材料力学的简单方法所能解决的。

1.3　弹塑性力学的基本假定

在研究变形固体的强度、刚度和稳定性时,可以略去次要性质,抓住主要性质做某些假设,抽象出理想的力学模型。这样,可使问题得到简化而使计算公式变得简单且满足工程实际对计算结果精度的要求。在弹塑性力学中对变形固体做如下基本假设:

1.3.1　连续性假设

连续性假设认为在固体所占有的整个空间内毫无空隙地充满着物质。实际上,从物质结构上看,各种材料都是由无数颗粒组成的,而且各颗粒的性质也不尽相同,但当所考察的物体几何尺度足够大时,这种颗粒之间空隙的大小和构件尺寸相比极其微小,可以忽略不计。

例如,常用的金属材料,它是由极微小的晶粒(例如每立方毫米的钢料中一般含有数百个晶粒)组成的,如果用晶粒大小的量级去衡量,晶粒之间可能存在空位,各晶粒的性质也不尽相同。然而我们所研究的构件或构件的某一部分,其尺寸远大于晶粒,所以可把金属构件看成连续体。这样,当研究构件内部的变形与受力等问题时,就可用坐标的连续函数来描述,从而可以使用极限、微分和积分等数学运算方式。

1.3.2　均匀性假设

均匀性假设认为固体内部各处的力学性质相同。对于金属材料而言,单个晶粒的力学性质并不完全相同,但是由于晶粒的排列一般是随机的,金属材料的力学性能是它所含晶粒性质的统计平均值,因而可认为金属构件各处的力学性能是一样的。

总之,在宏观研究中,我们把变形固体抽象为连续均匀的力学模型,通过试件所测得的材料的力学性能,便可用于构件内部的任何部位。好比在人们体检抽血化验时,只需在手指上抽取一点儿血进行化验,如果检验合格,就说体检者是健康的,这就是利用了均匀性假设。对于研究晶粒大小范围内的力学行为,则不宜使用连续均匀性假设。

1.3.3　各向同性假设

各向同性假设认为沿固体的各个方向,材料的力学性能均相同。如金属材料,就单个晶粒来说,其力学性能是有方向性的,但只要晶粒的排列是杂乱无章的,从统计学的观点看,材料在各个方向的力学性能就接近相同了。所以在宏观研究中,一般可将金属材料看成是各向同性的。具有这种性质的材料称为各向同性材料,如钢、玻璃等。

1.3.4　小变形假设

小变形假设指物体在外力作用下产生的变形与其本身几何尺寸相比很小,可以不考虑因变形而引起的尺寸变化。这样,就可以用变形以前的几何尺寸来建立各种方程。此外,应变的二阶微量可以忽略不计,从而使得几何方程线性化。然而,对于大变形问题,必须考虑几何关系中的高阶非线性项,平衡方程也应在变形后的物体上列出。

1.3.5　无初应力假设

无初应力假设认为物体在外力作用之前,处于一个无应力的自然状态,其内部各点的应力均为零。我们的分析计算都是从这种状态出发的,求得的应力仅仅是由于荷载变化产生的。

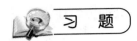 习 题

1. 弹塑性力学的研究任务是什么?

2. 弹塑性力学的研究对象是什么? 它与材料力学有何区别?

3. 弹塑性力学引入了哪些基本假设? 它们有何作用?

第 2 章　应 力 理 论

弹塑性力学的基本任务是求解物体在荷载作用下产生的响应(应力、应变和位移等),这些响应都是定义于连续介质体上的场变量,它们都是空间坐标的连续函数。为了求解它们,首先需要从物体中取出微元体进行微元分析,从而建立这些场变量必须满足的控制微分方程和边界条件。

本章介绍应力理论,建立应力分量必须满足的控制方程和边界条件。具体内容包括:① 荷载、应力状态等基本概念;② 通过体内微元即微分六面体的平衡分析推导平衡微分方程,通过边界处微元即微分四面体的平衡分析推导应力边界条件;③ 进行应力分析,给出主应力、主方向、应力不变量、等效应力的计算公式。

2.1　基 本 概 念

2.1.1　荷载

引起物体内力和变形的外部因素统称为荷载,包括外力和其他因素。外力分为体力和面力;其他因素包括温度变化、湿度变化、边界约束变动等。这里仅简要介绍外力的概念。

1. 体力

体力是指连续地作用在物体内部各质点上的力,如重力、惯性力等。体力一般用 f 表示,定义为

$$f = \lim_{\Delta V \to 0} \frac{\Delta F}{\Delta V} \tag{2.1}$$

其中,ΔV 为受体力作用的微元体积,ΔF 为 ΔV 上体力的合矢量;f 是体力矢量,f_x, f_y, f_z 均为沿坐标轴的分量,指向坐标轴正向时为正,反之为负。

2. 面力

面力是指作用在物体表面上的力,如风荷载、水压力等。面力一般用 $\overline{f}$ 表示,

定义为

$$\overline{f} = \lim_{\Delta S \to 0} \frac{\Delta P}{\Delta S} \tag{2.2}$$

其中，ΔS 为受面力作用的微元面积，ΔP 为 ΔS 上面力的合力，$\overline{f}$ 是面力矢量，$\overline{f}_x$，$\overline{f}_y$，$\overline{f}_z$ 是面力矢量沿坐标轴的分量，指向坐标轴正向时为正，反之为负。在直角坐标系中，$\overline{f}_x$，$\overline{f}_y$，$\overline{f}_z$ 也可以写为 $\overline{X}$，$\overline{Y}$，$\overline{Z}$。

2.1.2　应力

物体在荷载作用下将产生变形，同时在体内产生抵抗变形的内力。简单地说，应力就是荷载引起的物体内单位面积上的内力。作用在外法线为 n 的面元上的应力 p 定义为

$$p = \lim_{\Delta S \to 0} \frac{\Delta F}{\Delta S} \tag{2.3}$$

其中，ΔS 为面元的面积，ΔF 为面元 ΔS 受到的作用力的合力。应力 p 的方向就是合力 ΔF 的极限方向，一般与所在截面成一定的角度，可分解为与截面垂直和与截面相切的两个分量，垂直于截面的应力称为正应力，用 σ 表示；与截面相切的应力称为切应力，用 τ 表示。

在弹塑性力学中，应力的正负号规定如下：无论是正应力还是切应力，正面上的应力与坐标轴正向相同时为正，反之为负；负面上的应力与坐标轴负向相同时为正，反之为负。

2.1.3　一点的应力状态

在材料力学中我们学习过平面情况下的一点的应力状态，现在我们来学习空间应力状态下的一点的应力状态。应力总是与点的位置、截面方位有关。过物体中任一点 P 可以作无数个不同方位的截面，各个截面上的应力通常各不相同。为了研究 P 点的应力状态，可以在该点取平行于坐标面的 3 对互相垂直的微元面。当微元面趋于零时，上面作用的应力就代表 P 点的应力。

过 P 点的 3 对微元面的外法线可以是坐标轴的正向，也可以是坐标轴的负向。通常把外法线与坐标轴正向一致的面称为正面，外法线与坐标轴负向一致的面称为负面。因为单元体尺寸非常小，此处可忽略其尺寸影响，假定应力在各面上均匀分布。单元体的一对正面与负面可以认为是物体在使用截面法截开之后在某点处的作用面与反作用面，因此根据作用与反作用定律，正面上的应力与相对应的负面

上的应力应该大小相等,方向相反。

在物体的 P 点取一个微小的平行六面体,沿 x,y,z 三个坐标轴方向的边长分别为 $\mathrm{d}x,\mathrm{d}y,\mathrm{d}z$。每个面各有一个正应力和两个切应力,每个应力分量用两个字母的下标进行标记,其中第一个字母表示应力所在面的外法线方向,第二个字母表示应力分量的指向。例如,在以 x 为法向的正面上,沿 x,y,z 轴的应力分量分别为 $\sigma_x,\tau_{xy},\tau_{xz}$。

应力的正负号规定如下:无论是正应力还是切应力,正面上的应力与坐标轴正向相同时为正,反之为负;负面上的应力与坐标轴负向相同时为正,反之为负。这里假设图 2.1 中应力符号均为正。弹性力学中的应力正负号规定与材料力学中的不太一样,需要大家注意区别。

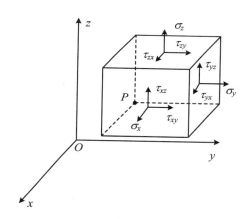

图 2.1 一点的应力状态

2.2 应力分量转换公式

P 点处的应力分量共有 9 个,其中有 3 个正应力和 6 个切应力。根据切应力互等定理,实际上只有 6 个独立的应力分量。把这 9 个应力分量按一定规则排列,分别为 x,y,z 面上的 3 个应力分量,即

$$\sigma_x \quad \tau_{xy} \quad \tau_{xz}$$
$$\tau_{yx} \quad \sigma_y \quad \tau_{yz}$$
$$\tau_{zx} \quad \tau_{zy} \quad \sigma_z$$

当坐标系变化时,应力分量就变成新坐标系 9 个应力分量:

$$\sigma_{x'} \quad \tau_{x'y'} \quad \tau_{x'z'}$$
$$\tau_{y'x'} \quad \sigma_{y'} \quad \tau_{y'z'}$$
$$\tau_{z'x'} \quad \tau_{z'y'} \quad \sigma_{z'}$$

新坐标系下的应力分量与原坐标系下的应力分量应该有一定的关系,本节将给出应力分量在坐标变换时服从的变换公式。

与材料力学的处理方法类似,在微小的平行六面体内 P 点附近任取一个四面体 $PABC$,如图 2.2 所示,斜面的外法线为 $\boldsymbol{n}$,它与 x,y,z 三个坐标轴的夹角余弦分别为 l,m,n。如令斜面 ABC 的面积为 $\mathrm{d}S$,则 $\triangle PBC$,$\triangle PAC$,$\triangle PAB$ 的面积分别为

$$\mathrm{d}S_x = \mathrm{d}S \cdot \cos(\boldsymbol{n},x) = \mathrm{d}S \cdot l$$
$$\mathrm{d}S_y = \mathrm{d}S \cdot \cos(\boldsymbol{n},y) = \mathrm{d}S \cdot m$$
$$\mathrm{d}S_z = \mathrm{d}S \cdot \cos(\boldsymbol{n},z) = \mathrm{d}S \cdot n$$

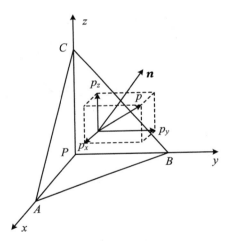

图 2.2　斜截面应力

如斜面 ABC 的面力为 $\boldsymbol{p}$,沿坐标轴方向的分量分别为 p_x,p_y,p_z,体力的影响可以忽略不计,列出四面体的平衡方程如下:

$$p_x\mathrm{d}S - \sigma_x\mathrm{d}S_x - \tau_{yx}\mathrm{d}S_y - \tau_{zx}\mathrm{d}S_z = 0$$
$$p_y\mathrm{d}S - \tau_{xy}\mathrm{d}S_x - \sigma_y\mathrm{d}S_y - \tau_{zy}\mathrm{d}S_z = 0 \qquad (2.4)$$
$$p_z\mathrm{d}S - \tau_{xz}\mathrm{d}S_x - \tau_{yz}\mathrm{d}S_y - \sigma_z\mathrm{d}S_z = 0$$

将四个面的面积代入化简,可得

$$p_x = \sigma_x l + \tau_{yx} m + \tau_{zx} n$$
$$p_y = \tau_{xy} l + \sigma_y m + \tau_{zy} n \qquad (2.5)$$
$$p_z = \tau_{xz} l + \tau_{yz} m + \sigma_z n$$

按照张量的符号及求和约定,式(2.5)可简记为

$$p_i = \sigma_{ij}n_j \quad (i,j = x,y,z) \tag{2.6}$$

如果令此处的外法线方向 $\boldsymbol{n}$ 为新坐标系的 x' 轴,而 x' 轴与原坐标轴 x,y,z 三个坐标轴的夹角余弦分别为 $l_1 = \cos(x',x)$,$m_1 = \cos(x',y)$ 和 $n_1 = \cos(x',z)$;则与 x' 轴垂直的 ABC 斜面上沿 x,y,z 三个坐标轴方向的分量分别为 p_{1x},p_{1y},p_{1z}:

$$p_{1x} = \sigma_x l_1 + \tau_{yx}m_1 + \tau_{zx}n_1$$
$$p_{1y} = \tau_{xy}l_1 + \sigma_y m_1 + \tau_{zy}n_1$$
$$p_{1z} = \tau_{xz}l_1 + \tau_{yz}m_1 + \sigma_z n_1$$

把与 x' 垂直的 ABC 斜面上三个面力分量 p_{1x},p_{1y},p_{1z} 向 x' 轴方向投影,即可得到

$$\sigma_{x'} = p_{1x}l_1 + p_{1y}m_1 + p_{1z}n_1 \tag{2.7}$$

将三个面力分量 p_{1x},p_{1y},p_{1z} 代入式(2.7),利用切应力互等定理可得

$$\sigma_{x'} = \sigma_x l_1^2 + \sigma_y m_1^2 + \sigma_z n_1^2 + 2(\tau_{xy}l_1 m_1 + \tau_{yz}m_1 n_1 + \tau_{xz}l_1 n_1) \tag{2.8}$$

依此类推,y' 轴与原坐标轴 x,y,z 三个坐标轴的夹角余弦分别为 $l_2 = \cos(y',x)$,$m_2 = \cos(y',y)$,$n_2 = \cos(y',z)$;z' 轴与 x,y,z 三个坐标轴的夹角余弦分别为 $l_3 = \cos(z',x)$,$m_3 = \cos(z',y)$,$n_3 = \cos(z',z)$。

同理,可将面力分量 p_{1x},p_{1y},p_{1z} 向 ABC 面内的互相垂直的 y' 轴及 z' 轴方向投影,则可得到切应力 $\tau_{x'y'}$ 和 $\tau_{x'z'}$:

$$\tau_{x'y'} = \sigma_x l_1 l_2 + \sigma_y m_1 m_2 + \sigma_z n_1 n_2 + \tau_{xy}(l_2 m_1 + l_1 m_2)$$
$$+ \tau_{yz}(m_2 n_1 + n_2 m_1) + \tau_{xz}(n_3 l_1 + l_2 n_1) \tag{2.9}$$
$$\tau_{x'z'} = \sigma_x l_1 l_3 + \sigma_y m_1 m_3 + \sigma_z n_1 n_3 + \tau_{xy}(l_3 m_1 + l_1 m_3)$$
$$+ \tau_{yz}(m_3 n_1 + n_3 m_1) + \tau_{xz}(l_3 n_1 + l_1 n_3) \tag{2.10}$$

依此类推,如果斜面外法线方向 $\boldsymbol{n}$ 变换到 y' 的方向,并在斜面内作两个互相垂直的 x' 轴及 z' 轴,则可同样得到 y' 面的正应力 $\sigma_{y'}$ 以及切应力 $\tau_{y'x'}$ 和 $\tau_{y'z'}$;如果斜面外法线方向 $\boldsymbol{n}$ 变换到 z' 的方向,并在斜面内作两个互相垂直的 x' 轴及 y' 轴,则可同样得到 z' 面的正应力 $\sigma_{z'}$ 以及切应力 $\tau_{z'x'}$ 和 $\tau_{z'y'}$,公式就不再列出。读者有兴趣的话可以自己推导出这些公式,大家会发现 $\tau_{y'x'}$ 与 $\tau_{x'y'}$ 完全相同,$\tau_{z'x'}$ 与 $\tau_{x'z'}$ 完全相同,$\tau_{y'z'}$ 与 $\tau_{z'y'}$ 完全相同,这也验证了切应力互等定理。

应力转换公式看似比较复杂,但是用张量表示就显得较为简洁:

$$\sigma_{i'j'} = n_{i'i}\sigma_{ij}n_{j'j} \tag{2.11}$$

例 2.1　已知一点的六个应力分量为:$\sigma_x = 50\,\text{MPa}$,$\sigma_y = 0\,\text{MPa}$,$\sigma_z = -30\,\text{MPa}$;$\tau_{yz} = -75\,\text{MPa}$,$\tau_{xz} = 50\,\text{MPa}$,$\tau_{xy} = 80\,\text{MPa}$. 试求法线方向余弦为 $\left(\dfrac{1}{\sqrt{2}}, \dfrac{1}{2}, \dfrac{1}{2}\right)$ 的

微分面上的总应力、正应力和切应力。

解　（1）该微分斜面上的总应力坐标分量：

$$p_x = \sigma_x l + \tau_{xy} m + \tau_{xz} n = 50 \times \frac{1}{\sqrt{2}} + 80 \times \frac{1}{2} + 50 \times \frac{1}{2} = 100.35（\text{MPa}）$$

$$p_y = \tau_{yx} l + \sigma_y m + \tau_{yz} n = 80 \times \frac{1}{\sqrt{2}} + 0 \times \frac{1}{2} - 75 \times \frac{1}{2} = 19.06（\text{MPa}）$$

$$p_z = \tau_{zx} l + \tau_{zy} m + \sigma_z n = 50 \times \frac{1}{\sqrt{2}} - 75 \times \frac{1}{2} - 30 \times \frac{1}{2} = -17.15（\text{MPa}）$$

（2）微分斜面上的总应力大小：

$$p = \sqrt{p_x^2 + p_y^2 + p_z^2} = \sqrt{100.35^2 + 19.06^2 + (-17.15)^2} = 103.57（\text{MPa}）$$

（3）微分斜面上的正应力大小：

$$\sigma_n = p_x l + p_y m + p_z n = 100.35 \times \frac{1}{\sqrt{2}} + \frac{19.06}{2} - \frac{17.15}{2} = 71.9（\text{MPa}）$$

（4）微分斜面上的切应力大小：

$$\tau_n = \sqrt{p^2 - \sigma_n^2} = \sqrt{103.57^2 - 71.9^2} = 74.54（\text{MPa}）$$

2.3　应力边界条件

　　一般情况下，在物体内部可以取出平行六面体形状的微单元体，此时各个面上都是应力分量；但当单元体取自物体表面时，就有一个面是物体的外表面，其余面上则是内部的应力。为了不失一般性，假设物体外表面不规则，即表面法线方向与坐标轴不重合，则取出的单元体就是四面体，与图 2.2 类似，主要区别就是斜面 ABC 的应力分量 p_x, p_y, p_z 换成面力分量 $\overline{f}_x, \overline{f}_y, \overline{f}_z$，因此可得到物体表面的面力与该处应力分量之间的关系式如下：

$$\begin{aligned}
\overline{f}_x &= \sigma_x l + \tau_{yx} m + \tau_{zx} n \\
\overline{f}_y &= \tau_{xy} l + \sigma_y m + \tau_{zy} n \\
\overline{f}_z &= \tau_{xz} l + \tau_{yz} m + \sigma_z n
\end{aligned} \tag{2.12}$$

按照张量的符号及求和约定，式（2.12）可简记为

$$\overline{f}_i = \sigma_{ij} n_j \quad (i, j = x, y, z) \tag{2.13}$$

式（2.12）及式（2.13）即为应力边界条件。一般情况下，物体表面的三个面力分量是已知的，而未知的应力分量却有六个，因此这是一个超静定方程，无法求出

所有的应力分量。但对于一些特殊的截面,可以求出部分应力分量,比如外表面与 x 轴垂直,则其方向余弦为 $l = \pm 1, m = 0, n = 0$。将方向余弦代入式(2.12),则得外表面与 x 轴垂直时的三个应力分量:

$$\sigma_x = \pm \overline{f}_x, \quad \tau_{xy} = \pm \overline{f}_y, \quad \tau_{xz} = \pm \overline{f}_z \tag{2.14}$$

同理,可以得到外表面与 y 轴、z 轴垂直时的三个应力分量。

对于平面应力问题,$n = 0$ 与 z 有关的应力及面力为 0,公式则简单多了,即

$$\overline{f}_x = \sigma_x l + \tau_{yx} m, \quad \overline{f}_y = \tau_{xy} l + \sigma_y m \tag{2.15}$$

需要注意的是,本节的应力边界条件公式只适用于大边界(此边界的尺寸相对该物体其余边界要大得多,也叫主要边界),也就是说,此处的公式给出了大边界处每一个点的应力与面力之间一一对应的关系;由于小边界上的面力一般分布相当复杂,应力与面力不可能存在一一对应的关系,因此小边界处的应力边界条件需要采用圣维南原理进行处理(此原理将在 5.4.3 节介绍)。

例 2.2　图 2.3 所示的是一个楔形体(纸面方向厚度为 1),试写出其应力边界条件。

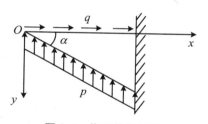

图 2.3　楔形体示意图

解　此为平面应力问题,且上表面与下斜面均为大边界。

(1) 上表面($y = 0$),外法线方向向上,沿着 y 轴的负方向,方向余弦为

$$l = 0, \quad m = -1$$

上表面的面力为

$$\overline{f}_x = q, \quad \overline{f}_y = 0$$

代入边界条件公式化简,得

$$(\sigma_y)_{y=0} = 0, \quad (\tau_{xy})_{y=0} = -q$$

(2) 下斜面($y = x \cdot \tan \alpha$),外法线方向斜向下,与 y 轴成 α 角,则其方向余弦为

$$l = \cos(90° + \alpha) = -\sin \alpha, \quad m = \cos \alpha$$

下斜面的面力为

$$\overline{f}_x = 0, \quad \overline{f}_y = -p$$

代入边界条件公式,得

$$(\sigma_x)_y = x \cdot \tan \alpha(-\sin \alpha) + (\tau_{xy})_y = x \cdot \tan \alpha(\cos \alpha) = 0$$

$$(\tau_{yx})_y = x \cdot \tan \alpha(-\sin \alpha) + (\sigma_y)_y = x \cdot \tan \alpha(\cos \alpha) = -p$$

对于下斜面处,只能给出三个应力之间的关系,无法求出各个应力分量。

2.4　平衡微分方程

如果物体处于平衡状态,则其每一部分也将是平衡的。换句话说,整个物体平衡的充分必要条件是物体内微元体平衡。

严格来说,物体内各点的应力是不相同的,它们是坐标 x,y,z 的连续函数。在点 $P(x,y,z)$ 处取图 2.4 所示的微分六面体,左面上的正应力为 $\sigma_y = \sigma_y(x,y,z)$;右面上的正应力为 $\sigma'_y = \sigma_y(x,y+\mathrm{d}y,z)$,展开为级数并略去高阶微量得 $\sigma'_y = \sigma_y + \dfrac{\partial \sigma_y}{\partial y}\mathrm{d}y$。

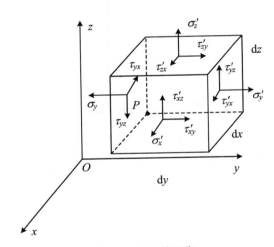

图 2.4　微元体平衡

其他各应力分量均可依此类推。根据 x 方向力的平衡条件,有

$$\left(\sigma_x + \frac{\partial \sigma_x}{\partial x}\mathrm{d}x\right)\mathrm{d}y\mathrm{d}z - \sigma_x\mathrm{d}y\mathrm{d}z + \left(\tau_{yx} + \frac{\partial \tau_{yx}}{\partial y}\mathrm{d}y\right)\mathrm{d}z\mathrm{d}x - \tau_{yx}\mathrm{d}z\mathrm{d}x$$

$$+ \left(\tau_{zx} + \frac{\partial \tau_{zx}}{\partial z}\mathrm{d}z\right)\mathrm{d}x\mathrm{d}y - \tau_{zx}\mathrm{d}x\mathrm{d}y + f_x\mathrm{d}x\mathrm{d}y\mathrm{d}z = 0$$

整理得

$$\frac{\partial \sigma_x}{\partial x} + \frac{\partial \tau_{yx}}{\partial y} + \frac{\partial \tau_{zx}}{\partial z} + f_x = 0$$

同理,列出 y,z 方向力的平衡条件可得另外两个方程,统一表示为

$$\frac{\partial \sigma_x}{\partial x} + \frac{\partial \tau_{yx}}{\partial y} + \frac{\partial \tau_{zx}}{\partial z} + f_x = 0$$

$$\frac{\partial \tau_{xy}}{\partial x} + \frac{\partial \sigma_y}{\partial y} + \frac{\partial \tau_{zy}}{\partial z} + f_y = 0 \qquad (2.16a)$$

$$\frac{\partial \tau_{xz}}{\partial x} + \frac{\partial \tau_{yz}}{\partial y} + \frac{\partial \sigma_z}{\partial z} + f_z = 0$$

或

$$\sigma_{ji,j} + f_i = 0 \quad (i,j = x,y,z) \qquad (2.16b)$$

式(2.16)称为平衡微分方程,简称平衡方程,它所描述的是内部应力与外部体力之间的关系。

现在让我们考虑微元体的力矩平衡。若以过微元体中心 C 且平行于 z 轴的线为取力矩的轴,则凡作用线通过 C 点或方向与该轴平行的应力分量对该轴的力矩均为零,于是根据力矩平衡条件可得

$$\left(\tau_{xy} + \frac{\partial \tau_{xy}}{\partial x}\mathrm{d}x + \tau_{xy} \right)\frac{\mathrm{d}x}{2}\mathrm{d}y\mathrm{d}z - \left(\tau_{yx} + \frac{\partial \tau_{yx}}{\partial y}\mathrm{d}y + \tau_{yx} \right)\frac{\mathrm{d}y}{2}\mathrm{d}x\mathrm{d}z = 0$$

令微元体趋于零即得式(2.17)中的第一式。同理,分别对过微元体中心 C 且平行于 x,y 轴的线列力矩平衡条件,可得式(2.17)中的另外两个等式。

$$\tau_{xy} = \tau_{yx}, \quad \tau_{yz} = \tau_{zy}, \quad \tau_{zx} = \tau_{xz} \qquad (2.17)$$

这些公式所表明的就是切应力互等定理。可见,应力张量是对称张量。这样,式(2.16b)也可写成

$$\sigma_{ij,j} + f_i = 0 \quad (i,j = x,y,z)$$

在式(2.16a)中的 3 个方程中含有 6 个未知应力分量,未知量的数目超过平衡方程的数目,因此弹塑性力学问题属于超静定问题。

例 2.3 图 2.5 所示的矩形截面梁(不计体力),由材料力学求得应力分量为

$$\sigma_x = -\frac{6qx^2 y}{h^3}, \quad \tau_{xy} = \tau_{yx} = -\frac{3qx(h^2 - 4y^2)}{2h^3}, \quad \sigma_y = 0$$

试验证该应力分量是否满足平衡微分方程和应力边界条件。

解 (1) 将应力分量代入平衡微分方程,得

$$\frac{\partial \sigma_x}{\partial x} + \frac{\partial \tau_{yx}}{\partial y} + \frac{\partial \tau_{zx}}{\partial z} + f_x = \frac{\partial \left(-\dfrac{6qx^2 y}{h^3} \right)}{\partial x} + \frac{\partial \left[-\dfrac{3qx(h^2 - 4y^2)}{2h^3} \right]}{\partial y} + \frac{\partial 0}{\partial z} + 0$$

$$= -\frac{12qxy}{h^3} + \frac{12qxy}{h^3} = 0 \quad (满足)$$

$$\frac{\partial \tau_{yx}}{\partial x} + \frac{\partial \sigma_y}{\partial y} + \frac{\partial \tau_{zy}}{\partial z} + f_y = \frac{\partial \left(-\dfrac{3qx(h^2 - 4y^2)}{2h^3} \right)}{\partial x} + \frac{\partial (0)}{\partial y} + \frac{\partial (0)}{\partial z} + 0$$

$$= -\frac{3q(h^2 - 4y^2)}{2h^3} \neq 0 \quad (\text{不满足})$$

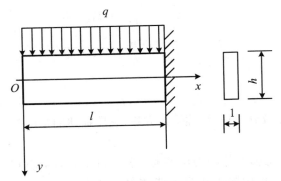

图 2.5　悬臂梁($l \gg h$)

（2）验证应力边界条件：

主要边界：当 $y = h/2$ 时，

$$\tau_{yx} = 0 \quad (\text{满足}), \quad \sigma_y = 0 \quad (\text{满足});$$

当 $y = -h/2$ 时，

$$\tau_{yx} = 0 \quad (\text{满足}), \quad \sigma_y = -q \quad (\text{不满足})。$$

因此，该应力分量不满足平衡微分方程和应力边界条件。

因为梁在横力弯曲时，材料力学中的平面假设和单向受力假设均不成立，所以 σ_y 并不为 0，σ_x 也不是弹性力学的结果。这里主要讨论一下 σ_y，而 σ_x 将在后面的章节进行深入的研究。

（3）由平衡微分方程可以求出 σ_y。

第一个平衡方程自动满足；对第二个平衡方程，

$$\frac{\partial \left(-\dfrac{3qx(h^2 - 4y^2)}{2h^3} \right)}{\partial x} + \frac{\partial \sigma_y}{\partial y} = 0 \quad \Rightarrow \quad \sigma_y = \frac{3q\left(h^2 y - \dfrac{4y^3}{3} \right)}{2h^3} + D$$

当 $y = \dfrac{h}{2}$ 时，

$$\sigma_y = \frac{3q\left[h^2 \left(\dfrac{h}{2} \right) - 4\left(\dfrac{h}{2} \right)^3 / 3 \right]}{2h^3} + D = 0 \quad \Rightarrow \quad D = -\frac{q}{2}$$

因此，得

$$\sigma_y = q\left[\frac{3y}{2h} - 2\left(\frac{y}{h}\right)^3\right] - \frac{q}{2}$$

当 $y = -\dfrac{h}{2}$ 时，

$$\sigma_y = -q \quad （满足）$$

对于两端的次要边界通过圣维南原理也可以得到满足。

2.5　主应力和应力不变量

在物体内任一点至少可以找到三组互相垂直的平面，在这些平面上切应力为零，而正应力达到极值。这些切应力为零的面称为主平面，其上的正应力称为主应力。用 σ 表示主应力，主平面的外法线与三个坐标轴的方向余弦分别为 l,m,n，则该面上的应力分量为 $\sigma l,\sigma m,\sigma n$。此外，主平面上的应力与应力张量之间服从斜截面应力公式(2.6)，即 $p_i = \sigma_{ij}n_j$。于是，有

$$\begin{aligned}
p_x &= \sigma_x l + \tau_{yx}m + \tau_{zx}n = \sigma l \\
p_y &= \tau_{xy}l + \sigma_y m + \tau_{zy}n = \sigma m \\
p_z &= \tau_{xz}l + \tau_{yz}m + \sigma_z n = \sigma n
\end{aligned} \tag{2.18}$$

移项，得

$$\begin{aligned}
l(\sigma_x - \sigma) + m\tau_{yx} + n\tau_{zx} &= 0 \\
l\tau_{xy} + m(\sigma_y - \sigma) + n\tau_{zy} &= 0 \\
l\tau_{xz} + m\tau_{yz} + n(\sigma_z - \sigma) &= 0
\end{aligned} \tag{2.19a}$$

即

$$l_i(\sigma_{ij} - \sigma\delta_{ij}) = 0 \tag{2.19b}$$

其中，δ_{ij} 为克罗内克符号（Kronecker delta），定义为

$$\delta_{ij} = \begin{cases} 1, & i = j \\ 0, & i \neq j \end{cases}$$

由于三个方向余弦的平方和等于 1，故 l,m,n 不可能同时为零，于是齐次方程组(2.19)的系数行列式应为零，即

$$\begin{vmatrix}
\sigma_x - \sigma & \tau_{yx} & \tau_{zx} \\
\tau_{xy} & \sigma_y - \sigma & \tau_{zy} \\
\tau_{xz} & \tau_{yz} & \sigma_z - \sigma
\end{vmatrix} = 0$$

展开为

$$\sigma^3 - I_1\sigma^2 - I_2\sigma - I_3 = 0 \tag{2.20}$$

该式称为应力张量的特征方程,主应力 σ 称为应力张量的特征值,各系数分别为

$$I_1 = \sigma_{ii} = \sigma_x + \sigma_y + \sigma_z = \Theta$$

$$I_2 = -\frac{1}{2}(\sigma_{ii}\sigma_{jj} - \sigma_{ij}\sigma_{ij}) = -\sigma_x\sigma_y - \sigma_y\sigma_z - \sigma_z\sigma_x + (\tau_{xy}^2 + \tau_{yz}^2 + \tau_{zx}^2) \quad (2.21)$$

$$I_3 = |\sigma_{ij}| = \sigma_x\sigma_y\sigma_z + 2\tau_{xy}\tau_{yz}\tau_{zx} - \sigma_x\tau_{yz}^2 - \sigma_y\tau_{zx}^2 - \sigma_z\tau_{xy}^2$$

其中,$\Theta = \sigma_x + \sigma_y + \sigma_z$ 称为体积应力。

方程(2.20)是 σ 的一元三次方程,其三个根即为三个主应力,其相应的三组方向余弦对应于三组主平面。由于主应力的大小与坐标系选择无关,故 I_1, I_2, I_3 也必与坐标系的选择无关,分别称为第一、第二、第三应力不变量。这与测量是一样的道理,对一块土地进行测量,不管我们建立什么样的坐标系,那么其周长及面积应该是不变的。

求解式(2.20),得三个主应力,记为 $\sigma_1, \sigma_2, \sigma_3$,于是式(2.20)可写成

$$(\sigma - \sigma_1)(\sigma - \sigma_2)(\sigma - \sigma_3) = 0$$

将上式展开并与式(2.20)对照,可得以主应力表示的应力不变量

$$I_1 = \sigma_1 + \sigma_2 + \sigma_3$$

$$I_2 = -(\sigma_1\sigma_2 + \sigma_2\sigma_3 + \sigma_3\sigma_1) \quad (2.24)$$

$$I_3 = \sigma_1\sigma_2\sigma_3$$

为了求得主方向,如 σ_1 方向的方向余弦 l_1, m_1, n_1,可将 σ_1 代入式(2.19a)的三个方程,得

$$l_1(\sigma_x - \sigma_1) + m_1\tau_{yx} + n_1\tau_{zx} = 0$$

$$l_1\tau_{xy} + m_1(\sigma_y - \sigma_1) + n_1\tau_{zy} = 0 \quad (2.25)$$

$$l_1\tau_{xz} + m_1\tau_{yz} + n_1(\sigma_z - \sigma_1) = 0$$

需要注意的是,这是一个线性相关的方程组,只有两个方程是独立的。任选式(2.25)中的两个方程,联合式(2.26)可求出 σ_1 方向的方向余弦。

$$l_1^2 + m_1^2 + n_1^2 = 1 \quad (2.26)$$

同理可求得其他两个应力主轴的方向余弦。

例 2.4 已知一点的应力状态为 $\sigma_x = 4$ MPa,$\sigma_y = 6$ MPa,$\sigma_z = 5$ MPa,$\tau_{xy} = \tau_{yx} = 2$ MPa,$\tau_{xz} = \tau_{zx} = 3$ MPa,$\tau_{yz} = \tau_{zy} = 1$ MPa。试确定主应力的大小和最大主应力相对于原坐标轴的方向余弦。

解 (1) 计算三个应力不变量:

$$I_1 = \sigma_x + \sigma_y + \sigma_z = 4 + 6 + 5 = 15$$

$$I_2 = -\sigma_x\sigma_y - \sigma_y\sigma_z - \sigma_z\sigma_x + (\tau_{xy}^2 + \tau_{yz}^2 + \tau_{zx}^2) = -60$$

$$I_3 = \begin{vmatrix} \sigma_x & \tau_{xy} & \tau_{xz} \\ \tau_{yx} & \sigma_y & \tau_{yz} \\ \tau_{zx} & \tau_{zy} & \sigma_z \end{vmatrix} = \begin{vmatrix} 4 & 2 & 3 \\ 2 & 6 & 1 \\ 3 & 1 & 5 \end{vmatrix} = 54$$

（2）应力特征方程：

$$\sigma^3 - 15\sigma^2 + 60\sigma - 54 = 0$$

（3）求解三个主应力。

令 $\sigma = t + \dfrac{15}{3}$，代入上式，消去二次项，得

$$(t + 5)^3 - 15(t + 5)^2 + 60(t + 5) - 54 = 0$$

化简，得

$$t^3 - 15t - 4 = 0$$

因式分解，得

$$(t - 4)(t^2 + 4t + 1) = 0$$

解得 t 的三个实根：

$$t_1 = 4, \quad t_2 = -0.268, \quad t_3 = -3.732$$

将 t 替回 σ，得到三个主应力：

$$\sigma_1 = 9, \quad \sigma_2 = 4.732, \quad \sigma_3 = 1.268$$

（4）求第一主应力的主方向：

$$(4 - 9)l_1 + 2m_1 + 3n_1 = 0$$
$$2l_1 + (6 - 9)m_1 + 1n_1 = 0$$
$$3l_1 + 1m_1 + (5 - 9)n_1 = 0$$
$$l_1^2 + m_1^2 + n_1^2 = 1$$

将前三式中的两式与第四式联合求解，可得

$$l_1 = m_1 = n_1 = \frac{1}{\sqrt{3}}$$

2.6　主 切 应 力

在主应力空间中，从 P 点处取个微分四面体，其中三个面分别与坐标面即主平面重合，第四个面为任意斜截面，其外法线的方向余弦分别为 l, m, n。根据式 (2.6) 面上应力矢量沿坐标轴的分量为

$$p_x = \sigma_1 l, \quad p_y = \sigma_2 m, \quad p_z = \sigma_3 n$$

斜截面上的全应力、正应力和切应力分别为

$$p^2 = \sigma_1^2 l^2 + \sigma_2^2 m^2 + \sigma_3^2 n^2 \tag{2.27}$$

$$\sigma_n = \sigma_1 l^2 + \sigma_2 m^2 + \sigma_3 n^2$$

$$\tau_n^2 = p^2 - \sigma_n^2 = (\sigma_1^2 l^2 + \sigma_2^2 m^2 + \sigma_3^2 n^2) - (\sigma_1 l^2 + \sigma_2 m^2 + \sigma_3 n^2)^2 \tag{2.28}$$

切应力取极值的面称为主切应力面,其上的切应力称为主切应力。为求得主切应力,利用式(2.26)消去式(2.28)中的 n,并令 τ_n^2 对 l 和 m 求偏导,得

$$l[l^2(\sigma_1 - \sigma_3) + m^2(\sigma_2 - \sigma_3) - (\sigma_1 - \sigma_3)/2] = 0$$

$$m[l^2(\sigma_1 - \sigma_3) + m^2(\sigma_2 - \sigma_3) - (\sigma_2 - \sigma_3)/2] = 0$$

若 $l = m = 0$,则 $n = \pm 1$;若 $l = 0$,则 $m = \pm \dfrac{1}{\sqrt{2}}, n = \pm \dfrac{1}{\sqrt{2}}$;若 $m = 0$,则 $l = \pm \dfrac{1}{\sqrt{2}}, n = \pm \dfrac{1}{\sqrt{2}}$。用同样的方法消去 m 和 l,可得其他方向余弦的解答(表2.1)。

表 2.1　主切应力面的方向余弦

l	0	0	± 1	0	$\pm \dfrac{1}{\sqrt{2}}$	$\pm \dfrac{1}{\sqrt{2}}$
m	0	± 1	0	$\pm \dfrac{1}{\sqrt{2}}$	0	$\pm \dfrac{1}{\sqrt{2}}$
n	± 1	0	0	$\pm \dfrac{1}{\sqrt{2}}$	$\pm \dfrac{1}{\sqrt{2}}$	0

表2.1中的前三列是主平面,不是我们要找的解答。后三列表示三对主切应力面,且每个主切应力面平分两个主平面的夹角(图2.6)。将方向余弦代入式(2.28)可得主切应力 τ_1, τ_2, τ_3 分别为

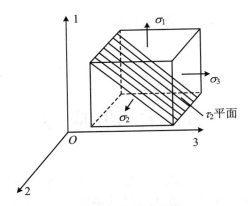

图 2.6　主切应力面

$$\tau_1 = \pm \frac{\sigma_2 - \sigma_3}{2}$$

$$\tau_2 = \pm \frac{\sigma_3 - \sigma_1}{2} \qquad (2.29)$$

$$\tau_3 = \pm \frac{\sigma_1 - \sigma_2}{2}$$

主切应力 τ_1, τ_2, τ_3 面上的正应力分别为

$$\frac{\sigma_2 + \sigma_3}{2}, \qquad \frac{\sigma_3 + \sigma_1}{2}, \qquad \frac{\sigma_1 + \sigma_2}{2} \qquad (2.30)$$

2.7 八面体应力

在主应力空间中,存在这样的平面,即它的外法线与三个坐标轴夹角相等。根据式(2.26),等倾面法线的方向余弦为

$$l = m = n = \pm \frac{1}{\sqrt{3}}$$

这种面共有 8 个,它们组成正八面体(图 2.7)。八面体面上的正应力和切应力分别称为八面体正应力 σ_8 和八面体切应力 τ_8。将上述方向余弦代入式(2.27)和式(2.28)得

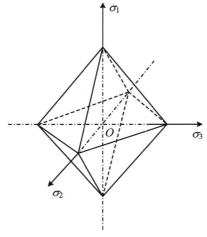

图 2.7 八面体

$$\sigma_8 = \frac{1}{3}(\sigma_1 + \sigma_2 + \sigma_3)$$

$$\tau_8 = \frac{1}{3}\sqrt{(\sigma_1 - \sigma_2)^2 + (\sigma_2 - \sigma_3)^2 + (\sigma_3 - \sigma_1)^2}$$

(2.31)

可见，八面体正应力为平均应力，即

$$\sigma_m = \frac{1}{3}(\sigma_1 + \sigma_2 + \sigma_3) = \frac{1}{3}(\sigma_x + \sigma_y + \sigma_z) = \frac{I_1}{3}$$

2.8　应力张量的分解

外力作用下物体的变形通常可以分为体积改变和形状改变两部分，并认为体积改变是由各向相等的正应力引起的。因此，通常把应力张量分解为球应力张量和偏应力张量

$$\begin{bmatrix} \sigma_x & \tau_{xy} & \tau_{xz} \\ \tau_{yx} & \sigma_y & \tau_{yz} \\ \tau_{zx} & \tau_{zy} & \sigma_z \end{bmatrix} = \begin{bmatrix} \sigma_m & 0 & 0 \\ 0 & \sigma_m & 0 \\ 0 & 0 & \sigma_m \end{bmatrix} + \begin{bmatrix} \sigma_x - \sigma_m & \tau_{xy} & \tau_{xz} \\ \tau_{yx} & \sigma_y - \sigma_m & \tau_{yz} \\ \tau_{zx} & \tau_{zy} & \sigma_z - \sigma_m \end{bmatrix}$$

或

$$\sigma_{ij} = \sigma_m \delta_{ij} + s_{ij}$$

(2.32)

其中，$\sigma_m \delta_{ij}$ 为球应力张量，相对应的应力状态通常称为静水应力状态；s_{ij} 为偏应力张量，简称应力偏量，表示为

$$s_{ij} = \begin{bmatrix} \sigma_x - \sigma_m & \tau_{xy} & \tau_{xz} \\ \tau_{yx} & \sigma_y - \sigma_m & \tau_{yz} \\ \tau_{zx} & \tau_{zy} & \sigma_z - \sigma_m \end{bmatrix}$$

(2.33)

s_{ij} 也是一种可能单独存在的应力状态，故它也有自己的不变量。可以类似应力张量 σ_{ij} 那样求得 s_{ij} 的不变量，即

$$J_1 = s_{ii} = s_1 + s_2 + s_3 = 0$$

$$J_2 = -\frac{1}{2}(s_{ii}s_{jj} - s_{ij}s_{ij}) = \frac{1}{2}s_{ij}s_{ij} = -s_1 s_2 - s_2 s_3 - s_3 s_1$$

(2.34)

$$J_3 = |s_{ij}| = s_1 s_2 s_3$$

应力偏量的特征方程为

$$s^3 - J_1 s^2 - J_2 s - J_3 = 0$$

(2.35)

很显然，由于应力偏量 s_{ij} 与应力张量 σ_{ij} 只差一个静水应力状态，故其主方向与 σ_{ij} 的主方向重合，且主值为

$$s_1 = \sigma_1 - \sigma_m, \quad s_2 = \sigma_2 - \sigma_m, \quad s_3 = \sigma_3 - \sigma_m \tag{2.36}$$

J_2 在塑性力学中经常用到,下面是 J_2 的一些不同表达式

$$J_2 = \frac{1}{6}\left[(\sigma_x - \sigma_y)^2 + (\sigma_y - \sigma_z)^2 + (\sigma_z - \sigma_x)^2 + 6(\tau_{xy}^2 + \tau_{yz}^2 + \tau_{zx}^2)\right]$$

$$= \frac{1}{6}\left[(\sigma_1 - \sigma_2)^2 + (\sigma_2 - \sigma_3)^2 + (\sigma_3 - \sigma_1)^2\right] \tag{2.37}$$

德国学者 Lode(1928)引入下述参数来反映应力状态的特征,即

$$\mu_\sigma = \frac{2\sigma_2 - \sigma_1 - \sigma_3}{\sigma_1 - \sigma_3} \tag{2.38}$$

式中,μ_σ 称为 Lode 参数,$\sigma_1 \geqslant \sigma_2 \geqslant \sigma_3$,在简单应力状态下:单向拉伸时,$\mu_\sigma = -1$;单向压缩时,$\mu_\sigma = 1$;纯剪切时,$\mu_\sigma = 0$。不难验证,在原有应力状态上叠加一静水应力,$\sigma_m$,$\mu_\sigma$ 不变。可见 μ_σ 是反映应力偏量特征的参数。

2.9　等 效 应 力

在塑性理论中将用到等效应力或应力强度 $\bar{\sigma}$ 的概念。$\bar{\sigma}$ 定义如下:

$$\bar{\sigma} = \sqrt{3J_2} = \frac{3}{\sqrt{2}}\tau_8 = \sqrt{\frac{3}{2}s_{ij}s_{ij}}$$

$$= \frac{1}{\sqrt{2}}\sqrt{(\sigma_x - \sigma_y)^2 + (\sigma_y - \sigma_z)^2 + (\sigma_z - \sigma_x)^2 + 6(\tau_{xy}^2 + \tau_{yz}^2 + \tau_{zx}^2)}$$

$$= \frac{1}{\sqrt{2}}\sqrt{(\sigma_1 - \sigma_2)^2 + (\sigma_2 - \sigma_3)^2 + (\sigma_3 - \sigma_1)^2} \tag{2.39}$$

在单向拉伸条件下,$\sigma_1 = \sigma$,$\sigma_2 = \sigma_3 = 0$,代入式(2.39)得 $\bar{\sigma} = \sigma$。可见,在某种意义上,采用等效应力就将原来的复杂应力状态化为具有相同"效应"的单向拉伸应力状态。不过,等效应力只是为了应用方便而引入的一个量,并不表示作用在某个面上的应力。

例 2.5　对于 $Oxyz$ 直角坐标系,受力物体内一点的应力状态为

$$\sigma_{ij} = \begin{bmatrix} 5 & 0 & -5 \\ 0 & -5 & 0 \\ -5 & 0 & 5 \end{bmatrix}(\text{MPa})$$

(1) 试用应力状态特征方程求出该点的主应力;

(2) 计算 Lode 参数;

(3) 求出该点的最大切应力、八面体应力、等效应力。

解　(1) 分三步求解主应力：

① 计算三个应力不变量：

$$I_1 = \sigma_x + \sigma_y + \sigma_z = 5$$

$$I_2 = -\sigma_x\sigma_y - \sigma_y\sigma_z - \sigma_z\sigma_x + (\tau_{xy}{}^2 + \tau_{yz}{}^2 + \tau_{zx}{}^2) = 50$$

$$I_3 = \begin{vmatrix} \sigma_x & \tau_{xy} & \tau_{xz} \\ \tau_{yx} & \sigma_y & \tau_{yz} \\ \tau_{zx} & \tau_{zy} & \sigma_z \end{vmatrix} = 0$$

② 应力特征方程：

$$\sigma^3 - 5\sigma^2 - 50\sigma - 0 = \sigma(\sigma + 5)(\sigma - 10) = 0$$

③ 求解三个主应力：

$$\sigma_1 = 10(\text{MPa}), \quad \sigma_2 = 0(\text{MPa}), \quad \sigma_3 = -5(\text{MPa})$$

(2)

$$\mu_\sigma = \frac{2\sigma_2 - \sigma_1 - \sigma_3}{\sigma_1 - \sigma_3} = \frac{2 \times 0 - 10 - (-5)}{10 - (-5)} = -\frac{1}{3}$$

(3) 直接计算得

最大切应力：

$$\tau_{\max} = \frac{\sigma_1 - \sigma_3}{2} = \frac{10 - (-5)}{2} = 7.5(\text{MPa})$$

八面体应力：

$$\sigma_8 = \frac{1}{3}(\sigma_1 + \sigma_2 + \sigma_3) = \frac{1}{3}(10 + 0 - 5) = 1.67(\text{MPa})$$

$$\tau_8 = \frac{1}{3}\sqrt{(\sigma_1 - \sigma_2)^2 + (\sigma_2 - \sigma_3)^2 + (\sigma_3 - \sigma_1)^2}$$

$$= \frac{1}{3}\sqrt{10^2 + 5^2 + 15^2} = 6.24(\text{MPa})$$

等效应力：

$$\bar{\sigma} = \frac{3}{\sqrt{2}}\tau_8 = 13.23(\text{MPa})$$

或

$$\bar{\sigma} = \frac{1}{\sqrt{2}}\sqrt{(\sigma_1 - \sigma_2)^2 + (\sigma_2 - \sigma_3)^2 + (\sigma_3 - \sigma_1)^2} = 13.23(\text{MPa})$$

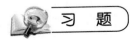 习　题

1. 什么是体力和面力？它们的正负号是如何规定的？

2. 应力的正负号是如何规定的？

3. 试写出图 2.8 所示情况的应力边界条件（z 方向取单位厚度）。

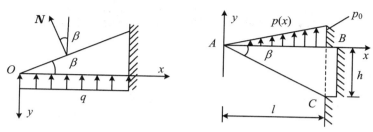

图 2.8　题 3 图

4. 物体中某点处于纯切应力状态,即 $\sigma_x = \sigma_y = \sigma_z = \tau_{yx} = \tau_{zx} = 0$, $\tau_{xy} = \tau$。试求该点的主应力。

5. 物体中某点的应力状态如下：

$$\sigma_{ij} = \begin{bmatrix} 5 & 3 & 0 \\ 3 & 8 & 3 \\ 0 & 3 & 11 \end{bmatrix} (\text{MPa})$$

试求法线方向余弦为 $\left(\dfrac{1}{\sqrt{3}}, \dfrac{1}{\sqrt{3}}, -\dfrac{1}{\sqrt{3}} \right)$ 的微分面上的总应力、正应力和切应力。

6. 试求如下所示应力张量的主应力、Lode 参数和第一主应力的主方向：

$$\sigma_{ij} = \begin{bmatrix} 4 & 0 & 0 \\ 0 & 8 & 6 \\ 0 & 6 & 12 \end{bmatrix} (\text{MPa})$$

7. 将第 6 题所示应力状态分解为球应力及偏应力张量,并求 J_2, $\bar{\sigma}$。

第 3 章 应 变 理 论

在荷载作用下,物体各点的位置将发生改变,即产生位移。如果发生位移后,物体各点之间的相对位置保持不变,则物体实际上只产生了刚体移动或转动,即刚体位移。如果各点间的相对位置发生了改变,则物体就同时产生了形状改变,即形变。本章主要从几何角度分析弹塑性物体的变形。

3.1 位移与应变

物体内各点的位移矢量 u,可以分别用其沿 x,y,z 方向的分量 u,v,w 来表示。符号规定位移分量指向坐标轴正向时为正,反之为负。很显然,只要确定了物体内各点的位移,即位移场,物体的变形状态也就确定了。我们首先来推导几何方程,即应变和位移之间的关系。

3.1.1 应变概念

由于弹性力学假设物体变形很微小,因此为了便于研究微分六面体的变形,我们将六面体的各个面投影到直角坐标系的各个坐标平面上,研究这些平面的投影变形情况,并根据这些投影的变形规律来判断整个平行六面体的变形。

现在我们来考察微元体在 xy 坐标面上的投影面,图 3.1 所示为其两个线元及变形情况。

点 $P(x,y)$, $A(x+\mathrm{d}x,y)$ 和 $B(x,y+\mathrm{d}y)$ 在变形后,分别成为点 P', A' 和 B',其坐标变化如下:

变形前 P 点坐标为 (x,y);变形后 P' 点坐标为 $(x+u,y+v)$。

变形前 A 点坐标为 $(x+\mathrm{d}x,y)$;变形后 A' 点坐标为 $(x+\mathrm{d}x+u_A,y+v_A)$。

变形前 B 点坐标为 $(x,y+\mathrm{d}y)$;变形后 B' 点坐标为 $(x+u_B,y+\mathrm{d}y+v_B)$。

u,v,u_A,v_A,u_B,v_B 分别表示 P,A,B 各点的位移。其中:

$$u_A(x + \mathrm{d}x, y) = u + \frac{\partial u}{\partial x}\mathrm{d}x, \quad v_A(x + \mathrm{d}x, y) = v + \frac{\partial v}{\partial x}\mathrm{d}x$$

$$u_B(x, y + \mathrm{d}y) = u + \frac{\partial u}{\partial y}\mathrm{d}y, \quad v_B(x, y + \mathrm{d}y) = v + \frac{\partial v}{\partial y}\mathrm{d}y$$

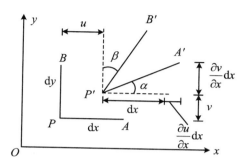

图 3.1　微元体在 xy 坐标面上的投影

考虑微线段 PA 的相对变化,即

$$\varepsilon_x = \frac{P'A' - PA}{PA} = \frac{\sqrt{\left(\mathrm{d}x + \frac{\partial u}{\partial x}\mathrm{d}x\right)^2 + \left(\frac{\partial v}{\partial x}\mathrm{d}x\right)^2} - \mathrm{d}x}{\mathrm{d}x}$$

$$= \sqrt{\left(1 + \frac{\partial u}{\partial x}\right)^2 + \left(\frac{\partial v}{\partial x}\right)^2} - 1 \approx \frac{\partial u}{\partial x} \tag{3.1}$$

从式(3.1)可知,ε_x 的几何意义为 x 方向上线元的相对伸长,称为 x 方向的线应变或正应变。它的符号在伸长时为正,缩短时为负,从而与正应力的正负号规定相一致。

同理,可得

$$\varepsilon_y = \frac{\partial v}{\partial y}, \quad \varepsilon_z = \frac{\partial w}{\partial z} \tag{3.2}$$

再来考虑 $\angle APB$ 的变化,对于图 3.1 中所示的 $\angle\alpha$ 和 $\angle\beta$,有

$$\tan\alpha = \frac{\frac{\partial v}{\partial x}\mathrm{d}x}{\mathrm{d}x + \frac{\partial u}{\partial x}\mathrm{d}x} \approx \frac{\partial v}{\partial x}, \quad \tan\beta = \frac{\frac{\partial u}{\partial y}\mathrm{d}y}{\mathrm{d}y + \frac{\partial v}{\partial y}\mathrm{d}y} \approx \frac{\partial u}{\partial y} \tag{3.3}$$

当变形微小时,$\angle\alpha$ 和 $\angle\beta$ 也很小,因而有

$$\gamma_{xy} = \alpha + \beta \approx \tan\alpha + \tan\beta = \frac{\partial v}{\partial x} + \frac{\partial u}{\partial y} \tag{3.4}$$

同理,可得

$$\gamma_{yz} = \frac{\partial v}{\partial z} + \frac{\partial w}{\partial y}, \quad \gamma_{zx} = \frac{\partial u}{\partial z} + \frac{\partial w}{\partial x} \tag{3.5}$$

可见，γ_{xy} 的几何意义是 xy 面内直角的改变，称为切应变。类似地，γ_{yz} 和 γ_{zx} 分别表示 yz 和 zx 面内直角的改变。符号规定：直角变小时为正，变大时为负，从而与切应力的正负号规定相一致。

与第 2 章类似，物体内任意一点的六个应力分量可以确定该点的应力状态，同理，这六个应变分量也可以完全确定该点的形变状态。

3.1.2　相对位移

任取一点 $P(x,y,z)$ 及其相邻点 $P'(x+\mathrm{d}x,y+\mathrm{d}y,z+\mathrm{d}z)$，如果点 P 的位移分量为 u,v,w，则点 P' 的位移分量可按泰勒公式展开为

$$u(x+\mathrm{d}x,y+\mathrm{d}y,z+\mathrm{d}z) = u(x,y,z) + \frac{\partial u}{\partial x}\mathrm{d}x + \frac{\partial u}{\partial y}\mathrm{d}y + \frac{\partial u}{\partial z}\mathrm{d}z$$

$$v(x+\mathrm{d}x,y+\mathrm{d}y,z+\mathrm{d}z) = v(x,y,z) + \frac{\partial v}{\partial x}\mathrm{d}x + \frac{\partial v}{\partial y}\mathrm{d}y + \frac{\partial v}{\partial z}\mathrm{d}z$$

$$w(x+\mathrm{d}x,y+\mathrm{d}y,z+\mathrm{d}z) = w(x,y,z) + \frac{\partial w}{\partial x}\mathrm{d}x + \frac{\partial w}{\partial y}\mathrm{d}y + \frac{\partial w}{\partial z}\mathrm{d}z$$

其中因小变形假设而略去了高阶微量。由此，两点之间的相对位移为

$$\begin{aligned}
\mathrm{d}u &= \frac{\partial u}{\partial x}\mathrm{d}x + \frac{\partial u}{\partial y}\mathrm{d}y + \frac{\partial u}{\partial z}\mathrm{d}z \\
\mathrm{d}v &= \frac{\partial v}{\partial x}\mathrm{d}x + \frac{\partial v}{\partial y}\mathrm{d}y + \frac{\partial v}{\partial z}\mathrm{d}z \\
\mathrm{d}w &= \frac{\partial w}{\partial x}\mathrm{d}x + \frac{\partial w}{\partial y}\mathrm{d}y + \frac{\partial w}{\partial z}\mathrm{d}z
\end{aligned} \tag{3.6}$$

式(3.6)可缩写成张量形式：

$$\mathrm{d}u_i = u_{i,j}\,\mathrm{d}x_j$$

其中，$u_{i,j}$ 称为相对位移张量，具体形式如下：

$$u_{i,j} = \begin{pmatrix}
\dfrac{\partial u}{\partial x} & \dfrac{\partial u}{\partial y} & \dfrac{\partial u}{\partial z} \\[2mm]
\dfrac{\partial v}{\partial x} & \dfrac{\partial v}{\partial y} & \dfrac{\partial v}{\partial z} \\[2mm]
\dfrac{\partial w}{\partial x} & \dfrac{\partial w}{\partial y} & \dfrac{\partial w}{\partial z}
\end{pmatrix} \tag{3.7}$$

$u_{i,j}$ 一般是一个非对称的二阶张量。任何张量都可以唯一地分解成一个对称张量和一个反对称张量之和，从而 $u_{i,j}$ 可以分解为

$$u_{i,j} = \frac{1}{2}(u_{i,j} + u_{j,i}) + \frac{1}{2}(u_{i,j} - u_{j,i}) = \varepsilon_{ij} + \omega_{ij} \tag{3.8}$$

可以证明(见 3.1.3"刚体位移")，式(3.8)中的反对称张量 ω_{ij} 表示微元的刚

体转动,称为转动张量,在小变形情况下的应变分析中可以忽略不计。式(3.8)中的对称张量 ε_{ij} 则为纯变形部分,称为应变张量,即

$$\varepsilon_{ij} = \frac{1}{2}(u_{i,j} + u_{j,i}) = \begin{bmatrix} \varepsilon_x & \varepsilon_{xy} & \varepsilon_{xz} \\ \varepsilon_{yx} & \varepsilon_y & \varepsilon_{yz} \\ \varepsilon_{zx} & \varepsilon_{zy} & \varepsilon_z \end{bmatrix} \tag{3.9}$$

此式称为几何方程,它表明了应变和位移之间的关系,其展开式为

$$\varepsilon_x = \frac{\partial u}{\partial x}, \quad 2\varepsilon_{xy} = \gamma_{xy} = \frac{\partial v}{\partial x} + \frac{\partial u}{\partial y}$$

$$\varepsilon_y = \frac{\partial v}{\partial y}, \quad 2\varepsilon_{yz} = \gamma_{yz} = \frac{\partial w}{\partial y} + \frac{\partial v}{\partial z} \tag{3.10}$$

$$\varepsilon_z = \frac{\partial w}{\partial z}, \quad 2\varepsilon_{zx} = \gamma_{zx} = \frac{\partial u}{\partial z} + \frac{\partial w}{\partial x}$$

引入 $\boldsymbol{\omega}$ 作为转动矢量,定义为

$$\boldsymbol{\omega} = \begin{vmatrix} \boldsymbol{i} & \boldsymbol{j} & \boldsymbol{k} \\ \dfrac{\partial}{\partial x} & \dfrac{\partial}{\partial y} & \dfrac{\partial}{\partial z} \\ u & v & w \end{vmatrix} = \left(\frac{\partial w}{\partial y} - \frac{\partial v}{\partial z}\right)\boldsymbol{i} + \left(\frac{\partial u}{\partial z} - \frac{\partial w}{\partial x}\right)\boldsymbol{j} + \left(\frac{\partial v}{\partial x} - \frac{\partial u}{\partial y}\right)\boldsymbol{k}$$

$$\tag{3.11}$$

则绕三个坐标轴的转动分量为

$$\omega_x = \left(\frac{\partial w}{\partial y} - \frac{\partial v}{\partial z}\right), \quad \omega_y = \left(\frac{\partial u}{\partial z} - \frac{\partial w}{\partial x}\right), \quad \omega_z = \left(\frac{\partial v}{\partial x} - \frac{\partial u}{\partial y}\right) \tag{3.12}$$

由式(3.8)可知,反对称张量为

$$\omega_{ij} = \begin{bmatrix} 0 & -\dfrac{1}{2}\left(\dfrac{\partial v}{\partial x} - \dfrac{\partial u}{\partial y}\right) & \dfrac{1}{2}\left(\dfrac{\partial u}{\partial z} - \dfrac{\partial w}{\partial x}\right) \\ \dfrac{1}{2}\left(\dfrac{\partial v}{\partial x} - \dfrac{\partial u}{\partial y}\right) & 0 & -\dfrac{1}{2}\left(\dfrac{\partial w}{\partial y} - \dfrac{\partial v}{\partial z}\right) \\ -\dfrac{1}{2}\left(\dfrac{\partial u}{\partial z} - \dfrac{\partial w}{\partial x}\right) & \dfrac{1}{2}\left(\dfrac{\partial w}{\partial y} - \dfrac{\partial v}{\partial z}\right) & 0 \end{bmatrix} \tag{3.13}$$

将式(3.12)的转动分量代入式(3.13),得

$$\omega_{ij} = \begin{bmatrix} 0 & -\dfrac{\omega_z}{2} & \dfrac{\omega_y}{2} \\ \dfrac{\omega_z}{2} & 0 & -\dfrac{\omega_x}{2} \\ -\dfrac{\omega_y}{2} & \dfrac{\omega_x}{2} & 0 \end{bmatrix} \tag{3.14}$$

可见 ω_{ij} 的元素与转动分量有关,故称为转动张量。可以证明它表示微元体的刚性转动,即表示微元体的方位变化。

3.1.3　刚体位移

物体内各应变分量均为零时的位移称为刚体位移。令全部应变分量等于零,即

$$\frac{\partial u}{\partial x} = 0, \qquad \frac{\partial v}{\partial x} + \frac{\partial u}{\partial y} = 0$$

$$\frac{\partial v}{\partial y} = 0, \qquad \frac{\partial w}{\partial y} + \frac{\partial v}{\partial z} = 0 \qquad (3.15)$$

$$\frac{\partial w}{\partial z} = 0, \qquad \frac{\partial u}{\partial z} + \frac{\partial w}{\partial x} = 0$$

对式(3.15)每行的第一个式子积分,可得

$$u = f_1(y,z), \quad v = f_2(x,z), \quad w = f_3(x,y)$$

将上述积分代入式(3.15)每行的第二个式子,得

$$\frac{\partial f_2(x,z)}{\partial x} + \frac{\partial f_1(y,z)}{\partial y} = 0$$

$$\frac{\partial f_3(x,y)}{\partial y} + \frac{\partial f_2(x,z)}{\partial z} = 0$$

$$\frac{\partial f_1(y,z)}{\partial z} + \frac{\partial f_3(x,y)}{\partial x} = 0$$

由上述三个式子分别对 x,y,z 求偏导,得

$$\frac{\partial^2 f_2(x,z)}{\partial x^2} = 0, \quad \frac{\partial^2 f_1(y,z)}{\partial y^2} = 0, \quad \frac{\partial^2 f_2(x,z)}{\partial x \partial z} + \frac{\partial^2 f_1(y,z)}{\partial y \partial z} = 0$$

$$\frac{\partial^2 f_3(x,y)}{\partial y^2} = 0, \quad \frac{\partial^2 f_2(x,z)}{\partial z^2} = 0, \quad \frac{\partial^2 f_3(x,y)}{\partial y \partial x} + \frac{\partial^2 f_2(x,z)}{\partial z \partial x} = 0$$

$$\frac{\partial^2 f_1(y,z)}{\partial z^2} = 0, \quad \frac{\partial^2 f_3(x,y)}{\partial x^2} = 0, \quad \frac{\partial^2 f_1(y,z)}{\partial y \partial z} + \frac{\partial^2 f_3(x,y)}{\partial x \partial y} = 0$$

由上述 9 个式子可知,三个积分函数均为一次函数,具体结果如下:

$$u = \omega_y z - \omega_z y + u_0$$
$$v = \omega_z x - \omega_x z + v_0 \qquad (3.16)$$
$$w = \omega_x y - \omega_y x + w_0$$

其中,$\omega_x, \omega_y, \omega_z, u_0, v_0, w_0$ 为积分常数。可见,为了完全确定位移场,必须有 6 个适当的约束条件来确定式(3.16)中的 6 个待定常数。

当 $\omega_x, \omega_y, \omega_z$ 均为零时,各点的位移分量均为 u_0, v_0, w_0。故它们表示物体的刚体平移;而 $\omega_x, \omega_y, \omega_z$ 表示刚体转角。为说明这一点,可考虑刚体平移以及 ω_x, ω_y 均为零的情况。此时,位移发生在 xy 坐标平面内。根据式(3.16),位移分量为

$$u = -\omega_z y, \quad v = \omega_z x \tag{3.17a}$$

该位移的合成结果为

$$s = \sqrt{u^2 + v^2} = \sqrt{\omega_z^2(x^2 + y^2)} = \omega_z r \tag{3.17b}$$

这显然是物体绕 z 轴逆时针转动形成的,转角为 ω_z(图 3.2)。同理可知,ω_x,ω_y 分别为物体绕 x,y 轴转动的转角。

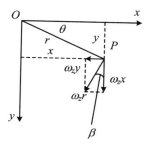

图 3.2 刚体转动

3.2 应 变 分 析

现在已知物体内任一点 P 的 6 个应变分量 ε_x,ε_y,ε_z,γ_{xy},γ_{yz},γ_{zx},试求经过该点(P 点)的沿 N 方向的任一微小线段 $PN = \mathrm{d}r$ 的线应变,以及经过 P 点的微小线段 PN 和 PN' 的夹角的改变(图 3.3)。

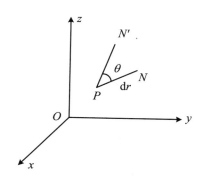

图 3.3 两微线段变形

令 PN 的方向余弦为 l,m,n,则 PN 在坐标轴上的投影为

$$\mathrm{d}x = l\mathrm{d}r, \quad \mathrm{d}y = m\mathrm{d}r, \quad \mathrm{d}z = n\mathrm{d}r \tag{3.18}$$

设 P 点的位移分量为 u,v,w,则 N 点的位移分量为

$$u_N = f(x + \mathrm{d}x, y + \mathrm{d}y, z + \mathrm{d}z)$$

$$= f(x,y,z) + \frac{\partial f}{\partial x}\mathrm{d}x + \frac{\partial f}{\partial y}\mathrm{d}y + \frac{\partial f}{\partial z}\mathrm{d}z + (\mathrm{d}x,\mathrm{d}y,\mathrm{d}z) \text{ 的高阶项}$$

略去高阶项(小量),得

$$u_N = u + \frac{\partial u}{\partial x}\mathrm{d}x + \frac{\partial u}{\partial y}\mathrm{d}y + \frac{\partial u}{\partial z}\mathrm{d}z$$

同理可得

$$v_N = v + \frac{\partial v}{\partial x}\mathrm{d}x + \frac{\partial v}{\partial y}\mathrm{d}y + \frac{\partial v}{\partial z}\mathrm{d}z$$

$$w_N = w + \frac{\partial w}{\partial x}\mathrm{d}x + \frac{\partial w}{\partial y}\mathrm{d}y + \frac{\partial w}{\partial z}\mathrm{d}z$$

在变形后,线段 PN 在坐标轴上的投影为

$$\mathrm{d}x + u_N - u = \mathrm{d}x + \frac{\partial u}{\partial x}\mathrm{d}x + \frac{\partial u}{\partial y}\mathrm{d}y + \frac{\partial u}{\partial z}\mathrm{d}z$$

$$\mathrm{d}y + v_N - v = \mathrm{d}y + \frac{\partial v}{\partial x}\mathrm{d}x + \frac{\partial v}{\partial y}\mathrm{d}y + \frac{\partial v}{\partial z}\mathrm{d}z \qquad (3.19)$$

$$\mathrm{d}z + w_N - w = \mathrm{d}z + \frac{\partial w}{\partial x}\mathrm{d}x + \frac{\partial w}{\partial y}\mathrm{d}y + \frac{\partial w}{\partial z}\mathrm{d}z$$

令线段 PN 的正应变为 ε_N,则该线段变形后的长度为 $(1 + \varepsilon_N)\mathrm{d}r$,而且有

$$\left[(1 + \varepsilon_N)\mathrm{d}r\right]^2 = \left(\mathrm{d}x + \frac{\partial u}{\partial x}\mathrm{d}x + \frac{\partial u}{\partial y}\mathrm{d}y + \frac{\partial u}{\partial z}\mathrm{d}z\right)^2$$

$$+ \left(\mathrm{d}y + \frac{\partial v}{\partial x}\mathrm{d}x + \frac{\partial v}{\partial y}\mathrm{d}y + \frac{\partial v}{\partial z}\mathrm{d}z\right)^2$$

$$+ \left(\mathrm{d}z + \frac{\partial w}{\partial x}\mathrm{d}x + \frac{\partial w}{\partial y}\mathrm{d}y + \frac{\partial w}{\partial z}\mathrm{d}z\right)^2$$

上式两边同除以 $(\mathrm{d}r)^2$,并利用式(3.18)得

$$(1 + \varepsilon_N)^2 = \left[\left(1 + \frac{\partial u}{\partial x}\right)l + \frac{\partial u}{\partial y}m + \frac{\partial u}{\partial z}n\right]^2 + \left[\frac{\partial v}{\partial x}l + \left(1 + \frac{\partial v}{\partial y}\right)m + \frac{\partial v}{\partial z}n\right]^2$$

$$+ \left[\frac{\partial w}{\partial x}l + \frac{\partial w}{\partial y}m + \left(1 + \frac{\partial w}{\partial z}\right)n\right]^2$$

因为 ε_N 和位移分量的导数都是微小的,它们的平方及乘积可以忽略不计,可得

$$(1 + 2\varepsilon_N) = l^2\left(1 + 2\frac{\partial u}{\partial x}\right) + 2lm\frac{\partial u}{\partial y} + 2ln\frac{\partial u}{\partial z} + m^2\left(1 + 2\frac{\partial v}{\partial y}\right) + 2mn\frac{\partial v}{\partial z}$$

$$+ 2ml\frac{\partial v}{\partial x} + l\frac{\partial w}{\partial x} + m\frac{\partial w}{\partial y} + n^2\left(1 + 2\frac{\partial w}{\partial z}\right) + 2nl\frac{\partial w}{\partial x} + 2nm\frac{\partial w}{\partial y}$$

利用三个方向余弦 l,m,n 的平方和等于1,化简得

$$\varepsilon_N = l^2 \frac{\partial u}{\partial x} + m^2 \frac{\partial v}{\partial y}^2 + n^2 \frac{\partial w}{\partial z} + lm\left(\frac{\partial u}{\partial y} + \frac{\partial v}{\partial x}\right)$$

$$+ nl\left(\frac{\partial u}{\partial z} + \frac{\partial w}{\partial x}\right) + mn\left(\frac{\partial v}{\partial z} + \frac{\partial w}{\partial y}\right) \tag{3.20}$$

再利用几何方程,可得

$$\varepsilon_N = l^2 \varepsilon_x + m^2 \varepsilon_y + n^2 \varepsilon_z + mn\gamma_{yz} + ln\gamma_{zx} + lm\gamma_{xy}$$

$$= (l \quad m \quad n) \times \begin{pmatrix} \varepsilon_x & \gamma_{xy}/2 & \gamma_{zx}/2 \\ \gamma_{xy}/2 & \varepsilon_y & \gamma_{yz}/2 \\ \gamma_{zx}/2 & \gamma_{yz}/2 & \varepsilon_z \end{pmatrix} \times \begin{pmatrix} l \\ m \\ n \end{pmatrix} \tag{3.21}$$

下面来求 PN 和 PN' 的夹角的改变。设 PN 在变形后的方向余弦为 $l_1, m_1,$ n_1,则

$$l_1 = \frac{\mathrm{d}x + \frac{\partial u}{\partial x}\mathrm{d}x + \frac{\partial u}{\partial y}\mathrm{d}y + \frac{\partial u}{\partial z}\mathrm{d}z}{\mathrm{d}r(1 + \varepsilon_N)}$$

$$= \left[l\left(1 + \frac{\partial u}{\partial x}\right) + m\frac{\partial u}{\partial y} + n\frac{\partial u}{\partial z}\right](1 + \varepsilon_N)^{-1}$$

$$= \left[l\left(1 + \frac{\partial u}{\partial x}\right) + m\frac{\partial u}{\partial y} + n\frac{\partial u}{\partial z}\right](1 - \varepsilon_N + \varepsilon_N^2 - \cdots)$$

注意到 ε_N 和位移分量的导数都是微小量,在展开上式后,略去二阶以上的微小量得

$$l_1 = l\left(1 - \varepsilon_N + \frac{\partial u}{\partial x}\right) + m\frac{\partial u}{\partial y} + n\frac{\partial u}{\partial z} \tag{3.22a}$$

同理

$$m_1 = l\frac{\partial v}{\partial x} + m\left(1 - \varepsilon_N + \frac{\partial v}{\partial y}\right) + n\frac{\partial v}{\partial z}$$

$$n_1 = l\frac{\partial w}{\partial x} + m\frac{\partial w}{\partial y} + n\left(1 - \varepsilon_N + \frac{\partial w}{\partial z}\right) \tag{3.22b}$$

与此类似,设线段 PN' 在变形之前的方向余弦为 l', m', n',则其在变形后的方向余弦为

$$l_1' = l'\left(1 - \varepsilon_N' + \frac{\partial u}{\partial x}\right) + m'\frac{\partial u}{\partial y} + n'\frac{\partial u}{\partial z}$$

$$m_1' = l'\frac{\partial v}{\partial x} + m'\left(1 - \varepsilon_N' + \frac{\partial v}{\partial y}\right) + n'\frac{\partial v}{\partial z} \tag{3.23}$$

$$n_1' = l'\frac{\partial w}{\partial x} + m'\frac{\partial w}{\partial y} + n'\left(1 - \varepsilon_N' + \frac{\partial w}{\partial z}\right)$$

其中,ε_N' 是 PN' 的线应变。

令 PN 和 PN' 在变形之前的夹角为 θ,变形之后的夹角为 θ_1,则有

$$\cos \theta = ll' + mm' + nn'$$
$$\cos \theta_1 = l_1 l_1' + m_1 m_1' + n_1 n_1'$$

将式(3.22)和式(3.23)代入,并略去高阶微小量可得

$$\cos \theta_1 = (ll' + mm' + nn')(1 - \varepsilon_N - \varepsilon_N') + 2\left(ll'\frac{\partial u}{\partial x} + mm'\frac{\partial v}{\partial y} + nn'\frac{\partial w}{\partial x}\right)$$
$$+ (mn' + m'n)\left(\frac{\partial w}{\partial y} + \frac{\partial v}{\partial z}\right) + (nl' + n'l)\left(\frac{\partial u}{\partial z} + \frac{\partial w}{\partial x}\right)$$
$$+ (lm' + l'm)\left(\frac{\partial v}{\partial x} + \frac{\partial u}{\partial y}\right)$$

利用几何方程,并注意到 $\cos \theta = ll' + mm' + nn'$,则有

$$\cos \theta_1 = (1 - \varepsilon_N - \varepsilon_N')\cos \theta + 2(ll'\varepsilon_x + mm'\varepsilon_y + nn'\varepsilon_z)$$
$$+ (mn' + m'n)\gamma_{yz} + (nl' + n'l)\gamma_{zx} + (lm' + l'm)\gamma_{xy}$$

如果 PN 与 PN' 互相垂直,即 $\theta = 90°$。在小变形条件下,运用三角函数的和差化积公式可得

$$\cos \theta_1 - \cos \theta = 2\sin\left(\frac{\theta_1 + \theta}{2}\right)\sin\left(\frac{\theta_1 - \theta}{2}\right) \approx \theta_1 - \theta = \Delta\theta$$

$$\frac{\Delta\theta}{2} = (ll'\varepsilon_x + mm'\varepsilon_y + nn'\varepsilon_z)$$
$$+ \frac{(mn' + m'n)\gamma_{yz} + (nl' + n'l)\gamma_{zx} + (lm' + l'm)\gamma_{xy}}{2}$$
$$= (l \quad m \quad n) \times \begin{bmatrix} \varepsilon_x & \gamma_{xy}/2 & \gamma_{zx}/2 \\ \gamma_{xy}/2 & \varepsilon_y & \gamma_{yz}/2 \\ \gamma_{zx}/2 & \gamma_{yz}/2 & \varepsilon_z \end{bmatrix} \times \begin{bmatrix} l' \\ m' \\ n' \end{bmatrix} \quad (3.24)$$

由此可见:在物体内的任一点,如果已知 6 个应变分量,就可以求出经过该点的任一线段的正应变,也可以求得经过该点的任意两线段之间的夹角的改变。也就是说,6 个应变分量完全决定了这一点的应变状态。任意两个正交坐标系的应变转变关系式如下:

$$\begin{bmatrix} \varepsilon_{x'} & \gamma_{x'y'}/2 & \gamma_{z'x'}/2 \\ \gamma_{x'y'}/2 & \varepsilon_{y'} & \gamma_{y'z'}/2 \\ \gamma_{z'x'}/2 & \gamma_{y'z'}/2 & \varepsilon_{z'} \end{bmatrix} = \begin{bmatrix} l_1 & m_1 & n_1 \\ l_2 & m_2 & n_2 \\ l_3 & m_3 & n_3 \end{bmatrix} \times \begin{bmatrix} \varepsilon_x & \gamma_{xy}/2 & \gamma_{zx}/2 \\ \gamma_{xy}/2 & \varepsilon_y & \gamma_{yz}/2 \\ \gamma_{zx}/2 & \gamma_{yz}/2 & \varepsilon_z \end{bmatrix}$$
$$\times \begin{bmatrix} l_1 & l_2 & l_3 \\ m_1 & m_2 & m_3 \\ n_1 & n_2 & n_3 \end{bmatrix}$$

用张量表示则非常简洁,即

$$\varepsilon_{i'j'} = \varepsilon_{ij}n_{i'i}n_{j'j} \quad (3.25)$$

例 3.1　用电阻应变花测得某点在 $0°,60°$ 和 $120°$ 方向上的应变值分别为

$\varepsilon_{0^\circ} = -130 \ \mu\varepsilon$，$\varepsilon_{60^\circ} = 75 \ \mu\varepsilon$ 和 $\varepsilon_{120^\circ} = 130 \ \mu\varepsilon$。若该构件属于平面应变问题，试求该点的应变分量。

解 该构件属于平面应变问题，式(3.21)简化为

$$\varepsilon_N = l^2 \varepsilon_x + m^2 \varepsilon_y + lm\gamma_{xy}$$

假设 $\varepsilon_x = \varepsilon_{0^\circ} = -130 \ \mu\varepsilon$，则

$$\varepsilon_{60^\circ} = \cos^2 60^\circ \times (-130) + \sin^2 60^\circ \times \varepsilon_y + \cos 60^\circ \sin 60^\circ \times \gamma_{xy} = 75$$

$$\varepsilon_{120^\circ} = \cos^2 120^\circ \times (-130) + \sin^2 120^\circ \times \varepsilon_y + \cos 120^\circ \sin 120^\circ \times \gamma_{xy} = 130$$

联立求解，得

$$\varepsilon_y = 180 \ \mu\varepsilon, \quad \gamma_{xy} = -63.5 \ \mu\varepsilon$$

3.3 主 应 变

3.3.1 主应变和应变不变量

对于任何一点总可以找到三个互相垂直的微分线段，物体变形后这些线段只有伸缩而相互间的夹角保持直角不变，即微分线段组成的平面内没有切应变。与讨论应力状态时相似，切应变为零的面称为主平面，微分线段的相对伸长称为主应变，其方向即主平面的法线方向称为主应变方向。

设图 3.4 中的平面 ABC 是主平面。沿主方向有一微线段 MN，长为 $\mathrm{d}r$，它沿 x,y,z 轴的投影分别为 $\mathrm{d}x,\mathrm{d}y,\mathrm{d}z$。线段 $\mathrm{d}r$ 在变形过程中只有长度改变了 $\delta(\mathrm{d}r)$，而角度保持不变。

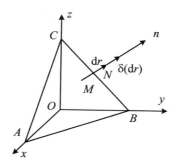

图 3.4 微四面体

设 M 点的坐标为 (x,y,z)，其位移为 u,v,w；变形后 N 点相对于原点的位移增量可表示为

$$
\begin{aligned}
\mathrm{d}u &= \frac{\partial u}{\partial x}\mathrm{d}x + \frac{\partial u}{\partial y}\mathrm{d}y + \frac{\partial u}{\partial z}\mathrm{d}z \\
&= \frac{\partial u}{\partial x}\mathrm{d}x + \frac{1}{2}\left(\frac{\partial u}{\partial y} + \frac{\partial v}{\partial x}\right)\mathrm{d}y + \frac{1}{2}\left(\frac{\partial u}{\partial z} + \frac{\partial w}{\partial x}\right)\mathrm{d}z \\
&\quad + \frac{1}{2}\left(\frac{\partial u}{\partial y} - \frac{\partial v}{\partial x}\right)\mathrm{d}y + \frac{1}{2}\left(\frac{\partial u}{\partial z} - \frac{\partial w}{\partial x}\right)\mathrm{d}z
\end{aligned}
$$

上式中后两项与刚体转动有关，在小变形情况下分析应变时可忽略不计。这样，上式及在另外两个方向上的位移增量可写为

$$
\begin{aligned}
\mathrm{d}u &= \varepsilon_x \mathrm{d}x + \varepsilon_{yx}\mathrm{d}y + \varepsilon_{zx}\mathrm{d}x \\
\mathrm{d}v &= \varepsilon_{xy}\mathrm{d}x + \varepsilon_y \mathrm{d}y + \varepsilon_{zy}\mathrm{d}z \\
\mathrm{d}w &= \varepsilon_{xz}\mathrm{d}x + \varepsilon_{yz}\mathrm{d}y + \varepsilon_z \mathrm{d}z
\end{aligned}
\tag{3.26a}
$$

另一方面，由于线元 $\mathrm{d}r$ 的方向为主方向，故变形后线元只增加一个长度 $\mathrm{d}u_r$，而方向不变，因此主应变为

$$
\varepsilon = \frac{\mathrm{d}u_r}{\mathrm{d}r}
$$

且 $\mathrm{d}r$ 和 $\mathrm{d}u_r$ 在 x,y,z 轴上的投影成比例，从而有

$$
\frac{\mathrm{d}u_r}{\mathrm{d}r} = \frac{\mathrm{d}u}{\mathrm{d}x} = \frac{\mathrm{d}v}{\mathrm{d}y} = \frac{\mathrm{d}w}{\mathrm{d}z} = \varepsilon
\tag{3.26b}
$$

于是

$$
\mathrm{d}u = \varepsilon \mathrm{d}x, \quad \mathrm{d}v = \varepsilon \mathrm{d}y, \quad \mathrm{d}w = \varepsilon \mathrm{d}z
\tag{3.26c}
$$

结合式(3.26a)和式(3.26c)，可得

$$
\begin{aligned}
(\varepsilon_x - \varepsilon)\mathrm{d}x + \varepsilon_{yx}\mathrm{d}y + \varepsilon_{zx}\mathrm{d}z &= 0 \\
\varepsilon_{xy}\mathrm{d}x + (\varepsilon_y - \varepsilon)\mathrm{d}y + \varepsilon_{zy}\mathrm{d}z &= 0 \\
\varepsilon_{xz}\mathrm{d}x + \varepsilon_{yz}\mathrm{d}y + (\varepsilon_z - \varepsilon)\mathrm{d}z &= 0
\end{aligned}
\tag{3.27a}
$$

上式中的各项同除以 $\mathrm{d}r$，注意到主方向的方向余弦为 $l = \dfrac{\mathrm{d}x}{\mathrm{d}r}$，$m = \dfrac{\mathrm{d}y}{\mathrm{d}r}$，$n = \dfrac{\mathrm{d}z}{\mathrm{d}r}$，则该式变为

$$
\begin{aligned}
(\varepsilon_x - \varepsilon)l + \varepsilon_{yx}m + \varepsilon_{zx}n &= 0 \\
\varepsilon_{xy}l + (\varepsilon_y - \varepsilon)m + \varepsilon_{zy}n &= 0 \\
\varepsilon_{xz}l + \varepsilon_{yz}m + (\varepsilon_z - \varepsilon)n &= 0
\end{aligned}
\tag{3.27b}
$$

为使式(3.27b)中的方向余弦有非零解，其系数行列式必须为零，即

$$
\begin{vmatrix}
\varepsilon_x - \varepsilon & \varepsilon_{yx} & \varepsilon_{zx} \\
\varepsilon_{xy} & \varepsilon_y - \varepsilon & \varepsilon_{zy} \\
\varepsilon_{xz} & \varepsilon_{yz} & \varepsilon_z - \varepsilon
\end{vmatrix} = 0
$$

将此行列式展开后,可得

$$\varepsilon^3 - I_1' \varepsilon^2 - I_2' \varepsilon - I_3' = 0 \qquad (3.28)$$

上述各式表明,主应变满足的方程与主应力的相似,其中 I_1', I_2', I_3' 分别称为应变第一、第二、第三不变量,其表达式为

$$I_1' = \varepsilon_{ii} = \varepsilon_x + \varepsilon_y + \varepsilon_z$$

$$I_2' = -\frac{1}{2}(\varepsilon_{ii}\varepsilon_{jj} - \varepsilon_{ij}\varepsilon_{ij}) = -\varepsilon_x\varepsilon_y - \varepsilon_y\varepsilon_z - \varepsilon_x\varepsilon_z + \varepsilon_{xy}^2 + \varepsilon_{yz}^2 + \varepsilon_{zx}^2 \qquad (3.29)$$

$$I_3' = |\varepsilon_{ij}| = \varepsilon_x\varepsilon_y\varepsilon_z + 2\varepsilon_{xy}\varepsilon_{yz}\varepsilon_{zx} - \varepsilon_x\varepsilon_{yz}^2 - \varepsilon_y\varepsilon_{zx}^2 - \varepsilon_z\varepsilon_{xy}^2$$

求解方程(3.28)得到三个主应变,记为 $\varepsilon_1, \varepsilon_2, \varepsilon_3$。以主应变表示的应变不变量为

$$I_1' = \varepsilon_1 + \varepsilon_2 + \varepsilon_3$$

$$I_2' = -(\varepsilon_1\varepsilon_2 + \varepsilon_2\varepsilon_3 + \varepsilon_3\varepsilon_1) \qquad (3.30)$$

$$I_3' = \varepsilon_1\varepsilon_2\varepsilon_3$$

例 3.2　已知物体中任意一点的位移分量如下式表示,试求点 $(1,1,1)$ 的最大线应变值(绝对值)。

$$u = 10 \times 10^{-3} + 0.1 \times 10^{-3} xy + 0.05 \times 10^{-3} z$$

$$v = 5 \times 10^{-3} - 0.05 \times 10^{-3} x + 0.1 \times 10^{-3} yz$$

$$z = 10 \times 10^{-3} - 0.1 \times 10^{-3} xyz$$

解　(1) 利用几何方程求得应变分量:

$$\varepsilon_x = 0.1 \times 10^{-3} y$$

$$\varepsilon_y = 0.1 \times 10^{-3} z$$

$$\varepsilon_z = -0.1 \times 10^{-3} xy$$

$$\gamma_{xy} = 0.1 \times 10^{-3} x - 0.05 \times 10^{-3}$$

$$\gamma_{yz} = 0.1 \times 10^{-3} y - 0.1 \times 10^{-3} xz$$

$$\gamma_{zx} = -0.1 \times 10^{-3} yz + 0.05 \times 10^{-3}$$

(2) 将坐标代入求得应变分量:

$$\varepsilon_x = 1 \times 10^{-4}, \quad \varepsilon_y = 1 \times 10^{-4}, \quad \varepsilon_z = -1 \times 10^{-4}$$

$$\gamma_{xy} = 0.5 \times 10^{-4}, \quad \gamma_{yz} = 0, \quad \gamma_{zx} = -0.5 \times 10^{-4}$$

(3) 求应变不变量:

$$I_1' = \varepsilon_x + \varepsilon_y + \varepsilon_z = 1 \times 10^{-4}$$

$$I_2' = -\varepsilon_x\varepsilon_y - \varepsilon_y\varepsilon_z - \varepsilon_z\varepsilon_x + \frac{\gamma_{xy}^2 + \gamma_{yz}^2 + \gamma_{zx}^2}{4} = 1.125 \times 10^{-8}$$

$$I_3' = |\varepsilon_{ij}| = \varepsilon_x\varepsilon_y\varepsilon_z + 2\varepsilon_{xy}\varepsilon_{yz}\varepsilon_{zx} - \varepsilon_x\varepsilon_{yz}^2 - \varepsilon_y\varepsilon_{zx}^2 - \varepsilon_z\varepsilon_{xy}^2 = -1 \times 10^{-12}$$

(4) 应变特征方程:

$$\varepsilon^3 - 10^{-4}\varepsilon^2 - 1.125 \times 10^{-8}\varepsilon + 1 \times 10^{-12} = 0$$

为防止计算失去真根,令 $x = 10^4 \varepsilon$ 代入上式,得

$$x^3 - x^2 - 1.125x + 1 = 0$$

解之,得

$$x_1 = -1.03, \quad x_2 = 0.77, \quad x_3 = 1.26$$

因此,点(1,1,1)的最大线应变值为 1.26×10^{-4}。

3.3.2　体积应变

现在考察微元体的体积变形,微元体的体积为 $\mathrm{d}V = \mathrm{d}x\mathrm{d}y\mathrm{d}z$。可以证明,由剪切变形引起的体积改变是高阶微量,可以忽略不计。这样,微元体变形后的体积将是

$$\mathrm{d}x(1 + \varepsilon_x) \cdot \mathrm{d}y(1 + \varepsilon_y) \cdot \mathrm{d}z(1 + \varepsilon_z)$$

体积应变即单位体积的改变为

$$\begin{aligned}
\theta &= \frac{\mathrm{d}x(1 + \varepsilon_x)\mathrm{d}y(1 + \varepsilon_y)\mathrm{d}z(1 + \varepsilon_z) - \mathrm{d}x\mathrm{d}y\mathrm{d}z}{\mathrm{d}x\mathrm{d}y\mathrm{d}z} \\
&= \varepsilon_x + \varepsilon_y + \varepsilon_z = \varepsilon_{ii} = I_1' \tag{3.31}
\end{aligned}$$

其中略去了高阶微量。

3.4　八面体应变

完全类似八面体应力分析,可得八面体切应变 γ_8。也可以用 $\varepsilon_x, \dfrac{\gamma_{xy}}{2}$ 等代替八面体切应力公式中的 σ_x, τ_{xy} 等,得到 γ_8 的计算公式,例如

$$\begin{aligned}
\gamma_8 &= \frac{2}{3}\sqrt{(\varepsilon_x - \varepsilon_y)^2 + (\varepsilon_y - \varepsilon_z)^2 + (\varepsilon_z - \varepsilon_x)^2 + \frac{3}{2}(\gamma_{xy}^2 + \gamma_{yz}^2 + \gamma_{zx}^2)} \\
&= \frac{2}{3}\sqrt{(\varepsilon_1 - \varepsilon_2)^2 + (\varepsilon_2 - \varepsilon_3)^2 + (\varepsilon_3 - \varepsilon_1)^2} \tag{3.32}
\end{aligned}$$

3.5　应变张量的分解

与应力张量类似,应变张量也可以分解为球形应变张量 $\varepsilon_m \delta_{ij}$ 和应变偏量 e_{ij} 之

和,即

$$\begin{pmatrix} \varepsilon_x & \varepsilon_{xy} & \varepsilon_{xz} \\ \varepsilon_{yx} & \varepsilon_y & \varepsilon_{yz} \\ \varepsilon_{zx} & \varepsilon_{zy} & \varepsilon_z \end{pmatrix} = \begin{pmatrix} \varepsilon_m & 0 & 0 \\ 0 & \varepsilon_m & 0 \\ 0 & 0 & \varepsilon_m \end{pmatrix} + \begin{pmatrix} \varepsilon_x - \varepsilon_m & \varepsilon_{xy} & \varepsilon_{xz} \\ \varepsilon_{yx} & \varepsilon_y - \varepsilon_m & \varepsilon_{yz} \\ \varepsilon_{zx} & \varepsilon_{zy} & \varepsilon_z - \varepsilon_m \end{pmatrix}$$

或

$$\varepsilon_{ij} = \varepsilon_m \delta_{ij} + e_{ij} \tag{3.33}$$

其中,$\varepsilon_m = \dfrac{1}{3}(\varepsilon_x + \varepsilon_y + \varepsilon_z) = \dfrac{\theta}{3}$ 为平均线应变;应变偏量 e_{ij} 为

$$e_{ij} = \begin{pmatrix} \varepsilon_x - \varepsilon_m & \varepsilon_{xy} & \varepsilon_{xz} \\ \varepsilon_{yx} & \varepsilon_y - \varepsilon_m & \varepsilon_{yz} \\ \varepsilon_{zx} & \varepsilon_{zy} & \varepsilon_z - \varepsilon_m \end{pmatrix} \tag{3.34}$$

应变偏量也是一种可能单独存在的应变状态,故它也有自己的不变量。仿照式(3.29)可得

$$J_1' = e_{ij} = e_1 + e_2 + e_3 = 0$$

$$J_2' = \frac{1}{2} e_{ij} e_{ij} = - e_1 e_2 - e_2 e_3 - e_3 e_1 \tag{3.35}$$

$$J_3' = |e_{ij}| = e_1 e_2 e_3$$

其中,

$$e_1 = \varepsilon_1 - \varepsilon_m, \quad e_2 = \varepsilon_2 - \varepsilon_m, \quad e_3 = \varepsilon_3 - \varepsilon_m \tag{3.36}$$

3.6　等 效 应 变

等效应变或应变强度用 $\bar{\varepsilon}$ 表示,定义如下

$$\bar{\varepsilon} = \frac{2}{\sqrt{3}} \sqrt{J_2'} = \frac{\sqrt{2}}{3} \sqrt{(\varepsilon_1 - \varepsilon_2)^2 + (\varepsilon_2 - \varepsilon_3)^2 + (\varepsilon_3 - \varepsilon_1)^2} = \sqrt{\frac{2}{3} e_{ij} e_{ij}}$$

$$\tag{3.37}$$

在单向拉伸的情况下,如果假定材料不可压缩,则 $\varepsilon_1 = \varepsilon$,$\varepsilon_2 = \varepsilon_3 = -\dfrac{\varepsilon}{2}$;代入式(3.27)可得 $\bar{\varepsilon} = \varepsilon$。可见,在某种意义上,采用等效应变就将原来的复杂应变状态化为具有相同"效应"的单向拉伸时的应变状态。

3.7　应变协调方程

在研究物体变形时,一般都取一个平行六面体进行分析,物体在变形时,各相邻的小单元不能是互相无关的,必然是相互有联系的,因此应该认为物体在变形前是连续的,变形后仍然是连续的,连续物体应变之间关系的数学表达式即为"应变协调方程"。

由几何方程可知,6 个应变分量是通过 3 个位移分量表示的,这 6 个应变分量不是互不相关的,它们之间必然存在着一定的联系。这个联系很重要,因为如果我们知道了位移表达式,则容易通过几何方程获得应变分量;但是反过来,如果纯粹从数学角度任意给出一组"应变分量",则几何方程给出了包含 6 个方程而只有 3 个未知函数的偏微分方程组,由于方程的个数超过了未知函数的个数,方程组可能是矛盾的。要使这方程组不矛盾,则 6 个应变分量必须满足一定的条件。下面的任务就是建立这个条件。为此,我们要设法从 6 个几何方程中消去所有的位移分量。

设物体中的某一点的坐标是 (x,y,z),其位移是 u,v,w,应变为 $\varepsilon_x,\varepsilon_y,\varepsilon_z$,$\gamma_{xy},\gamma_{yz},\gamma_{zx}$。若已知 u,v,w,则应变便可用位移表示;如果在表达式中消去位移 u,v,w,则可得到应变之间的关系。

将线应变 $\varepsilon_x,\varepsilon_y$ 分别对 y,x 取两次偏微分,则有

$$\frac{\partial^2 \varepsilon_x}{\partial y^2} = \frac{\partial^3 u}{\partial x \partial y^2}$$

$$\frac{\partial^2 \varepsilon_y}{\partial x^2} = \frac{\partial^3 v}{\partial y \partial x^2}$$

将以上两式左右分别相加,可得

$$\frac{\partial^2 \varepsilon_x}{\partial y^2} + \frac{\partial^2 \varepsilon_y}{\partial x^2} = \frac{\partial^3 u}{\partial x \partial y^2} + \frac{\partial^3 v}{\partial y \partial x^2} = \frac{\partial^2}{\partial x \partial y}\left(\frac{\partial u}{\partial y} + \frac{\partial v}{\partial x}\right) = \frac{\partial^2 \gamma_{xy}}{\partial x \partial y}$$

这里利用了位移分量具有三阶的连续偏导数的性质。同理,可得到另外两个式子。

$$\frac{\partial^2 \varepsilon_x}{\partial y^2} + \frac{\partial^2 \varepsilon_y}{\partial x^2} = \frac{\partial^2 \gamma_{xy}}{\partial x \partial y}$$

$$\frac{\partial^2 \varepsilon_y}{\partial z^2} + \frac{\partial^2 \varepsilon_z}{\partial y^2} = \frac{\partial^2 \gamma_{yz}}{\partial y \partial z} \tag{3.38}$$

$$\frac{\partial^2 \varepsilon_z}{\partial x^2} + \frac{\partial^2 \varepsilon_x}{\partial z^2} = \frac{\partial^2 \gamma_{zx}}{\partial z \partial x}$$

以上是一组相容方程。若对切应变的表达式进行变形:

$$\gamma_{xy} = \frac{\partial u}{\partial y} + \frac{\partial v}{\partial x}$$

$$\gamma_{yz} = \frac{\partial w}{\partial y} + \frac{\partial v}{\partial z}$$

$$\gamma_{zx} = \frac{\partial u}{\partial z} + \frac{\partial w}{\partial x}$$

将上式的三个切应变分别对 z, x, y 求一阶偏导数,可得

$$\frac{\partial \gamma_{xy}}{\partial z} = \frac{\partial^2 u}{\partial y \partial z} + \frac{\partial^2 v}{\partial z \partial x}$$

$$\frac{\partial \gamma_{yz}}{\partial x} = \frac{\partial^2 w}{\partial y \partial x} + \frac{\partial^2 v}{\partial z \partial x}$$

$$\frac{\partial \gamma_{zx}}{\partial y} = \frac{\partial^2 u}{\partial z \partial y} + \frac{\partial^2 w}{\partial x \partial y}$$

将上式中的第 1 式与第 3 式相加,然后减去第 2 式,则可得

$$\frac{\partial \gamma_{xy}}{\partial z} + \frac{\partial \gamma_{zx}}{\partial y} - \frac{\partial \gamma_{yz}}{\partial x} = 2 \frac{\partial^2 u}{\partial y \partial z}$$

再对 x 求导可消去 u,得

$$\frac{\partial}{\partial x} \left(\frac{\partial \gamma_{xy}}{\partial z} + \frac{\partial \gamma_{zx}}{\partial y} - \frac{\partial \gamma_{yz}}{\partial x} \right) = 2 \frac{\partial^2 \varepsilon_x}{\partial y \partial z}$$

同理可得另外两式,即有式

$$\frac{\partial}{\partial x} \left(\frac{\partial \gamma_{xy}}{\partial z} + \frac{\partial \gamma_{zx}}{\partial y} - \frac{\partial \gamma_{yz}}{\partial x} \right) = 2 \frac{\partial^2 \varepsilon_x}{\partial y \partial z}$$

$$\frac{\partial}{\partial z} \left(\frac{\partial \gamma_{yz}}{\partial x} + \frac{\partial \gamma_{xz}}{\partial y} - \frac{\partial \gamma_{xy}}{\partial z} \right) = 2 \frac{\partial^2 \varepsilon_z}{\partial x \partial y} \qquad (3.39)$$

$$\frac{\partial}{\partial y} \left(\frac{\partial \gamma_{xy}}{\partial z} + \frac{\partial \gamma_{yz}}{\partial x} - \frac{\partial \gamma_{zx}}{\partial y} \right) = 2 \frac{\partial^2 \varepsilon_y}{\partial x \partial z}$$

与推导得到的 3 个式子一起称为应变协调方程,又称圣维南方程。

$$\frac{\partial^2 \varepsilon_x}{\partial y^2} + \frac{\partial^2 \varepsilon_y}{\partial x^2} = \frac{\partial^2 \gamma_{xy}}{\partial x \partial y}$$

$$\frac{\partial^2 \varepsilon_y}{\partial z^2} + \frac{\partial^2 \varepsilon_z}{\partial y^2} = \frac{\partial^2 \gamma_{yz}}{\partial x \partial y}$$

$$\frac{\partial^2 \varepsilon_z}{\partial x^2} + \frac{\partial^2 \varepsilon_x}{\partial z^2} = \frac{\partial^2 \gamma_{zx}}{\partial x \partial y}$$

$$\frac{\partial}{\partial x} \left(\frac{\partial \gamma_{xy}}{\partial z} + \frac{\partial \gamma_{zx}}{\partial y} - \frac{\partial \gamma_{yz}}{\partial x} \right) = 2 \frac{\partial^2 \varepsilon_x}{\partial y \partial z}$$

$$\frac{\partial}{\partial z} \left(\frac{\partial \gamma_{yz}}{\partial x} + \frac{\partial \gamma_{xz}}{\partial y} - \frac{\partial \gamma_{xy}}{\partial z} \right) = 2 \frac{\partial^2 \varepsilon_z}{\partial x \partial y} \qquad (3.40)$$

$$\frac{\partial}{\partial y} \left(\frac{\partial \gamma_{xy}}{\partial z} + \frac{\partial \gamma_{yz}}{\partial x} - \frac{\partial \gamma_{zx}}{\partial y} \right) = 2 \frac{\partial^2 \varepsilon_y}{\partial x \partial z}$$

上式表示要使以位移分量为未知函数的 6 个几何方程不相矛盾,则 6 个应变分量必须满足应变协调方程。

应变协调方程的几何意义:如将物体分割成无数个微分平行六面体,并使每一个微元体发生变形。这时如果表示微元体变形的 6 个应变分量不满足一定的关系,则在物体变形后,微元体之间就会出现"撕裂"或"套叠"等现象,从而破坏了变形后物体的整体性和连续性。

对于平面应变问题,有 $\varepsilon_z = \gamma_{yz} = \gamma_{zx} = 0$,其余 3 个应变也与 z 无关,因此应变协调方程只剩下 1 个,即

$$\frac{\partial^2 \varepsilon_x}{\partial y^2} + \frac{\partial^2 \varepsilon_y}{\partial x^2} = \frac{\partial^2 \gamma_{xy}}{\partial x \partial y} \tag{3.41}$$

例 3.3 试确定下面应变状态是否可能存在:

$$\varepsilon_x = kz(x^2 + y^2), \quad \varepsilon_y = ky^2 z, \quad \varepsilon_z = 0$$
$$\gamma_{xy} = 4kxyz, \quad \gamma_{xz} = \gamma_{yz} = 0$$

式中,k 为已知常数($k \neq 0$)。

解 将各应变分量代入相容方程:

$$\frac{\partial^2 \varepsilon_x}{\partial y^2} + \frac{\partial^2 \varepsilon_y}{\partial x^2} = 2kz + 0 \neq \frac{\partial^2 \gamma_{xy}}{\partial x \partial y} = 4kz \quad (\text{不满足})$$

$$\frac{\partial^2 \varepsilon_y}{\partial z^2} + \frac{\partial^2 \varepsilon_z}{\partial y^2} = 0 + 0 = \frac{\partial^2 \gamma_{yz}}{\partial x \partial y} = 0 \quad (\text{满足})$$

$$\frac{\partial^2 \varepsilon_z}{\partial x^2} + \frac{\partial^2 \varepsilon_x}{\partial z^2} = 0 + 0 = \frac{\partial^2 \gamma_{zx}}{\partial x \partial y} = 0 \quad (\text{满足})$$

$$\frac{\partial}{\partial x}\left(\frac{\partial \gamma_{xy}}{\partial z} + \frac{\partial \gamma_{zx}}{\partial y} - \frac{\partial \gamma_{yz}}{\partial x}\right) = \frac{\partial}{\partial x}(4kxy + 0 - 0) = 4ky = 2\frac{\partial^2 \varepsilon_x}{\partial y \partial z} = 4ky \quad (\text{满足})$$

$$\frac{\partial}{\partial z}\left(\frac{\partial \gamma_{yz}}{\partial x} + \frac{\partial \gamma_{xz}}{\partial y} - \frac{\partial \gamma_{xy}}{\partial z}\right) = \frac{\partial}{\partial z}(0 + 0 - 4kxy) = 0 = 2\frac{\partial^2 \varepsilon_z}{\partial x \partial y} = 0 \quad (\text{满足})$$

$$\frac{\partial}{\partial y}\left(\frac{\partial \gamma_{xy}}{\partial z} + \frac{\partial \gamma_{yz}}{\partial x} - \frac{\partial \gamma_{zx}}{\partial y}\right) = \frac{\partial}{\partial y}(4kxy + 0 - 0) = 4kx \neq 2\frac{\partial^2 \varepsilon_y}{\partial x \partial z} = 0 \quad (\text{不满足})$$

由于应变分量不能满足全部相容方程,因此该应变状态不可能存在。

习 题

1. 线应变和切应变是如何定义的? 它们的正负号是如何规定的? 应变分析与应力分析有哪些异同?

2. 判断下述命题是否正确,并简短说明理由。

(1) 若物体内一点的位移分量均为零,则该点必有应变 $\varepsilon_x = \varepsilon_y = \varepsilon_z = 0$。

（2）在 x 为常数的直线上，若 $u=0$，则沿该线必有 $\varepsilon_x=0$。

（3）在 y 为常数的直线上，若 $u=0$，则沿该线必有 $\varepsilon_x=0$。

3. 已知某物体的位移场为

$$u=(6x^2+15)\times 10^{-2}, \quad v=(8yz)\times 10^{-2}, \quad w=(3z^2-2xy)\times 10^{-2}$$

试求点 $P(1,3,4)$ 的应变分量。

4. 已知下列应变分量是物体变形时产生的，试求各系数之间应满足的关系。

$$\varepsilon_x=A_0+A_1(x^2+y^2)+x^4+y^4$$

$$\varepsilon_y=B_0+B_1(x^2+y^2)+x^4+y^4$$

$$\gamma_{xy}=C_0+C_1xy(x^2+y^2+C_2)$$

$$\varepsilon_z=\gamma_{zx}=\gamma_{yz}=0$$

$$\gamma_{zx}=ax^2+by^2$$

5. 试确定下述应变场是否可能存在：

$$\varepsilon_x=axy^2, \quad \varepsilon_y=ax^2y, \quad \varepsilon_z=axy$$

$$\gamma_{xy}=0, \quad \gamma_{yz}=az^2+by^2, \quad \gamma_{zx}=ax^2+by^2$$

6. 已知物体中某点的应变状态为

$$\varepsilon_{ij}=\begin{pmatrix} 0.006 & 0.002 & 0 \\ 0.002 & 0.004 & 0 \\ 0 & 0 & 0 \end{pmatrix}$$

试求：（1）应变不变量；（2）主应变；（3）八面体切应变。

7. 设应变偏量与应力偏量具有如下关系：

$$e_{ij}=\psi s_{ij}$$

其中，ψ 为一标量。试证明 e_{ij} 与 s_{ij} 有相同的主方向。

8. 试用直角坐标系中的应变分量 $\varepsilon_x,\varepsilon_y,\varepsilon_z,\gamma_{xy},\gamma_{yz},\gamma_{zx}$，表示柱坐标系中的应变分量。

9. 试用柱坐标系中的应变分量 $\varepsilon_r,\varepsilon_\theta,\varepsilon_z,\gamma_{r\theta},\gamma_{\theta z},\gamma_{zr}$，表示直角坐标系中的应变分量。

10. 证明：对于平面问题（应变与 z 坐标无关），如果选取函数 $\varepsilon_x=0$，$\varepsilon_y=0$ 和 $\gamma_{xy}=Cxy$（显然它们不能满足协调方程），那么由下述几何方程中的任何两个求出的位移分量，将与第三个几何方程不能协调，即出现矛盾。

$$\varepsilon_x=\frac{\partial u}{\partial x}, \quad \varepsilon_y=\frac{\partial v}{\partial y}$$

$$\gamma_{xy}=\frac{\partial u}{\partial y}+\frac{\partial v}{\partial x}$$

第4章　弹性应力-应变关系

由第2章、第3章推导得到了3个平衡微分方程和6个几何方程,共9个方程;而这9个方程中包含有15个未知量,即3个位移分量、6个应力分量和6个应变分量。推导这些基本方程时并没有涉及材料的性质,因此这些方程对于任何材料都是适用的。不过,仅有这些方程还不能求解变形体的应力和变形问题,为此,还必须了解材料的变形特性,构建应力与应变之间的关系,即物理关系或本构方程。

4.1　广义胡克定律

在"材料力学"课程中,已经介绍了线弹性材料在单向应力状态下,且当材料的正应力不大于比例极限时,正应力与线应变之间成正比,即 $\sigma_x = E\varepsilon_x$,这就是胡克定律。其中 E 为弹性模量,为弹性常数之一。

线弹性材料在纯剪切应力状态下,且当材料的切应力不大于比例极限时,切应力与切应变之间成正比,即 $\tau_{xy} = G\gamma_{xy}$,即剪切胡克定律。其中 G 为剪切弹性模量,也是弹性常数之一。

在三向应力状态下,一点的应力状态由9个应力分量来描述,与之相对应的应变也是9个,应力和应变都是对称张量,所以实际独立的分量都只有6个。对于线弹性材料,每个应力分量与6个应变都应该成正比关系,而且根据无初应力假设,应力为零时,应变也应该为零,因此应力与应变应该存在如下关系:

$$
\begin{aligned}
\sigma_x &= C_{11}\varepsilon_x + C_{12}\varepsilon_y + C_{13}\varepsilon_z + C_{14}\gamma_{xy} + C_{15}\gamma_{yz} + C_{16}\gamma_{zx} \\
\sigma_y &= C_{21}\varepsilon_x + C_{22}\varepsilon_y + C_{23}\varepsilon_z + C_{24}\gamma_{xy} + C_{25}\gamma_{yz} + C_{26}\gamma_{zx} \\
\sigma_z &= C_{31}\varepsilon_x + C_{32}\varepsilon_y + C_{33}\varepsilon_z + C_{34}\gamma_{xy} + C_{35}\gamma_{yz} + C_{36}\gamma_{zx} \\
\tau_{xy} &= C_{41}\varepsilon_x + C_{42}\varepsilon_y + C_{43}\varepsilon_z + C_{44}\gamma_{xy} + C_{45}\gamma_{yz} + C_{46}\gamma_{zx} \\
\tau_{yz} &= C_{51}\varepsilon_x + C_{52}\varepsilon_y + C_{53}\varepsilon_z + C_{54}\gamma_{xy} + C_{55}\gamma_{yz} + C_{56}\gamma_{zx} \\
\tau_{zx} &= C_{61}\varepsilon_x + C_{62}\varepsilon_y + C_{63}\varepsilon_z + C_{64}\gamma_{xy} + C_{65}\gamma_{yz} + C_{66}\gamma_{zx}
\end{aligned}
\tag{4.1}
$$

式(4.1)中,C_{mn}($m,n = 1,2,\cdots,6$)为弹性常数。由材料的均匀性假设,C_{mn} 不随

坐标改变。

如采用张量表示,可缩写为

$$\sigma_{ij} = C_{ijkl}\varepsilon_{kl} \quad (i,j,k,l = 1,2,3) \tag{4.2}$$

式(4.2)称为广义胡克定律,它建立了应力与应变之间的关系。

式(4.2)中的弹性常数共有 36 个。但是由于应力和应变都是对称张量,系数矩阵 C_{mn} 也必定是对称的,因此弹性常数可减少到 21 个。

对于正交各向异性材料,弹性常数可减少到 9 个。即认为正应力只与线应变有关,切应力只与对应的切应变有关。关系式如下:

$$\begin{aligned}
\sigma_x &= C_{11}\varepsilon_x + C_{12}\varepsilon_y + C_{13}\varepsilon_z \\
\sigma_y &= C_{12}\varepsilon_x + C_{22}\varepsilon_y + C_{23}\varepsilon_z \\
\sigma_z &= C_{13}\varepsilon_x + C_{23}\varepsilon_y + C_{33}\varepsilon_z \\
\tau_{xy} &= C_{44}\gamma_{xy} \\
\tau_{yz} &= C_{55}\gamma_{yz} \\
\tau_{zx} &= C_{66}\gamma_{zx}
\end{aligned} \tag{4.3}$$

各向同性弹性体,就其物理意义来讲,物体各个方向上的弹性性质完全相同。这一物理意义在数学上的反映,就是应力和应变之间的关系在所有方位不同的坐标系中都一样。因此弹性常数可进一步减少到 3 个,即

$$C_{11} = C_{22} = C_{33}, \quad C_{12} = C_{13} = C_{23}, \quad C_{44} = C_{55} = C_{66}$$

各向同性弹性体的应力和应变关系为

$$\begin{aligned}
\sigma_x &= C_{11}\varepsilon_x + C_{12}\varepsilon_y + C_{12}\varepsilon_z \\
\sigma_y &= C_{12}\varepsilon_x + C_{11}\varepsilon_y + C_{12}\varepsilon_z \\
\sigma_z &= C_{12}\varepsilon_x + C_{12}\varepsilon_y + C_{11}\varepsilon_z \\
\tau_{xy} &= C_{44}\gamma_{xy} \\
\tau_{yz} &= C_{44}\gamma_{yz} \\
\tau_{zx} &= C_{44}\gamma_{zx}
\end{aligned} \tag{4.4}$$

由式(4.4)的后 3 式,对比材料力学的剪切胡克定律可知:

$$C_{44} = G$$

对式(4.4)的前 3 式变形,并令 $2\mu = C_{11} - C_{12}$,$\lambda = C_{12}$,得

$$\begin{aligned}
\sigma_x &= C_{11}\varepsilon_x - C_{12}\varepsilon_x + C_{12}\varepsilon_x + C_{12}\varepsilon_y + C_{12}\varepsilon_z = 2\mu\varepsilon_x + \lambda\theta \\
\sigma_y &= C_{12}\varepsilon_x + C_{11}\varepsilon_y + C_{12}\varepsilon_z = 2\mu\varepsilon_y + \lambda\theta \\
\sigma_z &= C_{12}\varepsilon_x + C_{12}\varepsilon_y + C_{11}\varepsilon_z = 2\mu\varepsilon_z + \lambda\theta
\end{aligned} \tag{4.5}$$

将此 3 式左右分别相加,得

$$\Theta = \sigma_x + \sigma_y + \sigma_z = 2\mu\theta + 3\lambda\theta \tag{4.6}$$

式(4.6)中,Θ 为体积应力,θ 为体积应变。

由式(4.6)求得 θ，再代入式(4.5)，得

$$\varepsilon_x = \frac{\sigma_x}{2\mu} - \frac{\lambda}{2\mu}\frac{\Theta}{2\mu + 3\lambda}$$

$$\varepsilon_y = \frac{\sigma_y}{2\mu} - \frac{\lambda}{2\mu}\frac{\Theta}{2\mu + 3\lambda} \tag{4.7}$$

$$\varepsilon_z = \frac{\sigma_z}{2\mu} - \frac{\lambda}{2\mu}\frac{\Theta}{2\mu + 3\lambda}$$

材料力学的广义胡克定律，有

$$\varepsilon_x = \frac{1}{E}\left[\sigma_x - \nu(\sigma_y + \sigma_z)\right], \quad \gamma_{xy} = \frac{\tau_{xy}}{G}$$

$$\varepsilon_y = \frac{1}{E}\left[\sigma_y - \nu(\sigma_z + \sigma_x)\right], \quad \gamma_{yz} = \frac{\tau_{yz}}{G} \tag{4.8}$$

$$\varepsilon_z = \frac{1}{E}\left[\sigma_z - \nu(\sigma_x + \sigma_y)\right], \quad \gamma_{zx} = \frac{\tau_{zx}}{G}$$

对式(4.8)的线应变表达式变形一下，得

$$\varepsilon_x = \frac{1}{E}\left[\sigma_x - \nu(\sigma_y + \sigma_z)\right] = \frac{1}{E}\left[(1 + \nu)\sigma_x - \nu(\sigma_x + \sigma_y + \sigma_z)\right]$$

$$= \frac{1}{E}\left[(1 + \nu)\sigma_x - \nu\Theta\right]$$

$$\varepsilon_y = \frac{1}{E}\left[\sigma_y - \nu(\sigma_z + \sigma_x)\right] = \frac{1}{E}\left[(1 + \nu)\sigma_y - \nu\Theta\right] \tag{4.9}$$

$$\varepsilon_z = \frac{1}{E}\left[\sigma_z - \nu(\sigma_x + \sigma_y)\right] = \frac{1}{E}\left[(1 + \nu)\sigma_z - \nu\Theta\right]$$

式(4.7)与式(4.9)对比发现：

$$\frac{1}{2\mu} = \frac{1 + \nu}{E}, \quad \frac{\lambda}{2\mu}\frac{1}{2\mu + 3\lambda} = \frac{\nu}{E} \tag{4.10}$$

求解式(4.10)，得

$$\mu = \frac{E}{2(1 + \nu)} = G, \quad \lambda = \frac{\nu E}{(1 + \nu)(1 - 2\nu)} \tag{4.11}$$

式(4.11)中，λ 和 μ 称为拉梅常数。此处也就证明了各向同性材料的弹性常数只有两个是独立的。

应力-应变关系用张量表示为

$$\sigma_{ij} = 2\mu\varepsilon_{ij} + \lambda\theta\delta_{ij} \tag{4.12}$$

式(4.8)也可以用张量表示为

$$\varepsilon_{ij} = \frac{1 + \nu}{E}\sigma_{ij} - \frac{\nu}{E}\Theta\delta_{ij} \tag{4.13}$$

由于平均正应力 $\sigma_m = \frac{\Theta}{3}$，平均线应变 $\varepsilon_m = \frac{\theta}{3}$，则式(4.6)变为

$$\sigma_m = (2\mu + 3\lambda)\varepsilon_m = 3K\varepsilon_m \tag{4.14}$$

式(4.14)中,K 称为体积弹性模量,$K = \lambda + \dfrac{2\mu}{3} = \dfrac{E}{3(1-2\nu)}$。

将式(4.14)及 $\sigma_{ij} = \sigma_m + s_{ij}\sigma_{ij}$,$\varepsilon_{ij} = \varepsilon_m + e_{ij}\delta_{ij}$ 代入式(4.12),得

$$s_{ij} = 2\mu e_{ij} \tag{4.15}$$

式(4.15)为用偏应力、偏应变表示的物理关系。

例 4.1　如图 4.1 所示,在柱状弹性体的顶部和底部施加均匀压力 p,且横向变形被完全限制,试求轴向应力与应变的比值。

解　由题意知,轴向应力 σ_z 为 $-p$,横向应力 σ_x,σ_y 未知,设 $\sigma_x = \sigma_y = -q$;横向应变 ε_x 和 ε_y 为 0。

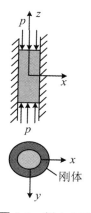

图 4.1　例 4.1 图

根据广义胡克定律,得

$$\varepsilon_x = \frac{1}{E}\big[\sigma_x - \nu(\sigma_y + \sigma_z)\big]$$

$$= \frac{1}{E}\big[-q - \nu(-q-p)\big] = 0$$

因此,得

$$q = \frac{\nu}{1-\nu}p$$

$$\varepsilon_z = \frac{1}{E}\big[\sigma_z - \nu(\sigma_x + \sigma_y)\big]$$

$$= \frac{1}{E}\big[-p - \nu(-q-q)\big]$$

$$= \frac{1}{E}\Big[-p + \nu\frac{2\nu}{1-\nu}p\Big] = \frac{(1+\nu)(1-2\nu)}{E(1-\nu)}(-p)$$

最终可得轴向应力与应变的比值为

$$\frac{\sigma_z}{\varepsilon_z} = \frac{E(1-\nu)}{(1+\nu)(1-2\nu)}$$

例 4.2 如图 4.2 所示，已知测得某点三个方向的线应变分别为 $\varepsilon_{0^\circ} = -100 \times 10^{-6}$，$\varepsilon_{60^\circ} = 50 \times 10^{-6}$，$\varepsilon_{90^\circ} = 150 \times 10^{-6}$。该材料的弹性模量 $E = 210\ \text{GPa}$，泊松比 $\nu = 0.3$。若该物体是平面应变状态，试求该点的应力分量。

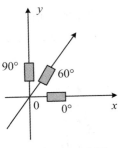

图 4.2　例 4.2 图

解 (1) 由题意知，$\varepsilon_x = -100 \times 10^{-6}$，$\varepsilon_y = 150 \times 10^{-6}$。$\gamma_{xy}$ 未知，可以通过式 (3.21) 和 60° 的线应变求出 γ_{xy}。

(2) 计算 γ_{xy}：

$$l = \cos 60^\circ = \frac{1}{2}$$

$$m = \sin 60^\circ = \frac{\sqrt{3}}{2}$$

$$\begin{aligned}
\varepsilon_{60^\circ} &= l^2 \varepsilon_x + m^2 \varepsilon_y + lm\gamma_{xy} \\
&= 0.25 \times (-100 \times 10^{-6}) + 0.75 \times (150 \times 10^{-6}) + \sqrt{3}/4 \times \gamma_{xy} \\
&= 50 \times 10^{-6}
\end{aligned}$$

$$\gamma_{xy} = -50\sqrt{3} \times 10^{-6}$$

(3) 计算拉梅常数：

$$\mu = \frac{E}{2(1+\nu)} = 80.77(\text{GPa}); \quad \lambda = \frac{\nu E}{(1+\nu)(1-2\nu)} = 121.15(\text{GPa})$$

(4) 由物理关系计算应力分量：

$$\theta = \varepsilon_x + \varepsilon_y = 50 \times 10^{-6}$$

$$\begin{aligned}
\sigma_x &= 2\mu\varepsilon_x + \lambda\theta = 2 \times 80.77(-100 \times 10^{-6}) + 121.15 \times 10^9 \times (50 \times 10^{-6}) \\
&= -10.10(\text{MPa})
\end{aligned}$$

$$\begin{aligned}
\sigma_y &= 2\mu\varepsilon_y + \lambda\theta = 2 \times 80.77(150 \times 10^{-6}) + 121.15 \times 10^9 \times (50 \times 10^{-6}) \\
&= 30.29(\text{MPa})
\end{aligned}$$

$$\tau_{xy} = 2\mu\varepsilon_{xy} = 2 \times 80.77 \frac{-50\sqrt{3} \times 10^{-6}}{2} = -6.99(\text{MPa})$$

4.2 弹性应变能

弹性体受外力作用后,不可避免地要产生变形,同时外力要做功,当外力缓慢地增加时,即不使物体产生加速度,则可略去系统的动能,其他能量(如热能等)的消耗也忽略不计,则外力所做的功全部转化成应变能储存于物体的内部。

材料力学中已经给出了单向应力状态及纯剪切应力状态时的应变能密度表达式。

单向应力状态:

$$v_\varepsilon = \frac{1}{2}\sigma_x\varepsilon_x \tag{4.16}$$

纯剪切应力状态:

$$v_\varepsilon = \frac{1}{2}\tau_{xy}\gamma_{xy} \tag{4.17}$$

推广可得复杂应力状态下的应变能密度表达式为

$$v_\varepsilon = \frac{1}{2}(\sigma_x\varepsilon_x + \sigma_y\varepsilon_y + \sigma_z\varepsilon_z + \tau_{xy}\gamma_{xy} + \tau_{yz}\gamma_{yz} + \tau_{zx}\gamma_{zx}) \tag{4.18}$$

也可以简写为

$$v_\varepsilon = \frac{1}{2}\sigma_{ij}\varepsilon_{ij}$$

引入广义胡克定律,可得

$$v_\varepsilon = \frac{1}{2E}(\sigma_x^2 + \sigma_y^2 + \sigma_z^2) - \frac{\nu}{E}(\sigma_x\sigma_y + \sigma_y\sigma_z + \sigma_z\sigma_x) + \frac{1}{2G}(\tau_{xy}^2 + \tau_{yz}^2 + \tau_{zx}^2)$$

$$\tag{4.19}$$

或

$$v_\varepsilon = \frac{1}{2}\left[\lambda\theta^2 + 2\mu(\varepsilon_x^2 + \varepsilon_y^2 + \varepsilon_z^2) + \mu(\gamma_{xy}^2 + \gamma_{yz}^2 + \gamma_{zx}^2)\right] \tag{4.20}$$

v_ε 用主应力表示:

$$v_\varepsilon = \frac{1}{2E}(\sigma_1^2 + \sigma_2^2 + \sigma_3^2) - \frac{\nu}{E}(\sigma_1\sigma_2 + \sigma_2\sigma_3 + \sigma_3\sigma_1) \tag{4.21}$$

式(4.19)对某个应力偏导,得到的是对应的应变:

$$\frac{\partial v_\varepsilon(\sigma_{ij})}{\partial \sigma_{ij}} = \varepsilon_{ij} \tag{4.22}$$

同理,对式(4.19)也可以得到类似的关系式为

$$\frac{\partial v_\varepsilon(\varepsilon_{ij})}{\partial \varepsilon_{ij}} = \sigma_{ij} \qquad (4.23)$$

在第2章中将应力分解为静水应力及偏应力,在静水应力作用下只产生体积的改变,不会发生形状改变;而在偏应力状态下,体积应力为零,不会产生体积改变,只会产生形状改变。因而分别求得其应变能密度。

由于体积改变而储存的应变能密度(简称体变能密度 v_v)为

$$v_v = \frac{3}{2}\sigma_m \varepsilon_m = \frac{\sigma_m^2}{2K} = \frac{\Theta^2}{18K} \qquad (4.24)$$

由于形状改变而储存的应变能密度(简称畸变能密度 v_d)为

$$v_d = \frac{1}{2} s_{ij} e_{ij} \qquad (4.25)$$

畸变能密度 v_d 用主应力表示为

$$v_d = \frac{1+\nu}{6E}\left[(\sigma_1 - \sigma_2)^2 + (\sigma_2 - \sigma_3)^2 + (\sigma_3 - \sigma_1)^2\right] = \frac{J_2}{2G} \qquad (4.26)$$

例 4.3 试证明弹性常数 E, G 和 ν 三者之间存在如下关系: $G = \dfrac{E}{2(1+\nu)}$。
(提示:从双向拉压状态与纯剪切的应力状态进行证明)

证明 假设一纯剪切单元体如图 4.3(a)所示,很容易得到它的主单元体如图 4.3(b)所示,由于图 4.3(b)是图 4.3(a)的主单元体,其应变能密度应该相等。

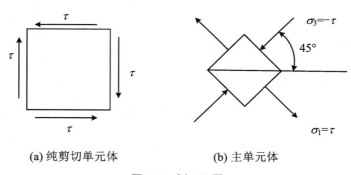

(a) 纯剪切单元体　　　　(b) 主单元体

图 4.3　例 4.3 图

纯剪切单元体的应变能密度:

$$v_\varepsilon = \frac{1}{2}\tau\gamma = \frac{1}{2}\frac{\tau^2}{G}$$

主单元体的应变能密度:

$$v_\varepsilon = \frac{1}{2E}(\sigma_1^2 + \sigma_2^2 + \sigma_3^2) - \frac{\nu}{E}(\sigma_1\sigma_2 + \sigma_2\sigma_3 + \sigma_3\sigma_1)$$

$$= \frac{1}{2E}(\tau^2 + 0 + \tau^2) - \frac{\nu}{E}(0 + 0 - \tau^2)$$

$$= \frac{2 + 2\nu}{2E}\tau^2$$

对比可得：

$$G = \frac{E}{2(1 + \nu)}$$

 习　题

1. 证明：对各向同性弹性体，若主应力 $\sigma_1 \geqslant \sigma_2 \geqslant \sigma_3$，则相应的主应变 $\varepsilon_1 \geqslant \varepsilon_2 \geqslant \varepsilon_3$。

2. 当矩形截面（截面参数 $b = 10\ \text{mm}$，$h = 20\ \text{mm}$）钢拉伸试样的轴向拉力 $F = 20\ \text{kN}$ 时，测得试样中段 B 点处与其轴线成 $30°$ 方向的线应变 3.5×10^{-4}（图 4.4）。已知材料的弹性模量 $200\ \text{GPa}$，试求泊松比 ν。

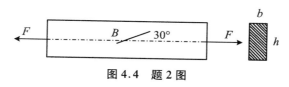

图 4.4　题 2 图

3. 如图 4.5 所示的槽形刚体，在槽内放置一边长为 $10\ \text{mm}$ 的立方铝块，钢块顶面受到合力为 $F = 6\ \text{kN}$ 的均布压力作用，试求铝块的体积应变。已知铝的弹性模量 $E = 70\ \text{GPa}$、泊松比 $\nu = 0.3$。

4. 已知三向应力状态如图 4.6 所示（应力单位为 MPa），已知弹性模量 $E = 80\ \text{GPa}$，泊松比 $\nu = 0.25$。试求：畸变能密度 ν_d。

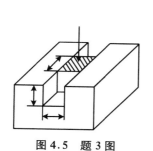

图 4.5　题 3 图

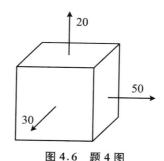

图 4.6　题 4 图

第 5 章　弹性力学的边值问题

根据前面几章的介绍,弹性力学问题的解在域内必须满足平衡微分方程、几何方程和物理方程,这些方程被统称为控制方程或泛定方程;在域的边界上还必须满足边界条件。因此,弹性力学问题就被归结为微分方程的某种边值问题。求解弹性力学问题的目的是确定物体内各点的应力和位移的分布规律。

本章首先列出弹性力学问题的全部基本方程;然后介绍弹性力学的基本解法;最后介绍与弹性力学问题求解相关的基本原理,包括叠加原理、解的唯一性定理、圣维南原理等。

5.1　基　本　方　程

5.1.1　平衡微分方程

平衡微分方程描述了物体内部应力与所受体力之间的平衡关系,即

$$\frac{\partial \sigma_x}{\partial x} + \frac{\partial \tau_{yx}}{\partial y} + \frac{\partial \tau_{zx}}{\partial z} + f_x = 0$$

$$\frac{\partial \tau_{xy}}{\partial x} + \frac{\partial \sigma_y}{\partial y} + \frac{\partial \tau_{zy}}{\partial z} + f_y = 0 \tag{5.1a}$$

$$\frac{\partial \tau_{xz}}{\partial x} + \frac{\partial \tau_{yz}}{\partial y} + \frac{\partial \sigma_z}{\partial z} + f_z = 0$$

或

$$\sigma_{ji,j} + f_i = 0 \quad (i,j = x,y,z) \tag{5.1b}$$

5.1.2　几何方程

几何方程描述了物体内部应变与位移之间的微分关系,即

$$\varepsilon_x = \frac{\partial u}{\partial x}, \quad 2\varepsilon_{xy} = \gamma_{xy} = \frac{\partial v}{\partial x} + \frac{\partial u}{\partial y}$$

$$\varepsilon_y = \frac{\partial v}{\partial y}, \quad 2\varepsilon_{yz} = \gamma_{yz} = \frac{\partial w}{\partial y} + \frac{\partial v}{\partial z} \tag{5.2a}$$

$$\varepsilon_z = \frac{\partial w}{\partial z}, \quad 2\varepsilon_{zx} = \gamma_{zx} = \frac{\partial u}{\partial z} + \frac{\partial w}{\partial x}$$

或

$$\varepsilon_{ij} = \frac{1}{2}(\mu_{i,j} + \mu_{j,i}) \tag{5.2b}$$

5.1.3 物理方程

物理方程表示应力与应变之间的关系,用应力表示应变,即

$$\varepsilon_x = \frac{1}{E}[\sigma_x - \nu(\sigma_y + \sigma_z)], \quad \gamma_{xy} = \frac{\tau_{xy}}{G}$$

$$\varepsilon_y = \frac{1}{E}[\sigma_y - \nu(\sigma_z + \sigma_x)], \quad \gamma_{yz} = \frac{\tau_{yz}}{G} \tag{5.3a}$$

$$\varepsilon_z = \frac{1}{E}[\sigma_z - \nu(\sigma_x + \sigma_y)], \quad \gamma_{zx} = \frac{\tau_{zx}}{G}$$

用应变表示应力,即

$$\sigma_x = 2\mu\varepsilon_x + \lambda\theta$$
$$\sigma_y = 2\mu\varepsilon_y + \lambda\theta \tag{5.3b}$$
$$\sigma_z = 2\mu\varepsilon_z + \lambda\theta$$

应力-应变关系用张量表示为

$$\sigma_{ij} = 2\mu\varepsilon_{ij} + \lambda\theta_{ij} \tag{5.3c}$$

$$\varepsilon_{ij} = \frac{1+\nu}{E}\sigma_{ij} - \frac{\nu}{E}\Theta\delta_{ij} \tag{5.3d}$$

5.1.4 边界条件

1. 应力边界条件

物体表面的面力与该处应力分量之间的关系式如下:

$$\bar{f}_x = \sigma_x l + \tau_{yx} m + \tau_{zx} n$$

$$\bar{f}_y = \tau_{xy} l + \sigma_y m + \tau_{zy} n \tag{5.4a}$$

$$\bar{f}_z = \tau_{xz} l + \tau_{yz} m + \sigma_z n$$

按照张量的符号及求和约定,式(5.4a)可简记为

$$\overline{f}_i = \sigma_{ij} n_j \quad (i,j = x,y,z) \quad (\text{在 } s_\sigma \text{ 上}) \tag{5.4b}$$

2. 位移边界条件

在物体给定约束位移的边界 s_u 上,位移分量还应当满足下列三个位移边界条件,即空间问题的位移边界条件:

$$(u)_s = \overline{u}, \quad (v)_s = \overline{v}, \quad (w)_s = \overline{w} \quad (\text{在 } s_u \text{ 上}) \tag{5.5}$$

3. 混合边界条件

混合边界条件就是上式两种边界条件的组合:物体上的一部分边界为位移边界,另一部分为应力边界;或者物体的同一部分边界上,其中一个为位移边界条件,另一个为应力边界条件。

图 5.1(a)中:

$$u_s = \overline{u} = 0 \quad (\text{位移边界条件})$$

$$(\tau_{xy})_s = \overline{f}_y = 0 \quad (\text{应力边界条件})$$

图 5.1(b)中:

$$(\sigma_x)_s = 0 \quad (\text{应力边界条件})$$

$$v_s = \overline{v} = 0 \quad (\text{位移边界条件})$$

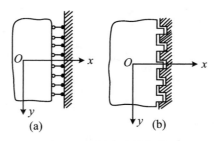

图 5.1 混合边界条件

5.2 弹性力学的边值问题

弹性力学问题的基本方程组和边界条件共同构成弹性力学问题严格而完整的提法。根据具体问题边界条件类型的不同,通常将其分为以下三类问题:

5.2.1　第一类边值问题

在全部边界上给定体力和面力,求在平衡状态下的应力场和位移场,称这类问题为应力边值问题,即所谓边界应力已知的问题。

5.2.2　第二类边值问题

给定物体的体力和物体表面各点的位移,求在平衡状态下的应力场和物体内部的位移场,即所谓边界位移已知的问题。

5.2.3　第三类边值问题

在物体表面上,一部分边界 S_σ 上给定面力,其余部分边界 S_u 上给定位移(或在一部分边界上既给定外力又给定位移)的条件下求解上述问题,即所谓混合边值问题。

在求解弹性边值问题时,有三种不同的解题方法。

1. 位移法

位移法即以位移分量作为基本未知量,来求解边值问题。此时将应变和应力等未知量和基本方程都转换成用位移分量来表示。此法通常适用于给定位移边界条件的边值问题。

2. 应力法

应力法即以应力分量作为基本未知量,来求解边值问题。此时将位移和应变等未知量和基本方程都转换成用应力分量来表示。此法通常适用于给定应力边界条件的边值问题。

3. 混合法

混合法即以一部分位移分量和一部分应力分量作为基本未知量,来混合求解边值问题。显然,这种方法适宜于求解混合边值问题。

由于对微分方程进行直接求解很困难,因此在弹性力学解题方法中还经常采用方法如下:

逆解法:设位移或应力的函数式是已知的,然后代入上述基本方程中求得应变和应力或应变和位移,并且要求满足边界条件。如果验证能满足或近似满足一切基本方程与边界条件,就可把所选取的解作为所要求的解。

半逆解法:也称凑合解法。所谓半逆解法就是在未知量中,先根据问题的特点假设一部分应力或位移为已知,然后在基本方程和边界条件中,求解另一部分,这样便得到了全部未知量。在具体计算中对于简单问题经常先利用材料力学中对同类型问题的初等解作为近似解,建立应力(或位移)函数再代入弹性力学的基本方程中逐步修正得到精确解。

5.3　弹性力学的解法

5.3.1　应力法

当体力为常量时,将物理方程代入应变协调方程,再利用平衡微分方程,经过整理可知用应力表示的应变协调方程,也称为贝尔特拉米-米歇尔(Beltrami-Michell)方程:

$$\nabla^2 \sigma_x + \frac{1}{1+\nu} \frac{\partial^2 \Theta}{\partial x^2} = 0, \quad \nabla^2 \tau_{xy} + \frac{1}{1+\nu} \frac{\partial^2 \Theta}{\partial x \partial y} = 0$$

$$\nabla^2 \sigma_y + \frac{1}{1+\nu} \frac{\partial^2 \Theta}{\partial y^2} = 0, \quad \nabla^2 \tau_{yz} + \frac{1}{1+\nu} \frac{\partial^2 \Theta}{\partial y \partial z} = 0 \tag{5.6a}$$

$$\nabla^2 \sigma_z + \frac{1}{1+\nu} \frac{\partial^2 \Theta}{\partial z^2} = 0, \quad \nabla^2 \tau_{zx} + \frac{1}{1+\nu} \frac{\partial^2 \Theta}{\partial z \partial x} = 0$$

用张量表示,得

$$\sigma_{ij,kk} + \frac{1}{1+\nu} \sigma_{kk,ij} = 0 \tag{5.6b}$$

按应力法求解弹性力学问题时,应力分量应该满足平衡微分方程和应力表示的应变协调方程,在边界上满足边界条件。求得应力分量后,根据本构方程可求得应变分量;再根据几何方程通过积分求得位移分量。

例 5.1　一圆球表面受均匀压力 p 的作用,写出圆球体内任一点的应力状态,并证明其正确性。

解　采用应力法和逆解法。假设圆球体内任一点的应力状态 $\sigma_{ij} = -p\delta_{ij}$,即 $\sigma_x = \sigma_y = \sigma_z = -p$,无切应力。

证明　代入不计体力的平衡方程,$\sigma_{ij,i} = 0$,满足。代入不计体力的相容方程的表达式,$\sigma_{ij,kk} + \frac{1}{1+\nu}\sigma_{kk,ij} = 0$,满足。应力边界条件 $\sigma_{ij}n_j = \overline{f}_i = -pn_j$,满足。

5.3.2　位移法

位移法就是通过三大方程消去应力和应变得到关于位移的微分方程,即用位移表示的平衡微分方程:

$$(\lambda + G)\frac{\partial \theta}{\partial x} + G\nabla^2 u + f_x = 0$$

$$(\lambda + G)\frac{\partial \theta}{\partial y} + G\nabla^2 v + f_y = 0 \qquad (5.7a)$$

$$(\lambda + G)\frac{\partial \theta}{\partial z} + G\nabla^2 w + f_z = 0$$

或

$$(\lambda + G)u_{j,ji} + Gu_{i,jj} + f_i = 0 \qquad (5.7b)$$

对于应力边界条件,需要用位移表示的应力代入式(5.4),得

$$\overline{f}_x = \lambda\theta l + G\left(\frac{\partial u}{\partial x}l + \frac{\partial u}{\partial y}m + \frac{\partial u}{\partial z}n\right) + G\left(\frac{\partial u}{\partial x}l + \frac{\partial v}{\partial x}m + \frac{\partial w}{\partial x}n\right)$$

$$\overline{f}_y = \lambda\theta m + G\left(\frac{\partial v}{\partial x}l + \frac{\partial v}{\partial y}m + \frac{\partial v}{\partial z}n\right) + G\left(\frac{\partial u}{\partial y}l + \frac{\partial v}{\partial y}m + \frac{\partial w}{\partial y}n\right) \qquad (5.8)$$

$$\overline{f}_z = \lambda\theta n + G\left(\frac{\partial w}{\partial x}l + \frac{\partial w}{\partial y}m + \frac{\partial w}{\partial z}n\right) + G\left(\frac{\partial u}{\partial z}l + \frac{\partial v}{\partial z}m + \frac{\partial w}{\partial z}n\right)$$

按位移法求解时,需要满足平衡方程、位移边界条件和用位移表示的应力边界条件。根据位移解答和几何方程、本构方程求得的应变、应力当然自动满足几何方程和本构方程,因而解答满足所有基本方程和边界条件。

5.4　基　本　原　理

5.4.1　叠加原理

在线性弹性小变形的情况下,平衡方程、几何方程、本构方程和边界条件都是线性关系,多种荷载作用下的效应可以叠加和分解,即叠加原理成立。设同一物体分别受两组荷载作用。第一组荷载体力为 f_i'、面力为 $\overline{f}_i'$,引起的应力和位移分别为 σ_{ij}' 和 u_i';第二组荷载体力为 f_i''、面力为 $\overline{f}_i''$,引起的应力和位移分别为 σ_{ij}'' 和 u_i''。叠加原理表明:两组荷载共同作用产生的应力、位移等于它们单独作用产生的应

力、位移之和。

5.4.2 解的唯一性定理

解的唯一性定理可表述如下:对于线性弹性问题,满足基本方程和边界条件的解是唯一的。实际上,这一定理是逆解法和半逆解法可行的理论基础。这一定理可采用反证法来证明。假设存在两种不同的解(σ'_{ij},u'_i)和(σ''_{ij},u''_i),即它们都满足控制方程和给定的边界条件。考虑到两组解对应的体力和面力相同,故根据叠加原理,两组解的位移与应力之差必满足无体力平衡方程和无面力齐次边界条件。由此可见,若两组解不等,将导致无外荷载作用情况下弹性体内的应力非零。于是非零的内力构成非零的弹性应变能。根据能量守恒原理,外力所做的功等于弹性体内贮存的应变能。由于无外荷载作用,故非零的应变能是不可能的。这就证明两个应力解之差必为零,从而证明了解的唯一性。

5.4.3 圣维南原理

求解弹性力学问题时,使应力分量、应变分量、位移分量完全满足所有基本方程相对容易,但要使边界条件得到完全满足往往很困难。图 5.2 所示的为端部作用有集中力的拉杆,力学状态虽然简单,但集中力作用点处的边界条件无法绝对准确地写出。

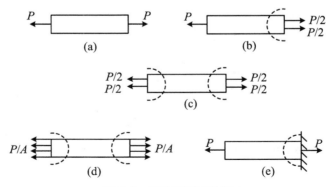

图 5.2 三种情形下拉杆

如果把物体的一小部分边界上的面力,变换为分布不同但静力等效的面力(主矢量相同,对于同一点的主矩也相同),那么,近处的应力分布将有显著的改变,但是远处所受的影响可以不计。如图 5.2(b)或图 5.2(c)所示,只有虚线划出部分的应力分布有显著的改变,而其余部分所受的影响是可以忽略不计的。如果再将两端的拉力变换为均匀分布的拉力，集度等于 P/A，其中 A 为杆件的横截面面积，如图 5.2(d) 所示，仍然只有靠近两端部分的应力受到显著的影响。

圣维南 (Saint Venant) 原理：作用于物体某一局部区域内的外力系，可以用一个与之静力等效的力系来代替。而两力系所产生的应力分布只在力系作用区域附近有显著的影响，在离开力系作用区域较远处，应力分布几乎相同。

圣维南原理表明，若把物体的一小部分边界上的面力，变换为分布不同但静力等效的面力（主矢相同，对于同一个点的主矩也相同），则近处的应力分布将有显著的改变，但是远处所受的影响可忽略不计。

如果物体一小部分边界上的面力是一个平衡力系（主矢及主矩都等于零），则这个面力只会使近处产生显著的应力，而远处的应力可忽略不计。有些位移边界不易满足时，也可用静力等效的分布面力代替，而远处的应力可忽略不计。

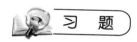 习　题

1. 何谓逆解法？何谓半逆解法？
2. 何谓应力法？何谓位移法？
3. 何谓圣维南原理？它在弹性力学中有何作用？
4. 材料力学给出了等截面直梁纯弯曲条件下的应力解为

$$\sigma_x = -\frac{My}{I_z}, \qquad \sigma_y = \sigma_z = \tau_{xy} = \tau_{yz} = \tau_{zx} = 0$$

其中，M 为弯矩；I_z 为截面对中性轴 z 的惯性矩。试验证：该解答是否是弹性力学问题的精确解？

第6章 平面问题的基本理论

在实际问题中,任何一个弹性体严格地说都是空间物体,任何的外力也都是空间力系。但是,当所考察的弹性体的形状和受力情况具有一定特点时,如果经过适当的简化和抽象处理,可以简化为弹性力学平面问题,这将使计算工作量大为减少,且所得解答又具有工程所要求的精度。

弹性力学平面问题可分为平面应力问题和平面应变问题两种,本章主要讨论平面问题求解的一般方法。

6.1 平面应力问题与平面应变问题

6.1.1 平面应力问题

在平面问题中,x,y,z 表示直角坐标系的三个坐标,u,v,w 表示相应的位移分量,$\sigma_x,\sigma_y\cdots$ 和 $\varepsilon_x,\varepsilon_y\cdots$ 分别表示相应的应力分量和应变分量。

如果考虑图 6.1 所示的物体是一个很薄的平板,荷载只作用在板边,且平行于板面,即 xy 平面,z 方向的体力分量 f_z 及面力分量 $\overline{f}_z$ 均为零,则板面上($z = \pm \delta/2$ 处)应力分量为

$$(\sigma_z)_{z=\pm\frac{\delta}{2}} = 0$$

$$(\tau_{zx})_{z=\pm\frac{\delta}{2}} = (\tau_{zy})_{z=\pm\frac{\delta}{2}} = 0$$

因板的厚度很小,外荷载又沿厚度均匀分布,所以可以近似地认为应力沿厚度均匀分布。因此,在垂直于 z 轴的任一微小面积上均有

$$\sigma_z = 0, \quad \tau_{zx} = \tau_{zy} = 0$$

根据切应力互等定理,即应力张量的对称性,必然有 $\tau_{zy} = \tau_{xz} = 0$。因而对于平面应力状态的应力张量为

$$\sigma_{ij} = \begin{pmatrix} \sigma_x & \tau_{xy} & 0 \\ \tau_{yx} & \sigma_y & 0 \\ 0 & 0 & 0 \end{pmatrix}$$

也可写为

$$\sigma_{ij} = \begin{pmatrix} \sigma_x & \tau_{xy} \\ \tau_{yx} & \sigma_y \end{pmatrix}$$

　　如果 z 方向的尺寸为有限量,仍假设 $\sigma_z = 0$,$\tau_{zx} = \tau_{zy} = 0$,且认为 σ_x,σ_y 和 τ_{xy} (τ_{yx})为沿厚度的平均值,则这类问题称为广义平面应力问题。

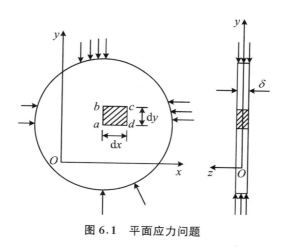

图 6.1　平面应力问题

6.1.2　平面应变问题

　　如果物体纵轴方向(oz 坐标方向)的尺寸很长,外荷载及体力沿 z 轴均匀分布地作用在垂直于 oz 方向,图 6.2 所示的水坝是这类问题的典型例子。

　　忽略端部效应,则因外载沿 z 轴方向为一常数,因而可以认为,沿纵轴方向各点的位移与所在 z 方向的位置无关,即 z 方向各点的位移均相同。令 u,v,w 分别表示一点在 x,y,z 坐标方向的位移分量,则有 w 为常数。等于常数的位移 w 并不伴随产生任一 xy 平面的翘曲变形,故研究应力、应变问题时,可取 $w = 0$。此外,由于物体的变形只在 xy 平面内产生,因此 w 与 z 无关。故对于平面应变状态有

$$u = u(x, y)$$
$$v = v(x, y)$$
$$w = 0$$

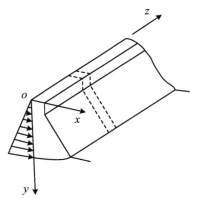

图 6.2 平面应变问题

由对称条件可知,在 xy 平面内 $\tau_{xz}(\tau_{zx})$ 和 $\tau_{yz}(\tau_{zy})$ 恒等于零,但因 z 方向对变形的约束,故 σ_z 一般并不为零,所以其应力张量为

$$\sigma_{ij} = \begin{bmatrix} \sigma_x & \tau_{xy} & 0 \\ \tau_{yx} & \sigma_y & 0 \\ 0 & 0 & \sigma_z \end{bmatrix}$$

实际上 σ_z 并不是独立变量,它可通过 σ_x 和 σ_y 求得,因此不管是平面应变问题还是平面应力问题,独立的应力分量仅有 3 个,即 σ_x,σ_y 和 $\tau_{xy}(\tau_{yx})$,对于平面应变问题的求解,可不考虑 σ_z。

6.2   平衡微分方程

我们在第 2 章已经得到了一般情况下的平衡微分方程:

$$\frac{\partial \sigma_x}{\partial x} + \frac{\partial \tau_{yx}}{\partial y} + \frac{\partial \tau_{zx}}{\partial z} + f_x = 0$$

$$\frac{\partial \tau_{xy}}{\partial x} + \frac{\partial \sigma_y}{\partial y} + \frac{\partial \tau_{zy}}{\partial z} + f_y = 0$$

$$\frac{\partial \tau_{xz}}{\partial x} + \frac{\partial \tau_{yz}}{\partial y} + \frac{\partial \sigma_z}{\partial z} + f_z = 0$$

6.2.1   平面应力问题

对于平面应力情况,没有 z 方向的体力:$f_z = 0$,也没有与 z 相关的应力 $\tau_{xz} =$

$\tau_{zx} = 0; \tau_{yz} = \tau_{zy} = 0; \sigma_z = 0;$ 因此化简可得到平面应力状态的平衡微分方程：

$$\frac{\partial \sigma_x}{\partial x} + \frac{\partial \tau_{yx}}{\partial y} + f_x = 0$$

$$\frac{\partial \tau_{xy}}{\partial x} + \frac{\partial \sigma_y}{\partial y} + f_y = 0$$

6.2.2 平面应变问题

对于平面应变情况，同样没有 z 方向的体力 $f_z = 0$，也没有与 z 相关的切应力 $\tau_{xz} = \tau_{zx} = 0; \tau_{yz} = \tau_{zy} = 0;$ 但 σ_z 不为零，不随 z 坐标变化；因此化简可得到平面应变状态的平衡微分方程：

$$\frac{\partial \sigma_x}{\partial x} + \frac{\partial \tau_{yx}}{\partial y} + f_x = 0 \tag{6.1a}$$

$$\frac{\partial \tau_{xy}}{\partial x} + \frac{\partial \sigma_y}{\partial y} + f_y = 0 \tag{6.1b}$$

由此可知，平面应力问题与平面应变问题的平衡方程是相同的。

式(6.1)为平面问题的平衡微分方程式，它表明了应力分量的变化与已知体力分量之间的关系，又称为柯西(Cauchy)平衡微分方程。

6.3 平面问题中一点的应力状态

所谓一点的应力状态是指受力变形物体内一点的不同截面上的应力变化的状况。现以平面问题为例说明一点处应力状态。在受力物体中取一个如图 6.3 所示的微小三角形单元，其中 AC，AB 与坐标轴 x，y 重合，而 BC 的外法线与 x 轴成 θ 角。取坐标 x'，y'，使 BC 的外法线方向与 x' 方向重合(图 6.3)。如果 σ_x，σ_y，τ_{xy} 已知，则 BC 面上的正应力 $\sigma_{x'}$ 和切应力 $\tau_{x'y'}$ 可用已知量表示。因 θ 角的任意性，若 BC 面趋于点 A 时，则可认为求得了描绘过点 A 处的应力状态的表达式。

实际上，这里所讨论的问题是一点处不同方向的面上的应力的转换，即 BC 面无限趋于点 A 时，该面上的应力如何用与原坐标相平行的面上的应力来表示。在这种问题的分析中，可不必引入应力增量和体力，因为它们与应力相比属于小量。

假定 BC 的面积为1，则 AB 和 AC 的面积分别为 $\cos \theta$ 与 $\sin \theta$。于是，由力在坐标 x，y 的平衡条件为

$$\sum F_x = 0, \quad \sum F_y = 0$$

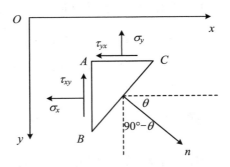

图 6.3　一点的应力状态

可得

$$p_x = \sigma_x \cos\theta + \tau_{xy}\sin\theta$$
$$p_y = \tau_{xy}\cos\theta + \sigma_y\sin\theta \tag{6.2a}$$

式(6.2a)中 p_x,p_y 为 BC 面上单位面积的力 p 在坐标轴 x,y 方向上的分力(图 6.3)。将 p_x,p_y 投影到 x',y' 坐标轴方向,有

$$\sigma_{x'} = p_x\cos\theta + p_y\sin\theta$$
$$\tau_{x'y'} = p_x\cos\theta - p_y\sin\theta \tag{6.2b}$$

将式(6.2a)代入式(6.2b),并注意到 $2\cos^2\theta = 1 + \cos2\theta, 2\sin^2\theta = 1 - \cos2\theta$, $\cos^2\theta - \sin^2\theta = \cos2\theta$ 和 $2\sin\theta\cos\theta = \sin2\theta$,可得

$$\sigma_{x'} = \frac{\sigma_x + \sigma_y}{2} + \frac{\sigma_x - \sigma_y}{2}\cos2\theta + \tau_{xy}\sin2\theta \tag{6.3a}$$

$$\tau_{x'y'} = -\frac{\sigma_x - \sigma_y}{2}\sin2\theta + \tau_{xy}\cos2\theta \tag{6.3b}$$

将式(6.3a)中的 θ 换成 $\theta + \dfrac{\pi}{2}$,则得

$$\sigma_{y'} = \frac{\sigma_x + \sigma_y}{2} - \frac{\sigma_x - \sigma_y}{2}\cos2\theta - \tau_{xy}\sin2\theta \tag{6.3c}$$

如果 BC 面趋近于 A 点,且已知 A 点的应力分量为 $\sigma_x, \sigma_y, \tau_{xy}$ 时,则由式(6.3)可求得过该点任意方向的平面上的应力分量。因此,对于平面问题,式(6.3)描述了该点的应力分布规律,即描述了该点的应力状态。

6.4　几何方程刚体位移

本节将推导弹性力学平面问题的几何方程,也就是形变分量与位移的关系。

　　由于载荷作用或者温度变化等外界因素的影响,物体内各点在空间的位置将发生变化,即产生位移。这个移动过程,弹性体将可能同时发生两种位移变化。

　　第一种位移是位置的改变,但是物体内部各个点仍然保持初始状态的相对位置不变,这种位移是物体在空间做刚体运动引起的,因此称为刚体位移。

　　第二种位移是弹性体形状的变化,位移发生时不仅改变物体的绝对位置,而且改变了物体内部各个点的相对位置,这是物体形状变化引起的位移称为变形。

　　一般来说,刚体位移和变形是同时出现的。当然,对于弹性力学来说,主要是研究变形,因为变形和弹性体的应力有着直接的关系。

6.4.1　几何方程

　　在平面问题中,弹性体中各点产生的位移都是在面内的,不会产生面外位移。因此在第 3 章中的 6 个几何方程只有三个不为零,即

$$\varepsilon_x = \frac{\partial u}{\partial x}; \quad \varepsilon_y = \frac{\partial v}{\partial y}; \quad \gamma_{xy} = \alpha + \beta = \frac{\partial v}{\partial x} + \frac{\partial u}{\partial y} \tag{6.4}$$

　　上述公式称为平面问题的几何方程,又称柯西方程。

　　柯西方程给出了位移分量和应变分量之间的关系。如果已知位移,由位移函数的偏导数即可求得应变;但是如果已知应变,由于 6 个应变分量对应 3 个位移分量,则其求解将相对复杂。

6.4.2　刚体位移

　　当 $\varepsilon_x = 0, \varepsilon_y = 0, \gamma_{xy} = 0$ 时,物体无变形,只有刚体位移,即

$$\varepsilon_x = \frac{\partial u}{\partial x} = 0 \tag{6.5a}$$

$$\varepsilon_y = \frac{\partial v}{\partial y} = 0 \tag{6.5b}$$

$$\gamma_{xy} = \frac{\partial v}{\partial x} + \frac{\partial u}{\partial y} = 0 \tag{6.5c}$$

对式(6.5a)、式(6.5b)进行积分,可得

$$u = f_1(y)$$
$$v = f_2(x) \tag{6.5d}$$

将式(6.5d)代入式(6.5c),得

$$\frac{\mathrm{d}f_1(y)}{\mathrm{d}y} + \frac{\mathrm{d}f_2(x)}{\mathrm{d}x} = 0 \tag{6.5e}$$

式(6.5e)也可写成

$$-\frac{\mathrm{d}f_1(y)}{\mathrm{d}y} = \frac{\mathrm{d}f_2(x)}{\mathrm{d}x} \tag{6.5f}$$

很显然,式(6.5f)左边仅为 y 的函数,右边仅为 x 的函数,因此两边只能等于同一常数,即

$$\frac{\mathrm{d}f_1(y)}{\mathrm{d}y} = -\omega, \quad \frac{\mathrm{d}f_2(x)}{\mathrm{d}x} = \omega$$

对新得到的式子进行积分,可得

$$f_1(y) = u_0 - \omega y$$
$$f_2(x) = v_0 + \omega x \tag{6.5g}$$

其中,u_0,v_0 为积分常数,将式(6.5g)代入式(6.5d)得

$$u = u_0 - \omega y$$
$$v = v_0 + \omega x \tag{6.6}$$

式(6.6)即为刚体位移表达式。

6.5 物 理 方 程

物理方程又称本构方程,指的是材料的形变与荷载的关系,通常指所分析物体内部各点应力与应变之间的关系。对于各向同性的线弹性材料来说,应力与应变之间的关系也是线性的。

两类平面问题的非零应力分量和应变分量不相同,因此,由广义胡克定律所得本构方程也必然不尽相同。

6.5.1 平面应力问题

对于平面应力问题,因 $\sigma_z = 0$,$\tau_{yz} = \tau_{zx} = 0$,根据广义胡克定律显然有 $\gamma_{yz} = \gamma_{zx} = 0$。因此本构方程为

$$\varepsilon_x = \frac{1}{E}(\sigma_x - \nu\sigma_y)$$

$$\varepsilon_y = \frac{1}{E}(\sigma_y - \nu\sigma_x)$$

$$\varepsilon_z = -\frac{\nu}{E}(\sigma_x + \sigma_y) \tag{6.7a}$$

$$\gamma_{xy} = \frac{2(1+\nu)}{E}\tau_{xy}$$

或

$$\sigma_x = \frac{E}{1-\nu^2}(\varepsilon_x + \nu\varepsilon_y)$$

$$\sigma_y = \frac{E}{1-\nu^2}(\varepsilon_y + \nu\varepsilon_x)$$

$$\tau_{xy} = \frac{E}{2(1+\nu)}\gamma_{xy}$$

(6.7b)

6.5.2　平面应变问题

对于平面应变问题,有 $\varepsilon_z = \gamma_{yz} = \gamma_{zx} = 0$,根据广义胡克定律,必有

$$\sigma_z = -\frac{\nu}{E}(\sigma_x + \sigma_y)$$

和 $\tau_{yz} = \tau_{zx} = 0$。因此,本构关系为

$$\varepsilon_x = \frac{1-\nu^2}{E}\left(\sigma_x - \frac{\nu}{1-\nu}\sigma_y\right)$$

$$\varepsilon_y = \frac{1-\nu^2}{E}\left(\sigma_y - \frac{\nu}{1-\nu}\sigma_x\right)$$

$$\gamma_{xy} = \frac{2(1+\nu)}{E}\tau_{xy}$$

(6.8a)

或

$$\sigma_x = \frac{E(1-\nu)}{(1+\nu)(1-2\nu)}\left(\varepsilon_x + \frac{\nu}{1-\nu}\varepsilon_y\right)$$

$$\sigma_y = \frac{E}{(1+\nu)(1-2\nu)}\left(\varepsilon_y + \frac{\nu}{1-\nu}\varepsilon_x\right)$$

$$\sigma_z = \nu(\sigma_x + \sigma_y)$$

$$\tau_{xy} = \frac{E}{2(1+\nu)}\gamma_{xy}$$

(6.8b)

将上面两种平面问题的本构方程式进行比较可以看出,只要将平面应力问题本构方程式中的 E 换为 $E' = \frac{E}{1-\nu^2}$,ν 换为 $\nu' = \frac{\nu}{1-\nu}$,就可以得到平面应变问题的本构方程式。

6.6　按位移求解平面问题

首先将弹性力学平面问题的基本方程再次列出,如下:

（1）平衡微分方程：

$$\frac{\partial \sigma_x}{\partial x} + \frac{\partial \tau_{yx}}{\partial y} + f_x = 0$$

$$\frac{\partial \sigma_y}{\partial y} + \frac{\partial \tau_{xy}}{\partial x} + f_y = 0$$

(6.9)

（2）几何方程：

$$\varepsilon_x = \frac{\partial u}{\partial x}$$

$$\varepsilon_y = \frac{\partial v}{\partial y}$$

$$\gamma_{xy} = \frac{\partial v}{\partial x} + \frac{\partial u}{\partial y}$$

(6.10)

（3）物理方程：

$$\left. \begin{array}{l} \varepsilon_x = \dfrac{1}{E}(\sigma_x - \nu\sigma_y) \\[2mm] \varepsilon_y = \dfrac{1}{E}(\sigma_y - \nu\sigma_x) \\[2mm] \gamma_{xy} = \dfrac{2(1+\nu)}{E}\tau_{xy} \end{array} \right\} \text{（平面应力问题）}$$

(6.11a)

$$\left. \begin{array}{l} \varepsilon_x = \dfrac{1-\nu^2}{E}\left(\sigma_x - \dfrac{\nu}{1-\nu}\sigma_y\right) \\[2mm] \varepsilon_y = \dfrac{1-\nu^2}{E}\left(\sigma_y - \dfrac{\nu}{1-\nu}\sigma_x\right) \\[2mm] \gamma_{xy} = \dfrac{2(1+\nu)}{E}\tau_{xy} \end{array} \right\} \text{（平面应变问题）}$$

(6.11b)

下面以位移为基本未知量，将应力、应变用位移表示。

对于平面应力问题，首先将几何方程代入物理方程，用应变分量表示的本构关系为

$$\left. \begin{array}{l} \sigma_x = \dfrac{E}{1-\nu^2}\left(\dfrac{\partial u}{\partial x} + \nu\dfrac{\partial v}{\partial y}\right) \\[2mm] \sigma_y = \dfrac{E}{1-\nu^2}\left(\dfrac{\partial v}{\partial y} + \nu\dfrac{\partial u}{\partial x}\right) \\[2mm] \tau_{xy} = \dfrac{E}{2(1+\nu)}\left(\dfrac{\partial v}{\partial x} + \dfrac{\partial u}{\partial y}\right) \end{array} \right\} \text{（平面应力问题）}$$

(6.12)

将式（6.12）代入平衡方程，得到位移表示的平衡微分方程：

$$\frac{E}{1-\nu^2}\left(\frac{\partial^2 u}{\partial x^2} + \frac{1-\nu}{2}\frac{\partial^2 u}{\partial y^2} + \frac{1+\nu}{2}\frac{\partial^2 v}{\partial x \partial y}\right) + f_x = 0$$

$$\frac{E}{1-\nu^2}\left(\frac{\partial^2 v}{\partial y^2} + \frac{1-\nu}{2}\frac{\partial^2 v}{\partial x^2} + \frac{1+\nu}{2}\frac{\partial^2 u}{\partial x \partial y}\right) + f_y = 0 \tag{6.13}$$

采用类似的方法,可以用位移表示边界条件:

$$\frac{E}{1-\nu^2}\left[l\left(\frac{\partial u}{\partial x} + \nu\frac{\partial v}{\partial y}\right) + m\frac{1-\nu}{2}\left(\frac{\partial u}{\partial y} + \frac{\partial v}{\partial x}\right)\right]_s = \bar{f}_x$$

$$\frac{E}{1-\nu^2}\left[m\left(\frac{\partial v}{\partial y} + \nu\frac{\partial u}{\partial x}\right) + l\frac{1-\nu}{2}\left(\frac{\partial v}{\partial x} + \frac{\partial u}{\partial y}\right)\right]_s = \bar{f}_y \tag{6.14}$$

对于平面应变问题来说,用 $\frac{E}{1-\nu^2}$ 代替 E,将 ν 替换为 $\frac{\nu}{1-\nu}$,上述方程都是成立的。

位移法的解题步骤:① 求解位移表示的平衡微分方程式(6.13),使其满足应力边界条件式(6.14)或位移边界条件;② 由求得的位移函数求应变及应力。

从理论上来说,位移法适用于各种问题的求解,但由于微分方程复杂,很难找到解析解,在数值分析中有着广泛应用。

6.7　按应力求解平面问题——相容方程

将几何方程中的第 1 式对 y 求两阶导数,第 2 式对 x 求两阶导数,而后相加就可以得到变形协调方程。该方程表明变形物体内部各点的应变分量必须满足一定的关系:

$$\frac{\partial^2 \varepsilon_x}{\partial y^2} + \frac{\partial^2 \varepsilon_y}{\partial x^2} = \frac{\partial^2 \gamma_{xy}}{\partial x \partial y} \tag{6.15}$$

6.7.1　平面应力问题的应变协调方程

对于平面应力问题,将平衡方程的第 1 式对 x 求导,第 2 式对 y 求导,有

$$\frac{\partial^2 \tau_{xy}}{\partial x \partial y} = -\frac{\partial^2 \sigma_x}{\partial x^2} - \frac{\partial f_x}{\partial x}$$

$$\frac{\partial^2 \tau_{xy}}{\partial x \partial y} = -\frac{\partial^2 \sigma_y}{\partial y^2} - \frac{\partial f_y}{\partial y}$$

将上式相加后,得

$$\frac{\partial^2 \tau_{xy}}{\partial x \partial y} = -\frac{1}{2}\left(\frac{\partial^2 \sigma_x}{\partial x^2} + \frac{\partial^2 \sigma_y}{\partial y^2}\right) - \frac{1}{2}\left(\frac{\partial f_x}{\partial x} + \frac{\partial f_y}{\partial y}\right) \tag{6.16}$$

因为

$$\frac{\partial^2 \gamma_{xy}}{\partial x \partial y} = \frac{2(1+\nu)}{E} \frac{\partial^2 \tau_{xy}}{\partial x \partial y} = -\frac{1+\nu}{E}\left(\frac{\partial^2 \sigma_x}{\partial x^2} + \frac{\partial^2 \sigma_y}{\partial y^2} + \frac{\partial f_x}{\partial x} + \frac{\partial f_y}{\partial y}\right) \quad (6.17)$$

将式(6.15)中 $\varepsilon_x, \varepsilon_y$ 用本构方程代入,而 $\frac{\partial^2 \gamma_{xy}}{\partial x \partial y}$ 用式(6.17)代换,可得

$$\frac{\partial^2 \sigma_x}{\partial y^2} - \nu \frac{\partial^2 \sigma_y}{\partial y^2} + \frac{\partial^2 \sigma_y}{\partial x^2} - \nu \frac{\partial^2 \sigma_x}{\partial x^2} + (1+\nu)\left(\frac{\partial^2 \sigma_x}{\partial x^2} + \frac{\partial^2 \sigma_y}{\partial y^2} + \frac{\partial f_x}{\partial x} + \frac{\partial f_y}{\partial y}\right) = 0$$

$$(6.18)$$

化简式(6.18),得

$$\frac{\partial^2 \sigma_x}{\partial x^2} + \frac{\partial^2 \sigma_x}{\partial y^2} + \frac{\partial^2 \sigma_y}{\partial x^2} + \frac{\partial^2 \sigma_y}{\partial y^2} = -(1+\nu)\left(\frac{\partial f_x}{\partial x} + \frac{\partial f_y}{\partial y}\right) \quad (6.19)$$

式(6.19)可进一步写为

$$\left(\frac{\partial^2}{\partial x^2} + \frac{\partial^2}{\partial y^2}\right)(\sigma_x + \sigma_y) = -(1+\nu)\left(\frac{\partial f_x}{\partial x} + \frac{\partial f_y}{\partial y}\right) \quad (6.20)$$

如果不计体力或为常体力,则式(6.20)可写为

$$\left(\frac{\partial^2}{\partial x^2} + \frac{\partial^2}{\partial y^2}\right)(\sigma_x + \sigma_y) = 0 \quad (6.21a)$$

或用拉普拉斯算符简写为

$$\nabla^2(\sigma_x + \sigma_y) = 0 \quad (6.21b)$$

式(6.21)即为用应力表示的应变协调方程,通常称为纳维方程。

6.7.2　平面应变问题的应变协调方程

　　平面应变问题与平面应力问题的平衡方程是相同的,应力分量 σ_x, σ_y 也只是 x, y 的函数,因此应用由平面应力变换到平面应变的对应关系,则平面应变问题的应变协调方程可直接从式(6.20)中得到,即

$$\left(\frac{\partial^2}{\partial x^2} + \frac{\partial^2}{\partial y^2}\right)(\sigma_x + \sigma_y) = -\frac{1}{1-\nu}\left(\frac{\partial f_x}{\partial x} + \frac{\partial f_y}{\partial y}\right) \quad (6.22)$$

　　当在平面应变问题中,如果不计体力或为常体力时,则式(6.22)也简化为式(6.21),这时平面应力问题与平面应变问题的应变协调方程相同。

6.8　常体力情况下的简化——应力函数

　　由以上讨论可知,当边值问题属于第一类,即面力已知问题,则采用应力法求解时,其基本方程归结为

（1）当体力为常体力时：

$$
\begin{cases}
\dfrac{\partial \sigma_x}{\partial x} + \dfrac{\partial \tau_{yx}}{\partial y} + f_x = 0 \\[2mm]
\dfrac{\partial \tau_{xy}}{\partial x} + \dfrac{\partial \sigma_y}{\partial y} + f_y = 0
\end{cases}
\tag{6.23}
$$

$$
\left(\dfrac{\partial^2}{\partial x^2} + \dfrac{\partial^2}{\partial y^2} \right)(\sigma_x + \sigma_y) = 0
\tag{6.24}
$$

$$
\begin{cases}
(\sigma_x)_s l + (\tau_{xy})_s m = \overline{f}_x \\[2mm]
(\tau_{xy})_s l + (\sigma_y)_s m = \overline{f}_y
\end{cases}
\tag{6.25}
$$

（2）当不计体力时：

$$
\begin{cases}
\dfrac{\partial \sigma_x}{\partial x} + \dfrac{\partial \tau_{xy}}{\partial y} = 0 \\[2mm]
\dfrac{\partial \tau_{xy}}{\partial x} + \dfrac{\partial \sigma_y}{\partial y} = 0
\end{cases}
\tag{6.26}
$$

$$
\left(\dfrac{\partial^2}{\partial x^2} + \dfrac{\partial^2}{\partial y^2} \right)(\sigma_x + \sigma_y) = 0
\tag{6.27}
$$

$$
\begin{cases}
(\sigma_x)_s l + (\tau_{xy})_s m = \overline{f}_x \\[2mm]
(\tau_{xy})_s l + (\sigma_y)_s m = \overline{f}_y
\end{cases}
\tag{6.28}
$$

式(6.23)是一组线性非齐次偏微分方程,它的解答应该包含两部分:任意一组特解和齐次方程(6.26)的通解。

非齐次方程(6.23)的特解可取为

$$
\begin{aligned}
\sigma_x &= -f_x x \\
\sigma_y &= -f_y y \\
\tau_{xy} &= 0
\end{aligned}
\tag{6.29a}
$$

或取为

$$
\begin{aligned}
\sigma_x &= \sigma_y = 0 \\
\tau_{xy} &= -f_x y - f_y x
\end{aligned}
\tag{6.29b}
$$

等形式。显然,这些特解都满足式(6.23)。

对于齐次方程式(6.26),如果引进一个函数 $\varphi(x, y)$,使得

$$
\begin{aligned}
\sigma_x &= \dfrac{\partial^2 \varphi}{\partial y^2} \\[2mm]
\sigma_y &= \dfrac{\partial^2 \varphi}{\partial x^2} \\[2mm]
\tau_{xy} &= -\dfrac{\partial^2 \varphi}{\partial x \partial y}
\end{aligned}
\tag{6.30}
$$

则将式(6.30)代入齐次方程(6.26),可知恒满足。函数 $\varphi(x,y)$ 称为平面问题的应力函数,是英国天文学家艾里(G. B. Airy)于 1862 年首先提出的,因此也称为艾里应力函数。

将式(6.30)与式(6.29a)相叠加,就得到式(6.23)的全解为

$$
\begin{aligned}
\sigma_x &= \frac{\partial^2 \varphi}{\partial y^2} - f_x x \\
\sigma_y &= \frac{\partial^2 \varphi}{\partial x^2} - f_y y \\
\tau_{xy} &= -\frac{\partial^2 \varphi}{\partial x \partial y}
\end{aligned}
\tag{6.31}
$$

为使应力表达式同时满足协调方程,则应力函数 $\varphi(x,y)$ 还必须满足一定的条件。将式(6.31)代入式(6.24),得

$$
\left(\frac{\partial^2}{\partial x^2} + \frac{\partial^2}{\partial y^2} \right) \left(\frac{\partial^2 \varphi}{\partial x^2} + \frac{\partial^2 \varphi}{\partial y^2} \right) = 0
$$

将上式展开为

$$
\frac{\partial^4 \varphi}{\partial x^4} + 2 \frac{\partial^4 \varphi}{\partial x^2 \partial y^2} + \frac{\partial^4 \varphi}{\partial y^4} = 0
\tag{6.32a}
$$

或采用双调和算子简写为

$$
\nabla^4 \varphi = 0
\tag{6.32b}
$$

将式(6.31)代入式(6.25),得到相应的用应力函数表示的静力边界条件为

$$
\begin{aligned}
\left(\frac{\partial^2 \varphi}{\partial y^2} - f_x x \right) l - \left(\frac{\partial^2 \varphi}{\partial x \partial y} \right) m &= \overline{X} \\
-\left(\frac{\partial^2 \varphi}{\partial x \partial y} \right) l + \left(\frac{\partial^2 \varphi}{\partial x^2} - f_y y \right) m &= \overline{Y}
\end{aligned}
\tag{6.33}
$$

综上所述,对于常体力下的平面问题,只要求解一个未知函数 $\varphi(x,y)$,即在给定边界条件式(6.25)的情况下,求解方程(6.32)。求出函数 $\varphi(x,y)$ 后,就可通过式(6.31)求出应力分量,最后可通过本构方程式求应变,通过几何方程式积分求位移。

对于无体力的平面问题情况,协调方程式不变。静力边界条件利用式(6.30)写为

$$
\begin{aligned}
\left(\frac{\partial^2 \varphi}{\partial y^2} \right) l - \left(\frac{\partial^2 \varphi}{\partial x \partial y} \right) m &= \overline{f_x} \\
-\left(\frac{\partial^2 \varphi}{\partial x \partial y} \right) l + \left(\frac{\partial^2 \varphi}{\partial x^2} \right) m &= \overline{f_y}
\end{aligned}
\tag{6.34}
$$

相应的应力分量如式(6.30)所示。

实际上,直接求解弹性力学问题很困难,因此有时不得不采用逆解法或半逆解法等来求解。

当用逆解法时,需先假定满足双调和方程式(6.32)的某种形式的应力函数 φ (x,y),然后用式(6.30)或式(6.31)求出应力分量 σ_x,σ_y,τ_{xy} 等,再根据边界条件式(6.33)或式(6.34)来分析所得应力分量对应什么样的面力。由此判定所选应力函数 $\varphi(x,y)$ 可以解什么样的问题。

如用半逆解法,则针对所要求的问题假定部分或全部应力分量为某种形式的双调和函数,并引入足够多的待定参数,从而导出应力函数 $\varphi(x,y)$,然后分析所得应力函数是否满足应变协调方程,判断假定的以及由应力函数导出的应力分量是否满足边界条件。如不满足则应重新假定。

 习　题

1. 图 6.4 所示的三种情况是否都属于平面问题? 如果是平面问题,那是平面应力问题还是平面应变问题?

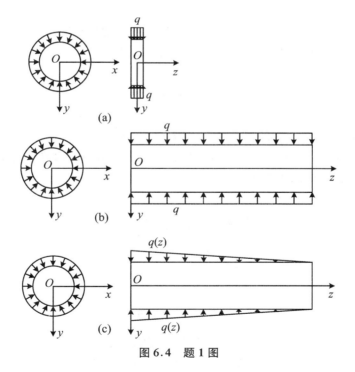

图 6.4　题 1 图

2. 设有平面应力状态,$\sigma_x = ax + by$,$\sigma_y = cx + dy$,$\tau_{xy} = -dx - ay - \gamma x$,其中 a,b,c,d 均为常数,γ 为容重。该应力状态满足平衡微分方程,其体力 f_x,f_y 是否为零?

3. 如图 6.5 所示,悬臂梁上部受线性分布荷载,梁的厚度为 1,不计体力。试利用材料力学知识写出 σ_x,τ_{xy} 的表达式;并利用平面问题的平衡微分方程导出 σ_y,τ_{xy} 的表达式。

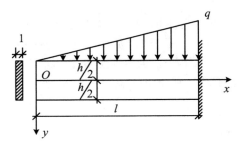

图 6.5 题 3 图

4. 某一平面问题的应力分量表达式为 $\sigma_x = -xy^2 + Ax^3$,$\tau_{xy} = -By^3 - Cx^2 y$,$\sigma_y = -\dfrac{3}{2} Bxy^2$,不计体力,试求 A,B,C 的值。

5. 若取形变分量 $\varepsilon_x = 0$,$\varepsilon_y = 0$,$\gamma_{xy} = kxy$(k 为常数),试判断形变的存在性。

6. 判断平面连续弹性体能否存在下列形变分量:
$$\varepsilon_x = axy^2$$
$$\varepsilon_y = bx^2 y \quad (a \neq b \neq c \neq 0)$$
$$\gamma_{xy} = cxy$$

7. 已知图 6.6 所示的平板中的应力分量为 $\sigma_x = -20y^3 + 30yx^2$,$\tau_{xy} = -30y^2 x$,$\sigma_y = 10y^3$。试确定 OA 边界上的 x 方向面力和 AC 边界上的 x 方向面力,并在图上画出,要求标注方向。

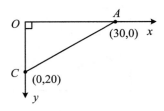

图 6.6 题 7 图

8. 已知下列应变状态是物体变形时产生的,试求各系数之间应满足的关系。
$$\varepsilon_x = A_0 + A_1(x^2 + y^2) + x^4 + y^4$$
$$\varepsilon_y = B_0 + B_1(x^2 + y^2) + x^4 + y^4$$
$$\gamma_{xy} = C_0 + C_1 xy(x^2 + y^2 + C_2)$$

9. 当应变为常量时,即 $\varepsilon_x = a$, $\varepsilon_y = b$, $\gamma_{xy} = c$,试求对应的位移分量。

10. 试由下述应变状态确定各系数与物体体力之间的关系。

$$\varepsilon_x = Axy, \quad \varepsilon_y = By^3, \quad \gamma_{xy} = C - Dy^2, \quad \varepsilon_z = \gamma_{xz} = \gamma_{yz} = 0$$

11. 图 6.7(a)所示密度为 ρ 的矩形截面柱,应力分量为 $\sigma_x = 0$, $\sigma_y = Ay + B$, $\tau_{xy} = 0$,对图 6.7(a)和图 6.7(b)两种情况由边界条件确定的常数 A 及 B 的关系是 (　　)。

    A. A 相同,B 也相同   B. A 不相同,B 也不相同

    C. A 相同,B 不相同   D. A 不相同,B 相同

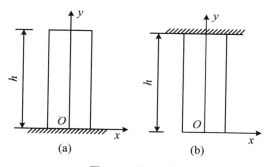

图 6.7 题 11 图

12. 图 6.8 所示为矩形截面水坝,其右侧受静水压力,顶部受集中力作用。试写出水坝的应力边界条件(下边界不写)。

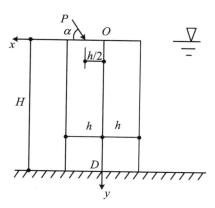

图 6.8 题 12 图

13. 试写出如图 6.9 所示的位移边界条件。

(1) 图 6.9(a)为梁的固定端处截面变形前后的情况,竖向线不转动;

（2）图 6.9(b)为梁的固定端处截面变形前后的情况，水平线不转动；

（3）图 6.9(c)为薄板放在绝对光滑的刚性基础上。

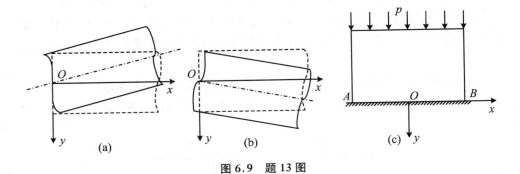

图 6.9　题 13 图

第7章 平面问题的直角坐标解答

7.1 多项式解答

应力函数有许多种,本节只介绍平面问题中常用的艾里应力函数。

$$\sigma_x = \frac{\partial^2 \varphi}{\partial y^2} - f_x x$$

$$\sigma_y = \frac{\partial^2 \varphi}{\partial x^2} - f_y y \tag{7.1}$$

$$\tau_{xy} = -\frac{\partial^2 \varphi}{\partial x \partial y}$$

艾里函数可以取多种形式,如多项式、三角函数等。这里只介绍一些矩形的平面问题,并取应力函数为多项式的形式。

由式(7.1)可知,应力函数 φ 必须是二次以上的多项式。因为一次及零次多项式只能使应力为零。

表7.1列出了取二次和三次多项式中的一项为应力函数时的应力分布。各应力函数相应的矩形板的边界条件见表7.1的第4列。

表7.1 多项式应力函数

序号	应力函数	应力	矩形板的边界条件
1	$\frac{1}{2}ax^2$	$\sigma_{xx} = 0$ $\sigma_{yy} = a$ $\tau_{xy} = 0$	

序号	应力函数	应力	矩形板的边界条件
2	$\dfrac{1}{2}cy^2$	$\sigma_{xx} = c$ $\sigma_{yy} = 0$ $\tau_{xy} = 0$	
3	bxy	$\sigma_{xx} = 0$ $\sigma_{yy} = 0$ $\tau_{xy} = -b$	
4	$\dfrac{e}{2}x^2 y$	$\sigma_{xx} = 0$ $\sigma_{yy} = ey$ $\tau_{xy} = -ex$	
5	$\dfrac{g}{6}y^3$	$\sigma_{xx} = gy$ $\sigma_{yy} = 0$ $\tau_{xy} = 0$	

当 φ 是一个高于三次的多项式时,则不能任取一项。此多项式的系数必须满足某种关系时,才能取为应力函数。

7.2　梁的弹性平面弯曲

7.2.1　悬臂梁的弹性平面弯曲

本节将应用应力函数法讨论高为 h,宽为 b,跨长为 l,图 7.1 所示的悬臂梁在自由端受集中力 F 作用(忽略自重)时的平面弯曲。

对于图 7.1 所示的悬臂梁,其边界条件为

$$(\sigma_x)_{x=0} = 0$$
$$(\sigma_y)_{y=\pm h/2} = 0$$
$$(\tau_{xy})_{y=\pm h/2} = 0 \tag{7.2a}$$
$$\int_{-h/2}^{h/2} \tau_{xy} b \mathrm{d}y = -F$$

式(7.2a)所列边界条件表示:悬臂梁自由端没有轴向水平力,顶部和底部没有载荷作用,及自由端的切应力之和应等于 F。式(7.2a)中第 4 式等号右边有负号,这是因为此处切应力是作用在外法线方向与 x 轴反向的平面内,切应力方向又与 y 轴同向,根据切应力的正负号约定应为负。

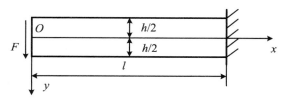

图 7.1　悬臂梁

1. 选择应力函数

采用半逆解法来确定应力函数。由材料力学可知,悬臂梁任一截面上由 F 产生的弯矩随 x 做线性变化,而且截面上任一点的正应力 σ_x 与 y 成比例,因此,可假定 σ_x 为

$$\sigma_x = \frac{\partial^2 \varphi}{\partial y^2} = A_1 xy \tag{7.2b}$$

式(7.2b)中 A_1 为常数。将式(7.2b)对 y 积分两次,得

$$\varphi(x,y) = \frac{1}{6} A_1 xy^3 + yf_1(x) + f_2(x) \tag{7.2c}$$

式(7.2c)中的 $f_1(x)$ 和 $f_2(x)$ 为 x 的待定函数。将式(7.2c)代入双调和方程(6.32)可得

$$y \frac{\mathrm{d}^4 f_1}{\mathrm{d}x^4} + \frac{\mathrm{d}^4 f_2}{\mathrm{d}x^4} = 0 \tag{7.2d}$$

因 f_1 和 f_2 仅为 x 的函数,而式(7.2b)中左边第 2 项又与 y 无关,故要使上式成立,必有

$$\frac{\mathrm{d}^4 f_1}{\mathrm{d}x^4} = 0, \quad \frac{\mathrm{d}^4 f_2}{\mathrm{d}x^4} = 0$$

对上面两式分别积分,得

$$f_1(x) = A_2 x^3 + A_3 x^2 + A_4 x + A_5$$
$$f_2(x) = A_6 x^3 + A_7 x^2 + A_8 x + A_9$$

式中，A_i 系积分常数。将它们代入式(7.2c)，可得应力函数为

$$\varphi(x,y) = \frac{1}{6}A_1 xy^3 + y(A_2 x^3 + A_3 x^2 + A_4 x + A_5)$$
$$+ (A_6 x^3 + A_7 x^2 + A_8 x + A_9) \tag{7.2e}$$

将式(7.2e)代入式(7.1)，可得应力分量

$$\sigma_y = \frac{\partial^2 \varphi}{\partial x^2} = 6(A_2 xy + A_6 x) + 2(A_3 y + A_7)$$
$$\tau_{xy} = -\frac{\partial^2 \varphi}{\partial x \partial y} = -\left(\frac{1}{2}A_1 y^2 + 3A_2 x^2 + 2A_3 x + A_4\right) \tag{7.2f}$$

2. 确定系数 A_i

根据边界条件式(7.2a)中的第 2 式，有

$$6\left(A_2 \frac{h}{2} + A_6\right)x + 2\left(A_3 \frac{h}{2} + A_7\right) = 0$$
$$6\left(-A_2 \frac{h}{2} + A_6\right)x + 2\left(-A_3 \frac{h}{2} + A_7\right) = 0$$

上式对所有的 x 都应成立，因而必有

$$hA_2 + 2A_6 = 0$$
$$hA_3 + 2A_7 = 0$$
$$hA_2 - 2A_6 = 0$$
$$hA_3 - 2A_7 = 0$$

求解此方程组，得

$$A_2 = A_3 = A_6 = A_7 = 0$$

根据边界条件式(7.2a)中的第 3 式，则有

$$(\tau_{xy})_{y=\pm\frac{h}{2}} = -\left(\frac{1}{8}A_1 h^2 + A_4\right) = 0$$

由上式可得

$$A_4 = -\frac{1}{8}A_1 h^2$$

又依据边界条件式(7.2a)的第 4 式，可得

$$\int_{-h/2}^{h/2} \tau_{xy} b \, \mathrm{d}y = \int_{-h/2}^{h/2} \frac{1}{2}A_1\left(\frac{1}{4}h^2 - y^2\right)b \, \mathrm{d}y = -F$$

由上式可得

$$A_1 = -\frac{12F}{(bh^3)} = -\frac{F}{I}$$

式中，$I = \dfrac{bh^3}{12}$ 为梁截面对中性轴的惯性矩。

3. 应力分量计算

至此,式(7.2b)、式(7.2e)中的所有常数均已确定,于是可得悬臂梁中的各应力分量为

$$\sigma_x = -\frac{Fxy}{I}$$
$$\sigma_y = 0 \tag{7.3}$$
$$\tau_{xy} = -\frac{F}{2I}\left(\frac{h^2}{4} - y^2\right)$$

式(7.3)的结果与材料力学的结果完全一致。由此可得出结论:如果自由端部的切力按抛物线分布,σ_x 在固定端按线性分布,则这一解是精确解。如果不是这样,根据圣维南原理,这一解在梁内远离端部的截面仍是足够精确的,其所影响的范围大约只有截面尺寸大小的长度。

需注意的是,系数 A_5,A_8,A_9 并未求出,由 7.1 节已知,这 3 个系数与应力分量无关。因此,这几个系数确定与否无关紧要。

4. 变形计算

当应力求得后,变形计算则可根据应变位移几何关系和胡克定律进行。由式(6.4)可得

$$\frac{\partial u}{\partial x} = \varepsilon_x = \frac{\sigma_x}{E} = -\frac{Fxy}{EI}$$
$$\frac{\partial v}{\partial y} = \varepsilon_y = -\frac{\nu}{E}\sigma_x = \frac{\nu Fxy}{EI}$$
$$\frac{\partial u}{\partial y} + \frac{\partial v}{\partial x} = \gamma_{xy} = \frac{2(1+\nu)}{E}\tau_{xy} \tag{7.4}$$
$$= -\frac{(1+\nu)}{EI}\left(\frac{h^2}{4} - y^2\right) = -\frac{F}{2GI}\left(\frac{h^2}{4} - y^2\right)$$

将式(7.4)中的第 1 式和第 2 式分别对 x,y 积分,有

$$u = -\frac{F}{2EI}x^2 y + u_1(y)$$
$$v = \frac{\nu F}{2EI}xy^2 + v_1(x) \tag{7.5}$$

将式(7.5)分别对 y,x 微分,代入式(7.4)的第 3 式,整理后可得

$$\frac{\mathrm{d}u_1(y)}{\mathrm{d}y} - \frac{F}{2EI}(2+\nu)y^2 = -\frac{\mathrm{d}v_1(x)}{\mathrm{d}x} + \frac{F}{2EI}x^2 - \frac{(1+\nu)F}{4EI}h^2$$

上式两边分别是 x 与 y 的函数,因此等式左、右两边应等于同一常数 a_1,即

$$\frac{\mathrm{d}u_1(y)}{\mathrm{d}y} = \frac{F}{2EI}(2+\nu)y^2 + a_1$$
$$\frac{\mathrm{d}v_1(x)}{\mathrm{d}x} = \frac{F}{2EI}x^2 - \frac{(1+\nu)F}{4EI}h^2 - a_1 \tag{7.6}$$

将上式积分后代入式(7.5),可得位移 u,v 的表达式为

$$u = -\frac{F}{2EI}x^2 y + \frac{F(2+\nu)}{6EI}y^3 + a_1 y + a_2$$

$$v = \frac{\nu F}{2EI}xy^2 + \frac{F}{6EI}x^3 - \frac{F(1+\nu)}{4EI}h^2 x - a_1 x + a_3 \tag{7.7}$$

式(7.7)中常数 a_i 由阻止梁在 oxy 面内做刚体运动所必需的三个约束条件来确定。下面分两种情况进行讨论:

(1) 固定端处 $(x=l,y=0)$ 的边界条件为 $u = v = \dfrac{\partial v}{\partial x} = 0$

这一边界条件相当于在固端处梁的轴线的切线保持水平,即将坐标点 $(x=l,$ $y=0)$ 的水平微线段 $\mathrm{d}x$ 固定,这与材料力学的处理方法相同。现将该边界条件代入位移表达式(7.7),可得

$$a_1 = \frac{Fl^2}{2EI} - \frac{F(1+\nu)}{4EI}h^2, \quad a_2 = 0, \quad a_3 = \frac{F}{3EI}l^3$$

将这些系数代入式(7.7),则位移为

$$u = \frac{Fy}{2EI}(l^2 + x^2) + \frac{F(2+\nu)}{6EI}y^3 - \frac{F(1+\nu)}{4EI}h^2 y$$

$$v = \frac{F}{6EI}x^3 - \frac{Fl^2}{2EI}x + \frac{\nu F}{2EI}xy^2 + \frac{F}{3EI}l^3 \tag{7.8}$$

由式(7.8)可知,u,v 均是 x,y 的非线性函数,这说明梁的任一截面变形后不再保持为平面,这与材料力学初等理论所得的结果不同。如在固定端 $(x=l)$ 处,由式(7.8)可得

$$(v)_{x=l} = \frac{\nu Fl}{2EI}y^2$$

$$\left(\frac{\partial u}{\partial y}\right)_{x=l} = \frac{F(2+\nu)}{2EI}y^2 - \frac{F(1+\nu)}{4EI}h^2 \tag{7.9}$$

$$\left(\frac{\partial u}{\partial y}\right)_{\substack{x=l\\y=0}} = -\frac{F(1+\nu)}{4EI}h^2 = -\frac{Fh^2}{2GI}$$

式(7.9)表明,由这种固定条件得到铅垂线元有一绕垂直于面 oxy 的 z 轴逆时针方向的转角 $\dfrac{Fh^2}{2GI}$(图7.2)。梁轴线的铅垂位移由式(7.8)可得

$$(v)_{y=0} = \frac{Fx^2}{6EI} - \frac{Fl^2 x}{2EI} + \frac{Fl^3}{3EI}$$

对于梁自由端 $(x=y=0)$ 处的挠度,由式(7.8)的第2式可得梁

$$(v)_{\max} = \frac{Fl^3}{3EI}$$

这与材料力学的结果相同。

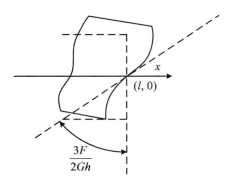

图 7.2 固定端转角示意图

(2) 固定端处($x = l$, $y = 0$)的边界条件为 $u = v = \dfrac{\partial u}{\partial y} = 0$

这表示固定端断面在($x = l$, $y = 0$)处的铅垂微线元 $\mathrm{d}y$ 固定不能转动,将该边界条件代入式(7.7),可求得

$$a_1 = \frac{Fl^2}{2EI}, \quad a_2 = 0, \quad a_3 = \frac{F}{3EI}l^3 + \frac{(1+\nu)F}{4EI}lh^2$$

将这些系数代入式(7.7),得到一组与式(7.8)不同的梁的位移为

$$
\begin{aligned}
u &= \frac{F}{2EI}(l^2 - x^2)y + \frac{(2+\nu)F}{6EI}y^3 \\
v &= \frac{F}{EI}\left[\frac{x^3}{6} + \frac{l^3}{3} + \frac{1}{2}(\nu y^2 - l^2)x + \frac{h^2}{4}(1+\nu)(l-x)\right]
\end{aligned}
\tag{7.10}
$$

实际上,由式(7.10)也得出 u, v 均是 x, y 的非线性函数。同样可得出在固定端($x = l$, $y = 0$)处的水平线元 $\mathrm{d}x$ 也有一绕垂直于面 oxy 平面的 z 轴逆时针方向的转角 $\dfrac{Fh^2}{(2GI)}$(图 7.3)。

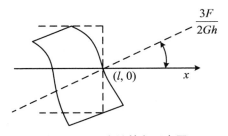

图 7.3 固定端转角示意图

由式(7.10)可得梁轴的铅垂位移为

$$(v)_{y=0} = \frac{Fx^2}{6EI} - \frac{Fl^2 x}{2EI} + \frac{Fl^3}{3EI} + \frac{F(1+\nu)}{EI}h^2(l-x)$$

自由端的挠度为

$$(v)_{x=y=0} = \frac{Fl^3}{3EI} + \frac{Flh^2}{2GI} \tag{7.11}$$

显然,式(7.11)等号右边的第 2 项是剪力对挠度的影响,而这部分与弯曲的影响之比为

$$\frac{\dfrac{Flh^2}{2GI}}{\dfrac{Fl^3}{3EI}} = \frac{3}{4}(1+\nu)\left(\frac{2h}{l}\right)^2 \approx \left(\frac{2h}{l}\right)^2$$

如 $l = 10(2h)$,则此比值为 1/100。所以当 $2h \ll l$ 时,梁的挠度主要由弯曲所引起。由此可见,在材料力学中得到的结果,对于细长梁是精确的。但是,必须指出,在高而短的梁中以及在梁的高频振动和在波的传播问题中,切力效应是非常重要的。

由以上计算变形的过程可见,在材料力学中,只是笼统地说梁端"固定",没有规定具体的固定方式。在弹性理论中必须规定固定的方式,根据不同的固定方式,得出不同的位移公式。

7.2.2　简支梁的弹性平面弯曲

现分析图 7.4 所示的受均布载荷 q 作用,不计体力的两端简支梁。

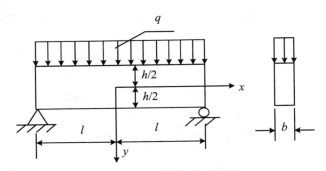

图 7.4　受均布荷重简支梁

1. 选择应力函数

设应力函数为

$$\varphi(x,y) = A_1 x^2 + A_2 x^2 y + A_3 y^3 + A_4\left(x^2 y^3 - \frac{y^5}{5}\right) \tag{7.12a}$$

将式(7.12a)代入相容方程可知,满足双调和方程。

2. 利用边界条件确定常数 A_i

边界条件为

$$(\sigma_y)_{y=-\frac{h}{2}} = -\frac{q}{b}$$

$$(\sigma_y)_{y=\frac{h}{2}} = 0 \qquad\qquad (7.12b)$$

$$(\tau_{xy})_{y=\pm\frac{h}{2}} = 0$$

和在 $x = \pm l$ 处

$$\int_{-\frac{h}{2}}^{\frac{h}{2}} \sigma_x y \,\mathrm{d}y = 0$$

$$\int_{-\frac{h}{2}}^{\frac{h}{2}} \tau_{xy} \,\mathrm{d}y = \pm\frac{ql}{b} \qquad\qquad (7.12c)$$

根据式(6.30)及边界条件式(7.12b)、式(7.12c),可得

$$A_1 + \frac{A_2 h}{2} + \frac{A_4 h^2}{4} = 0$$

$$A_1 - \frac{A_2 h}{2} + \frac{A_4 h^2}{4} = -\frac{q}{(2b)}$$

$$A_2 + \frac{3A_4 h^2}{4} = 0 \qquad\qquad (7.12d)$$

$$A_3 + A_4 l^2 - \frac{A_4 h^2}{10} = 0$$

$$A_2 h + \frac{A_4 h^3}{4} = \frac{q}{(2b)}$$

由此可解得系数 A_i 为

$$A_1 = -\frac{q}{4b}, \quad A_2 = \frac{3q}{4bh}, \quad A_3 = \left(\frac{ql^2}{bh^3} - \frac{q}{10bh}\right), \quad A_4 = -\frac{q}{bh^3} \qquad\qquad (7.12e)$$

将式(7.12e)代入式(7.12a),得应力函数

$$\varphi(x,y) = \frac{q}{b}\left[-\frac{x^2}{4} + \frac{3}{4}\frac{x^2 y}{h} + \left(\frac{l^2}{h^2} - \frac{1}{10}\right)\frac{y^3}{h} - \frac{1}{h^3}\left(x^2 y^3 - \frac{y^5}{5}\right)\right] \qquad\qquad (7.12f)$$

3. 应力分量计算

将式(7.12f)代入式(6.30),并注意梁的截面惯性矩 $I = \dfrac{bh^3}{12}$,求得应力分量为

$$\sigma_x = \frac{q}{2I}(l^2 - x^2)y + \frac{q}{2I}\left(\frac{2}{3}y^2 - \frac{h^2}{10}\right)y$$

$$\sigma_y = -\frac{q}{2I}\left(\frac{y^3}{3} - \frac{h^2}{4}y + \frac{h^3}{12}\right) \tag{7.12g}$$

$$\tau_{xy} = -\frac{q}{2I}\left(\frac{h^2}{4} - y^2\right)x$$

将式(7.12g)的应力分量与材料力学对该问题的解答进行对比,可以看出:

(1) 式(7.12g)中,σ_x 的表达式包括两项,第 1 项与材料力学解答相同,而第 2 项与 x 无关,是对材料力学解答的修正。且当 $x = \pm l$ 时,梁的端面有正应力 σ_x,但端面上没有水平外力,所以 σ_x 的表达式只满足了两端弯矩为零的条件,但未能消除两端的正应力。然而这组附加的水平力,即修正项显然也构成了平衡力系。根据圣维南原理,这组附加力的效应是局部的,在远离两端部分可认为材料力学的公式是精确的。因此,通常认为长而低的细长梁此项可忽略不计,但对高梁(即短粗梁)这项有显著影响。如梁中间截面($x = 0, y = \pm h/2$)处,σ_x 的最大值为

$$\sigma_x = \pm 3q\,\frac{l^2}{h^2}\left(1 + \frac{h^2}{15l^2}\right) \tag{7.13}$$

式(7.13)括号中的第 1 项为主要应力,第 2 项反映修正应力。一般认为当 $2l < 5h$ 时,材料力学公式不再适用。

(2) 材料力学对该问题切应力的解答与本精确解完全吻合。

(3) 材料力学假设梁的纵向纤维之间互不存在挤压力,因此 $\sigma_y = 0$,但本解答表明,除梁截面的下表面处外,其余部位 $\sigma_y \neq 0$ 且与 x 无关,因此整个梁的纵向纤维之间均存在挤压力。梁中应力分布如图 7.5 所示。

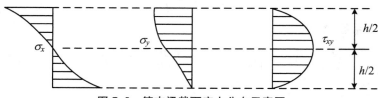

图 7.5　简支梁截面应力分布示意图

4. 位移计算

对于位移计算,其方法和步骤与悬臂梁的位移计算相同,即利用本构方程和几何方程,并假定梁中间截面的形心($x = y = 0$)的水平位移等于零,而垂向位移为 δ,经积分后可得

$$u = \frac{q}{2EI}\left[l^2 xy - \frac{1}{3}x^3 y + \frac{2}{3}xy^3 - \frac{h^2}{10}xy + \nu\left(\frac{1}{3}y^3 - \frac{h^2}{4}y + \frac{h^3}{12}\right)x\right]$$

$$v = -\frac{q}{2EI}\left[\frac{1}{12}y^4 - \frac{h}{8}y^2 + \frac{h^3}{12}y + \nu\left(\frac{l^2}{2}y^2 - \frac{1}{2}x^2 y^2 + \frac{1}{6}y^4 - \frac{h^2}{20}y^2\right)\right]$$

$$+\frac{l^2}{2}x^2 + \frac{h^2}{5}x^2 + \frac{\nu h^2}{8}x^2 - \frac{1}{12}x^4\Big] + \delta \qquad (7.14)$$

由上面的位移表达式可以看出：

（1）由位移 u 的表达式可知，梁的中性层并不在梁截面的中间层。在中间层 $y = 0$ 处有水平位移

$$(u)_{y=0} = \frac{q}{2EI}\frac{\nu h^3}{12}x \qquad (7.15)$$

由式（7.12g）可知，当 $y = 0$ 时，$\sigma_y = -\dfrac{q}{2I}\dfrac{h^3}{12}$，因此沿 x 方向引起拉伸应变

$$(\varepsilon_x)_{y=0} = -\nu\frac{\sigma_y}{E} = \frac{\nu q}{2EI}\frac{h^3}{12} \qquad (7.16)$$

将式（7.16）积分，并注意当 $x = 0$ 时，$u = 0$，则得式（7.15）。

（2）由位移 v 可得梁轴线（$y = 0$）的挠曲线方程为

$$(v)_{y=0} = \delta - \frac{qx^2}{2EI}\left(\frac{l^2}{2} + \frac{h^2}{5} + \frac{\nu h^2}{8} - \frac{x^2}{12}\right) \qquad (7.17)$$

假设在梁中心轴线的两端（$x = \pm l$）处，垂向位移 $(v)_{y=0} = 0$，则得

$$\delta = \frac{5ql^4}{24EI}\left[1 + \frac{3}{5}\left(\frac{4}{5} + \frac{\nu}{2}\right)\left(\frac{h}{l}\right)^2\right] \qquad (7.18)$$

式（7.18）右端括号中的第 1 项所反映的挠度与材料力学根据平面假设而得出的结果相一致，括号中的第 2 项反映切应力的影响。

（3）将式（7.17）对 x 求二阶导数，得挠曲线的曲率方程式

$$\left(\frac{\partial^2 v}{\partial x^2}\right)_{y=0} = \frac{q}{EI}\left[\frac{1}{2}(l^2 - x^2) + \frac{h^2}{4}\left(\frac{4}{5} + \frac{\nu}{2}\right)\right]$$

由该式可知，曲率并不与 $\dfrac{q}{2}(l^2 - x^2)$ 成正比，方括号里的第 2 项是对材料力学近似曲率公式 $\dfrac{1}{\rho} = \dfrac{M}{EI}$ 的修正。

必须指出的是，应用式（7.12g）也能解答梁两端固定的问题，为此，需取适当的支座反力矩 M_0，并使梁的两端都满足 $\dfrac{\partial v}{\partial x} = 0$ 或 $\dfrac{\partial u}{\partial y} = 0$ 的条件。

应注意，用多项式求解仅对低梁适用，对于高梁，两端的平衡力系要影响到跨度中部的应力。因此，需用其他形式的应力函数，如三角级数的形式。

7.3　三角形大坝

如图 7.6 所示，一个三角形大坝的密度为 ρ，已知其承受自身重力和液压力作

用,液体密度为 ρ_1。求应力分量。

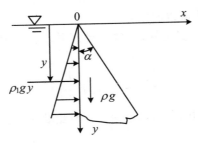

图 7.6　三角形大坝横断面

1. 量纲分析

一般大坝的长度远大于其截面的尺寸,而且外力沿大坝轴向基本保持不变,因此这里把大坝看成一平面应变问题进行研究。楔形体中任一点的应力,应该由两部分组成:

(1) 重力引起的应力与 ρg 成正比;

(2) 液体压力引起的应力与 $\rho_1 g$ 成正比。且两部分均与 x,y,α 有关。应力分量、容重 $\rho g,\rho_1 g,x,y,\alpha$ 的量纲为:$\{\sigma\}$:[力]/[长度]^2;$\rho g,\rho_1 g$:[力]/[长度]^3;x,y:[长度];α:[弧度](无量纲)。

由量纲分析法知:$\{\sigma\}$ 可能表达式为 $A\rho g x,B\rho g y,C\rho_1 g x,D\rho_1 g y$。

其中 A,B,C,D 为无量纲量,只与 α 有关。各应力分量为 x,y 的纯一次式。由此可知应力函数 $\Phi(x,y)$ 应为坐标 x,y 的纯三次式。

因此,假设 $\Phi = ax^3 + bx^2 y + cxy^2 + dy^3$。

2. 检查应力函数 Φ

检查应力函数 Φ 是否满足相容方程 $\nabla^4 \Phi = 0$,显然满足。

3. 计算出应力分量 $\{\sigma\}$

$$\sigma_x = \frac{\partial^2 \Phi}{\partial y^2} - Xx = 2cx + 6dy$$

$$\sigma_y = \frac{\partial^2 \Phi}{\partial x^2} - Yy = 6ax + 2by - \rho g y$$

$$\tau_{xy} = -\frac{\partial^2 \Phi}{\partial x \partial y} = -2bx - 2cy$$

4. 根据应力边界条件确定待定常数

(1) 左面($x = 0$)边界条件包括:

边界面的法向余弦

$$l = \cos(180^\circ) = -1$$
$$m = \sin(180^\circ) = 0$$

面力

$$\overline{f}_x = \rho_1 gy$$

$$\overline{f}_y = 0$$

$$\left.\begin{array}{l}(\sigma_x)_{x=0} = -\rho_1 gy \\ (\tau_{xy})_{x=0} = 0\end{array}\right\} \Rightarrow \left.\begin{array}{l}2c \cdot 0 + 6dy = -\rho_1 gy \\ -2b \cdot 0 - 2cy = 0\end{array}\right\} \Rightarrow \left.\begin{array}{l}6d = -\rho_1 g \\ c = 0\end{array}\right\}$$

（2）斜面（$x = y \cdot \tan \alpha$）边界条件包括：

边界面的法向余弦

$$l = \cos(\boldsymbol{n}, \boldsymbol{i}) = \cos \alpha$$

$$m = \sin(\boldsymbol{n}, \boldsymbol{j}) = \cos(\alpha + 90^\circ) = -\sin \alpha$$

面力

$$\overline{f}_x = 0$$

$$\overline{f}_y = 0$$

$$\left.\begin{array}{l}(\sigma_x)_{x=y \cdot \tan \alpha} \cdot l + (\tau_{xy})_{x=y \cdot \tan \alpha} \cdot m = 0 \\ (\tau_{xy})_{x=y \cdot \tan \alpha} \cdot l + (\sigma_y)_{x=y \cdot \tan \alpha} \cdot m = 0\end{array}\right\} \Rightarrow$$

$$\left.\begin{array}{l}(2c \cdot y \cdot \tan \alpha - \rho_1 gy) \cdot \cos \alpha + (-2b \cdot y \cdot \tan \alpha) \cdot (-\sin \alpha) = 0 \\ (-2b \cdot y \cdot \tan \alpha) \cdot \cos \alpha + (6\sigma \cdot y \cdot \tan \alpha + 2by - \rho gy) \cdot (-\sin \alpha) = 0\end{array}\right\}$$

$$\Rightarrow \left.\begin{array}{l}6a = \rho g \cot \alpha - 2\rho_1 g \cot^3 \alpha \\ 2b = \rho_1 g \cot^2 \alpha\end{array}\right\}$$

5. 将待定常数代入应力分量公式

将待定常数代入应力分量公式可得最终的应力结果：

$$\sigma_x = -\rho_1 gy$$

$$\sigma_y = (\rho g \cot \alpha - 2\rho_1 g \cot^3 \alpha)x + (\rho_1 g \cot^2 \alpha y - \rho g)y$$

$$\tau_{xy} = -\rho_1 g \cot^2 \alpha \cdot x$$

6. 深入探讨

以上解答被当作是三角形大坝中应力的基本解答，但是必须指出：

（1）沿着坝身，往往具有不同的截面，而且坝身也不是无限长的。因此，严格来讲，这里不是一个平面问题，但如果沿着坝轴，有一些伸缩缝把坝身分成若干段，在每一段范围内，坝身的截面可以当作没有变化，在计算时可以把这个问题当作平面应变问题处理。

（2）这里假定楔形体在下端是无限长，可以自由变形。但实际上坝身是有限高的，底部和地基相连，坝身底部的形变受到地基的约束，因此对于底部上面的解答不精确。

（3）坝顶总具有一定的宽度，而不是一个尖顶，顶部通常还受到其他的荷载，因此对于靠近坝顶处，以上的解答也不适用。

 习 题

1. 在常体力下,引入了应力函数 Φ,且 $\sigma_x = \dfrac{\partial^2 \Phi}{\partial y^2} - Xx$,$\sigma_y = \dfrac{\partial^2 \Phi}{\partial x^2} - Yy$,$\tau_{xy} = -\dfrac{\partial^2 \Phi}{\partial x \partial y}$,平衡微分方程是否可以自动满足?

2. 试验证:应力分量 $\sigma_x = 0$,$\sigma_y = \dfrac{12}{h^2}qxy$,$\tau_{xy} = -\dfrac{q}{2}\left(1 - \dfrac{12}{h^2}x^2\right)$ 是否为图 7.7 所示的平面问题的解答。(假定不考虑体力)

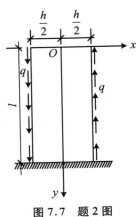

图 7.7 题 2 图

3. 如图 7.8 所示,楔形体外形抛物线 $y = ax^2$,下端无限伸长,厚度为 1,材料的密度为 ρ。试证明:$\sigma_x = -\dfrac{\rho g}{6a}$,$\sigma_y = -\dfrac{2\rho g}{3}y$,$\tau_{xy} = -\dfrac{\rho g}{3}x$ 为其自重应力的正确解答。

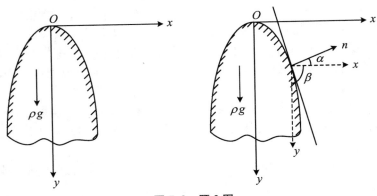

图 7.8 题 3 图

4. z 方向(垂直于板面,未标出)很长的直角六面体,上边界受均匀压力 p 作用,底部放置在绝对刚性与光滑的基础上,如图 7.9 所示。不计自重,且 $h \gg b$。试选取适当的应力函数解此问题,求出相应的应力分量。

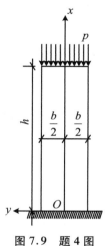

图 7.9　题 4 图

5. 已知如图 7.10 所示悬挂板,在 O 点固定,若板的厚度为 1,材料的相对密度为 γ,试求该板在重力作用下的应力分量。

6. 试检验函数 $\Phi = a(xy^2 + x^3)$ 是否可作为应力函数。若能,试求应力分量(不计体力),并在如图 7.11 所示的薄板上画出面力分布。

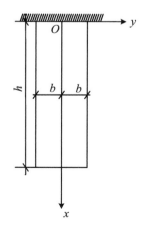

图 7.10　题 5 图

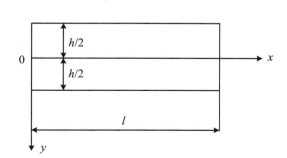

图 7.11　题 6 图

第 8 章 平面问题的极坐标解答

8.1 极坐标系下的平衡微分方程

对于圆形或部分圆形(扇形、楔形等)的物体,用极坐标求解比较方便。在极坐标系中,平面内任一点的位置,用径向坐标 r 及周向坐标 θ 来表示(图 8.1)。极坐标系 (r, θ) 与直角坐标系 (x, y) 之间的关系为

$$x = r\cos\theta \tag{8.1a}$$
$$y = r\sin\theta$$

$$r^2 = x^2 + y^2$$
$$\theta = \arctan\left(\frac{y}{x}\right) \tag{8.1b}$$

下面推导极坐标平面问题的基本微分方程。

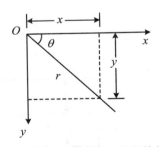

图 8.1 极坐标与直角坐标间的关系

在变形物体中,用两个同心柱面和两个径向平面截割出一微小单元体 $ABCD$ (图 8.2)。设单元体厚度为 1。沿 r 方向的正应力称为径向正应力,用 σ_r 表示;沿 θ 方向的正应力称为周向正应力或切向正应力,用 σ_θ 表示;切应力用 $\tau_{r\theta}$ 及 $\tau_{\theta r}$ 表示。

根据切应力互等定律,$\tau_{r\theta} = \tau_{\theta r}$。各应力分量的正负号规定和直角坐标系中相

同，只是 r 方向对应 x 方向、y 方向对应 θ 方向。图 8.2 中的应力分量都是正值。径向和周向的体力分量分别用 F_r 及 F_θ 表示。

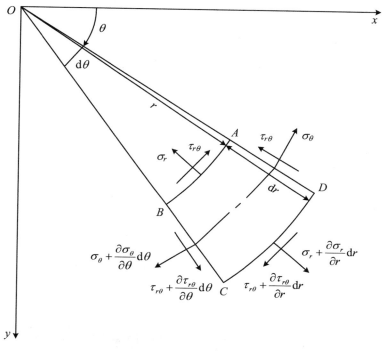

图 8.2　微元应力分量

将单元体所受的力投影到通过其中心的径向轴上，可建立出单元体径向平衡方程为

$$\left(\sigma_r + \frac{\partial\sigma_r}{\partial r}\mathrm{d}r\right)(r+\mathrm{d}r)\mathrm{d}\theta - \sigma_r r\mathrm{d}\theta - \left(\sigma_\theta + \frac{\partial\sigma_\theta}{\partial\theta}\mathrm{d}\theta\right)\mathrm{d}r\sin\frac{\mathrm{d}\theta}{2} - \sigma_\theta\mathrm{d}r\sin\frac{\mathrm{d}\theta}{2}$$

$$+ \left(\tau_{r\theta} + \frac{\partial\tau_{r\theta}}{\partial\theta}\right)\mathrm{d}r\cos\frac{\mathrm{d}\theta}{2} - \tau_{r\theta}\mathrm{d}r\cos\frac{\mathrm{d}\theta}{2} + F_r r\mathrm{d}\theta\mathrm{d}r = 0$$

在上式中，因为 $\mathrm{d}\theta$ 是小量，因此可取 $\sin\dfrac{\mathrm{d}\theta}{2}\approx\dfrac{\mathrm{d}\theta}{2}$，$\cos\dfrac{\mathrm{d}\theta}{2}\approx1$，并略去高阶微量后可得

$$\frac{\partial\sigma_r}{\partial r} + \frac{\partial\tau_{r\theta}}{r\partial\theta} + \frac{\sigma_r - \sigma_\theta}{r} + F_r = 0$$

采用同样的方法，可以列出单元体在周向的平衡方程。则可得极坐标系下的平衡方程为

$$\frac{\partial\sigma_r}{\partial r} + \frac{\partial\tau_{r\theta}}{r\partial\theta} + \frac{\sigma_r - \sigma_\theta}{r} + F_r = 0$$

$$\frac{\partial \tau_{r\theta}}{\partial r} + \frac{\partial \sigma_\theta}{r\partial \theta} + \frac{2\tau_{r\theta}}{r} + F_\theta = 0 \tag{8.2}$$

类似的还可写出柱坐标系(r, θ, z)下的平衡微分方程和球坐标系(r, θ, φ)下的平衡微分方程。

（1）柱坐标系下的平衡微分方程：

$$\frac{\partial \sigma_r}{\partial r} + \frac{\partial \tau_{r\theta}}{r\partial \theta} + \frac{\partial \tau_{rz}}{\partial z} + \frac{\sigma_r - \sigma_\theta}{r} + F_r = 0$$

$$\frac{\partial \tau_{\theta r}}{\partial r} + \frac{\partial \sigma_\theta}{r\partial \theta} + \frac{\partial \tau_{\theta z}}{\partial z} + \frac{2\tau_{r\theta}}{r} + F_\theta = 0 \tag{8.3}$$

$$\frac{\partial \tau_{zr}}{\partial z} + \frac{\partial \tau_{z\theta}}{r\partial \theta} + \frac{\partial \sigma_z}{\partial z} + \frac{\tau_{rz}}{r} + F_z = 0$$

（2）球坐标系下的平衡微分方程：

$$\frac{\partial \sigma_r}{\partial r} + \frac{\partial \tau_{r\theta}}{r\partial \theta} + \frac{1}{\sin\theta}\frac{\partial \tau_{r\varphi}}{r\partial \varphi} + \frac{2\sigma_r - \sigma_\theta - \sigma_\varphi}{r} + \cot\theta\frac{\tau_{r\theta}}{r} + F_r = 0$$

$$\frac{\partial \tau_{\theta r}}{\partial r} + \frac{\partial \sigma_\theta}{r\partial \theta} + \frac{1}{\sin\theta}\frac{\partial \tau_{\theta\varphi}}{r\partial \varphi} + \frac{3\tau_{r\theta}}{r} + \cot\theta\frac{\sigma_\theta - \sigma_\varphi}{r} + F_\theta = 0 \tag{8.4}$$

$$\frac{\partial \tau_{\varphi r}}{\partial r} + \frac{\partial \tau_{\varphi\theta}}{r\partial \theta} + \frac{1}{\sin\theta}\frac{\partial \sigma_\varphi}{r\partial \varphi} + \frac{3\tau_{\varphi r}}{r} + 2\cot\theta\frac{\tau_{\varphi\theta}}{r} + F_\varphi = 0$$

8.2　极坐标系下的几何方程及物理方程

8.2.1　几何方程——移与形变间的微分关系

在极坐标中，ε_r 表示径向正应变，ε_θ 表示环向正应变，$\gamma_{r\theta}$ 表示切应变，也就是径向与环向两线段之间的直角的改变；u_r 表示径向位移，u_θ 表示环向位移。

下面利用叠加法讨论极坐标中的形变与位移间的微分关系。

第1步：假定原先互相垂直的两微分段只有径向位移，而无环向位移，如图8.3所示。

在此单纯的径向位移作用下，径向线段 PA 的相对伸长：

$$\varepsilon_{r1} = \frac{P'A' - PA}{PA} = \frac{AA' - PP'}{PA} = \frac{u_r + \frac{\partial u_r}{\partial r}\mathrm{d}r - u_r}{\mathrm{d}r} = \frac{\partial u_r}{\partial r} \tag{8.5a}$$

PA 的转角：

$$\alpha_1 = 0 \qquad\qquad (8.5\text{b})$$

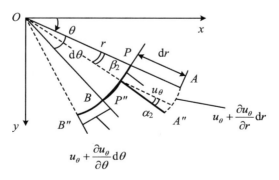

图 8.3　仅有径向位移时位移与形变间的微分关系

环向线段 PB 的相对伸长：

$$\varepsilon_{\theta 1} = \frac{P'B' - PB}{PB} = \frac{(r + u_r)\mathrm{d}\theta - r\mathrm{d}\theta}{r\mathrm{d}\theta} = \frac{u_r}{r} \qquad (8.5\text{c})$$

线段 PB 的转角：

$$\beta_1 \approx \tan\beta_1 = \frac{BB' - PP'}{PB} = \frac{\left(u_r + \dfrac{\partial u_r}{\partial \theta}\mathrm{d}\theta\right) - u_r}{r\mathrm{d}\theta} = \frac{1}{r}\frac{\partial u_r}{\partial \theta} \qquad (8.5\text{d})$$

单纯的径向位移引起的剪应变为

$$\gamma_{r\theta 1} = \alpha_1 + \beta_1 = \frac{1}{r}\frac{\partial u_r}{\partial \theta} \qquad (8.5\text{e})$$

　　第 2 步：假定原先互相垂直的两微分段只有环向位移，而无径向位移，如图 8.4 所示。

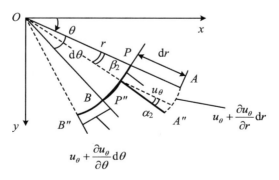

图 8.4　仅有环向位移时位移与形变间的微分关系

仅有环向位移时，径向线段 PA 的相对伸长：

$$\varepsilon_{r2} = \frac{P''A'' - PA}{PA} = \frac{\mathrm{d}r - \mathrm{d}r}{\mathrm{d}r} = 0 \tag{8.5f}$$

PA 的转角：

$$\alpha_2 = \frac{u_\theta + \frac{\partial u_\theta}{\partial r}\mathrm{d}r - u_\theta}{\mathrm{d}r} = \frac{\partial u_\theta}{\partial r} \tag{8.5g}$$

环向线段 PB 的相对伸长：

$$\varepsilon_{\theta2} = \frac{P''B'' - PB}{PB} = \frac{BB'' - PP''}{PB} = \frac{u_\theta + \frac{\partial u_\theta}{\partial \theta}\mathrm{d}\theta - u_\theta}{r\mathrm{d}\theta} = \frac{1}{r}\frac{\partial u_\theta}{\partial \theta} \tag{8.5h}$$

线段 PB 的转角：

$$\beta_2 = -\frac{u_\theta}{r} \tag{8.5i}$$

单纯的环向位移引起的剪应变为

$$\gamma_{r\theta2} = \alpha_2 + \beta_2 = \frac{\partial u_\theta}{\partial r} - \frac{u_\theta}{r} \tag{8.5j}$$

根据叠加原理，不难得出极坐标系下的几何方程：

$$\begin{aligned}
\varepsilon_r &= \frac{\partial u_r}{\partial r} \\
\varepsilon_\theta &= \frac{u_r}{r} + \frac{1}{r}\frac{\partial u_\theta}{\partial \theta} \\
\gamma_{r\theta} &= \frac{1}{r}\frac{\partial u_r}{\partial \theta} + \frac{\partial u_\theta}{\partial r} - \frac{u_\theta}{r}
\end{aligned} \tag{8.6}$$

8.2.2 极坐标下的本构关系

极坐标系和直角坐标系都是正交坐标系，因此，在弹性状态下，极坐标下的本构方程与直角坐标具有同样的形式。只要将下标 x, y 分别改写为 r, θ 即可。

对于平面应力问题：

$$\begin{aligned}
\varepsilon_r &= \frac{1}{E}(\sigma_r - \nu\sigma_\theta) \\
\varepsilon_\theta &= \frac{1}{E}(\sigma_\theta - \nu\sigma_r) \\
\gamma_{r\theta} &= \frac{1}{G}\tau_{r\theta}
\end{aligned} \tag{8.7}$$

对于平面应变问题：

$$\varepsilon_r = \frac{1 - \nu^2}{E} \left(\sigma_r - \frac{\nu}{1 - \nu} \sigma_\theta \right)$$

$$\varepsilon_\theta = \frac{1 - \nu^2}{E} \left(\sigma_\theta - \frac{\nu}{1 - \nu} \sigma_r \right) \qquad (8.8)$$

$$\gamma_{r\theta} = \frac{1}{G} \tau_{r\theta} = \frac{2(1 + \nu)}{E} \tau_{r\theta}$$

8.3　极坐标中的应力函数与相容方程

根据极坐标系 (r, θ) 与直角坐标系 (x, y) 之间的关系,即式(8.1),可以得到下列关系:

$$\frac{\partial r}{\partial x} = \frac{x}{r} = \cos \theta$$

$$\frac{\partial r}{\partial y} = \frac{y}{r} = \sin \theta$$

$$\frac{\partial \theta}{\partial x} = -\frac{y}{r^2} = -\frac{\sin \theta}{r} \qquad (8.9)$$

$$\frac{\partial \theta}{\partial y} = \frac{x}{r^2} = \frac{\cos \theta}{r}$$

极坐标下用 Φ 来表示应力函数,Φ 是 (r, θ) 的函数,也是 (x, y) 的函数,则

$$\frac{\partial \Phi}{\partial x} = \frac{\partial \Phi}{\partial r} \frac{\partial r}{\partial x} + \frac{\partial \Phi}{\partial \theta} \frac{\partial \theta}{\partial x} = \cos \theta \frac{\partial \Phi}{\partial r} - \frac{\sin \theta}{r} \frac{\partial \Phi}{\partial \theta} = \left(\cos \theta \frac{\partial}{\partial r} - \frac{\sin \theta}{r} \frac{\partial}{\partial \theta} \right) \Phi$$

$$\frac{\partial \Phi}{\partial y} = \frac{\partial \Phi}{\partial r} \frac{\partial r}{\partial y} + \frac{\partial \Phi}{\partial \theta} \frac{\partial \theta}{\partial y} = \sin \theta \frac{\partial \Phi}{\partial r} + \frac{\cos \theta}{r} \frac{\partial \Phi}{\partial \theta} = \left(\sin \theta \frac{\partial}{\partial r} + \frac{\cos \theta}{r} \frac{\partial}{\partial \theta} \right) \Phi$$

重复以上运算,求两阶导数

$$\frac{\partial^2 \Phi}{\partial x^2} = \cos^2 \theta \frac{\partial^2 \Phi}{\partial r^2} - \frac{2 \sin \theta \cos \theta}{r} \frac{\partial^2 \Phi}{\partial r \partial \theta} + \frac{\sin^2 \theta}{r} \frac{\partial \Phi}{\partial r}$$

$$= \left(\cos \theta \frac{\partial}{\partial r} - \frac{\sin \theta}{r} \frac{\partial}{\partial \theta} \right) \left(\cos \theta \frac{\partial \Phi}{\partial r} - \frac{\sin \theta}{r} \frac{\partial \Phi}{\partial \theta} \right)$$

$$+ \frac{2 \sin \theta \cos \theta}{r^2} \frac{\partial \Phi}{\partial \theta} + \frac{\sin^2 \theta}{r^2} \frac{\partial^2 \Phi}{\partial \theta^2} \qquad (8.10a)$$

$$\frac{\partial^2 \Phi}{\partial y^2} = \left(\sin \theta \frac{\partial}{\partial r} + \frac{\cos \theta}{r} \frac{\partial}{\partial \theta} \right) \left(\sin \theta \frac{\partial \Phi}{\partial r} + \frac{\cos \theta}{r} \frac{\partial \Phi}{\partial \theta} \right)$$

$$= \sin^2 \theta \frac{\partial^2 \Phi}{\partial r^2} + \frac{2 \sin \theta \cos \theta}{r} \frac{\partial^2 \Phi}{\partial r \partial \theta} + \frac{\cos^2 \theta}{r} \frac{\partial \Phi}{\partial r}$$

$$- \frac{2 \sin \theta \cos \theta}{r^2} \frac{\partial \Phi}{\partial \theta} + \frac{\cos^2 \theta}{r^2} \frac{\partial^2 \Phi}{\partial \theta^2} \qquad (8.10b)$$

$$\frac{\partial^2 \Phi}{\partial x \partial y} = \left(\cos\theta \frac{\partial}{\partial r} - \frac{\sin\theta}{r} \frac{\partial}{\partial \theta} \right) \left(\sin\theta \frac{\partial \Phi}{\partial r} + \frac{\cos\theta}{r} \frac{\partial \Phi}{\partial \theta} \right)$$

$$= \sin\theta\cos\theta \frac{\partial^2 \Phi}{\partial r^2} + \frac{\cos^2\theta - \sin^2\theta}{r} \frac{\partial^2 \Phi}{\partial r \partial \theta} - \frac{\sin\theta\cos\theta}{r} \frac{\partial \Phi}{\partial r}$$

$$- \frac{\cos^2\theta - \sin^2\theta}{r^2} \frac{\partial \Phi}{\partial \theta} - \frac{\sin\theta\cos\theta}{r^2} \frac{\partial^2 \Phi}{\partial \theta^2} \qquad (8.10\text{c})$$

由图 8.2 可知,当 $\theta = 0$ 时,将 x 轴旋转至 r 方向,将 y 轴旋转至 θ 方向,则

$$\sigma_r = \sigma_x \big|_{\theta=0} = \frac{\partial^2 \Phi}{\partial y^2} \bigg|_{\theta=0} = \frac{1}{r} \frac{\partial \Phi}{\partial r} + \frac{1}{r^2} \frac{\partial^2 \Phi}{\partial \theta^2}$$

$$\sigma_\theta = \sigma_y \big|_{\theta=0} = \frac{\partial^2 \Phi}{\partial x^2} \bigg|_{\theta=0} = \frac{\partial^2 \Phi}{\partial r^2} \qquad (8.11)$$

$$\tau_{r\theta} = \tau_{xy} \big|_{\theta=0} = -\frac{\partial^2 \Phi}{\partial x \partial y} \bigg|_{\theta=0} = \frac{1}{r^2} \frac{\partial \Phi}{\partial \theta} - \frac{1}{r} \frac{\partial^2 \Phi}{\partial r \partial \theta} = -\frac{\partial}{\partial r}\left(\frac{1}{r} \frac{\partial \Phi}{\partial \theta} \right)$$

由于这些应力分量是直接从直角坐标下转换而来的,它们一定满足平衡方程。

将式(8.10a)与式(8.10b)相加,可得

$$\frac{\partial^2 \Phi}{\partial x^2} + \frac{\partial^2 \Phi}{\partial y^2} = \frac{\partial^2 \Phi}{\partial r^2} + \frac{1}{r} \frac{\partial \Phi}{\partial r} + \frac{1}{r^2} \frac{\partial^2 \Phi}{\partial \theta^2}$$

从而可以根据直角坐标下的相容方程得到极坐标下的相容方程

$$\nabla^2 \Phi = \left(\frac{\partial^2}{\partial x^2} + \frac{\partial^2}{\partial y^2} \right) \Phi = \left(\frac{\partial^2}{\partial r^2} + \frac{1}{r} \frac{\partial}{\partial r} + \frac{1}{r^2} \frac{\partial^2}{\partial \theta^2} \right) \Phi = 0 \qquad (8.12)$$

8.4 应力分量的坐标变换式

极坐标与直角坐标只有形式上的不同并无实质性的差别,所表征的应力也是互通的。极坐标系下的应力分量的表达式也可由坐标转换的方法求得。在一定的应力状态下,如果已知极坐标中的应力分量,就可以利用简单的关系式求得直角坐标中的应力分量。反之,如果已知直角坐标中的应力分量,也可以利用简单的关系式求得极坐标中的应力分量。

在弹性体中取微小三角板 A,各边上的应力如图 8.5 所示。三角板的厚度取为 1。令 bc 边的长度为 $\mathrm{d}s$,则 ab 边及 ac 边的长度分别为 $\mathrm{d}s\sin\theta$ 及 $\mathrm{d}s\cos\theta$。极坐标应力分量分别为 $\sigma_r, \sigma_\theta, \tau_{r\theta}$,直角坐标应力分量分别为 $\sigma_x, \sigma_y, \tau_{xy}$,两者之间的关系如下:根据平衡条件 $\sum F_x = 0$,可以写出第 1 个平衡方程

$$\sigma_x \mathrm{d}s - \sigma_r \mathrm{d}s\cos^2\theta - \sigma_\theta \mathrm{d}s\sin^2\theta + \tau_{r\theta} \mathrm{d}s\cos\theta\sin\theta + \tau_{\theta r} \mathrm{d}s\sin\theta\cos\theta = 0$$

结合切应力互等条件,上式可简化为

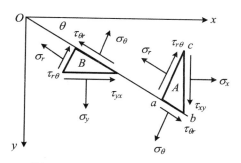

图 8.5　应力分量坐标变换单元体

$$\sigma_x = \sigma_r \cos^2\theta + \sigma_\theta \sin^2\theta - 2\tau_{r\theta}\sin\theta\cos\theta \qquad (8.13a)$$

同理,根据平衡条件 $\sum F_y = 0$,可以列出第 2 个平衡方程

$$\tau_{xy} = (\sigma_r - \sigma_\theta)\sin\theta\cos\theta + \tau_{r\theta}(\cos^2\theta - \sin^2\theta) \qquad (8.13b)$$

另取微小三角板 B,根据平衡条件 $\sum F_y = 0$,可得

$$\sigma_y = \sigma_r\sin^2\theta + \sigma_\theta\cos^2\theta + 2\tau_{r\theta}\sin\theta\cos\theta \qquad (8.13c)$$

综上,得出应力分量由极坐标向直角坐标的变换式为

$$\sigma_x = \sigma_r\cos^2\theta + \sigma_\theta\sin^2\theta - 2\tau_{r\theta}\sin\theta\cos\theta$$

$$\sigma_y = \sigma_r\sin^2\theta + \sigma_\theta\cos^2\theta + 2\tau_{r\theta}\sin\theta\cos\theta \qquad (8.14)$$

$$\tau_{xy} = (\sigma_r - \sigma_\theta)\sin\theta\cos\theta + \tau_{r\theta}(\cos^2\theta - \sin^2\theta)$$

同理,由直角坐标向极坐标的变换式为

$$\sigma_r = \sigma_x\cos^2\theta + \sigma_y\sin^2\theta + 2\tau_{xy}\sin\theta\cos\theta$$

$$\sigma_\theta = \sigma_x\sin^2\theta + \sigma_y\cos^2\theta - 2\tau_{xy}\sin\theta\cos\theta \qquad (8.15)$$

$$\tau_{r\theta} = (\sigma_y - \sigma_x)\sin\theta\cos\theta + \tau_{xy}(\cos^2\theta - \sin^2\theta)$$

8.5　轴对称问题应力与位移

　　所谓轴对称是指物体的形状或某物理量是绕一轴对称的,凡通过对称轴的任何面都是对称面。若应力是绕 z 轴对称的,则在任一环向线上的各点,应力分量的数值相同,方向对称于 z 轴。由此可见,绕 z 轴对称的应力在极坐标平面内应力分量仅为 r 的函数,不随 θ 而变;切应力 $\tau_{r\theta}$ 为零。

　　应力函数是标量函数,自轴对称应力状态下,它只是 r 的函数,即

$$\Phi = \Phi(r)$$

在这一特殊情况下,应力分量的应力函数表达式可简化为

$$\sigma_r = \frac{1}{r}\frac{\mathrm{d}\Phi}{\mathrm{d}r}, \quad \sigma_\theta = \frac{\mathrm{d}^2\Phi}{\mathrm{d}r^2}, \quad \tau_{r\theta} = \tau_{\theta r} = 0 \tag{8.16}$$

相容方程可表示为

$$\left(\frac{\mathrm{d}^2}{\mathrm{d}r^2} + \frac{1}{r}\frac{\mathrm{d}}{\mathrm{d}r}\right)\left(\frac{\mathrm{d}^2\Phi}{\mathrm{d}r^2} + \frac{1}{r}\frac{\mathrm{d}\Phi}{\mathrm{d}r}\right) = 0 \tag{8.17}$$

另外,轴对称问题的拉普拉斯算子可以写为

$$\nabla^2 = \left(\frac{\mathrm{d}^2}{\mathrm{d}r^2} + \frac{1}{r}\frac{\mathrm{d}}{\mathrm{d}r}\right) = \frac{1}{r}\frac{\mathrm{d}}{\mathrm{d}r}\left(r\frac{\mathrm{d}}{\mathrm{d}r}\right)$$

代入相容方程为

$$\frac{1}{r}\frac{\mathrm{d}}{\mathrm{d}r}\left\{r\frac{\mathrm{d}}{\mathrm{d}r}\left[\frac{1}{r}\frac{\mathrm{d}}{\mathrm{d}r}\left(r\frac{\mathrm{d}\Phi}{\mathrm{d}r}\right)\right]\right\} = 0 \tag{8.18}$$

这是一个四阶常微分方程,它的全部通解只有 4 项。对上式积分 4 次,就得到轴对称应力状态下应力函数的通解

$$\Phi = A\ln r + Br^2\ln r + Cr^2 + D \tag{8.19}$$

其中,A, B, C, D 都是待定的常数。

将式(8.19)代入式(8.16),得到轴对称问题的一般性解答:

$$\sigma_r = \frac{A}{r^2} + B(1 + 2\ln r) + 2C$$

$$\sigma_\theta = -\frac{A}{r^2} + B(3 + 2\ln r) + 2C \tag{8.20}$$

$$\tau_{r\theta} = \tau_{\theta r} = 0$$

对于平面应力的情况,将应力分量代入物理方程,得对应的形变分量

$$\varepsilon_r = \frac{1}{E}\left[(1+\nu)\frac{A}{r^2} + (1-3\nu)B + 2(1-\nu)B\ln r + 2(1-\nu)C\right]$$

$$\varepsilon_\theta = \frac{1}{E}\left[-(1+\nu)\frac{A}{r^2} + (3-\nu)B + 2(1-\nu)B\ln r + 2(1-\nu)C\right]$$

$$\gamma_{r\theta} = 0$$

可见,形变分量也是对称的。

将上面的形变分量表达式代入几何方程(8.6),得

$$\frac{\partial u_r}{\partial r} = \frac{1}{E}\left[(1+\nu)\frac{A}{r^2} + (1-3\nu)B + 2(1-\nu)B\ln r + 2(1-\nu)C\right]$$

$$\frac{u_r}{r} + \frac{1}{r}\frac{\partial u_\theta}{\partial \theta} = \frac{1}{E}\left[-(1+\nu)\frac{A}{r^2} + (3-\mu)B + 2(1-\nu)B\ln r + 2(1-\nu)C\right]$$

$$\frac{1}{r}\frac{\partial u_r}{\partial \theta} + \frac{\partial u_\theta}{\partial r} - \frac{u_\theta}{r} = 0$$

$$\tag{8.21a}$$

将式(8.21a)中的第 1 式积分得

$$u_r = \frac{1}{E}\left[-(1+\nu)\frac{A}{r} + (1-3\nu)Br + 2(1-\nu)Br(\ln r - 1) + 2(1-\nu)Cr \right] + f(\theta)$$

$$(8.21b)$$

其中，$f(\theta)$ 是 θ 的任意函数。

其次，式(8.21a)中的第 2 式有

$$\frac{\partial u_\theta}{\partial \theta} = \frac{r}{E}\left[-(1+\nu)\frac{A}{r^2} + (3-\nu)B + 2(1-\nu)B\ln r + 2(1-\nu)C \right] - u_r$$

将式(8.21b)代入，得

$$\frac{\partial u_\theta}{\partial \theta} = \frac{4Br}{E} - f(\theta)$$

积分后得

$$u_\theta = \frac{4Br\theta}{E} - \int f(\theta)\mathrm{d}\theta + f_1(r) \tag{8.21c}$$

其中，$f_1(r)$ 是 r 的任意函数。

再将式(8.21b)及式(8.21c)代入式(8.21a)中的第 3 式，得

$$\frac{1}{r}\frac{\mathrm{d}f(\theta)}{\mathrm{d}\theta} + \frac{\mathrm{d}f_1(r)}{\mathrm{d}r} + \frac{1}{r}\int f(\theta)\mathrm{d}\theta - \frac{f_1(r)}{r} = 0$$

把上式分开变形成

$$f_1(r) - r\frac{\mathrm{d}f_1(r)}{\mathrm{d}r} = \frac{\mathrm{d}f(\theta)}{\mathrm{d}\theta} + \int f(\theta)\mathrm{d}\theta$$

这方程的左边只是 r 的函数，只随 r 而变；而右边只是 θ 的函数，只随 θ 而变。因此，只可能两边都等于同一常数 F。于是有

$$f_1(r) - r\frac{\mathrm{d}f_1(r)}{\mathrm{d}r} = F \tag{8.21d}$$

$$\frac{\mathrm{d}f(\theta)}{\mathrm{d}\theta} + \int f(\theta)\mathrm{d}\theta = F \tag{8.21e}$$

式(8.21d)的解答是

$$f_1(r) = Hr + F \tag{8.21f}$$

其中，H 是任意常数。式(8.21e)可以通过求导变换为微分方程

$$\frac{\mathrm{d}^2 f(\theta)}{\mathrm{d}\theta^2} + f(\theta) = 0$$

而它的解是

$$f(\theta) = I\cos\theta + K\sin\theta \tag{8.21g}$$

此外，可由式(8.21e)得

$$\int f(\theta)\mathrm{d}\theta = F - \frac{\mathrm{d}f(\theta)}{\mathrm{d}\theta} = F + I\sin\theta - K\cos\theta \tag{8.21h}$$

将式(8.21g)代入式(8.21b),并将式(8.21h)及式(8.21f)代入式(8.21c),轴对称应力状态下对应的位移分量

$$u_r = \frac{1}{E}\Big[-(1+\nu)\frac{A}{r}+2(1-\nu)Br(\ln r-1)+(1-3\nu)Br+2(1-\nu)Cr\Big]$$
$$+ I\cos\theta + K\sin\theta$$
$$u_\theta = \frac{4Br\theta}{E} + Hr - I\sin\theta + K\cos\theta \tag{8.22}$$

式中的 A,B,C,H,I,K 都是待定的常数,其中常数 H,I,K 代表刚体的位移分量。

对于平面应变的情况,只需将上述形变分量和位移分量中的 E 换为 $\dfrac{E}{1-\nu^2}$,ν 换为 $\dfrac{\nu}{1-\nu}$。

一般而言,产生轴对称应力状态的条件是,弹性体的形状和应力边界条件必须是轴对称的。如果位移边界条件也是轴对称的,则位移也是轴对称的。

8.6　圆环或圆筒受均布压力

设有圆环或圆筒,如图 8.6(a)所示,内半径为 a,外半径为 b,受内压力 q_1 及外压力 q_2。显然,应力分布应当是轴对称的。因此,取应力分量表达式(8.20),应当可以求出其中的任意常数 A,B,C。

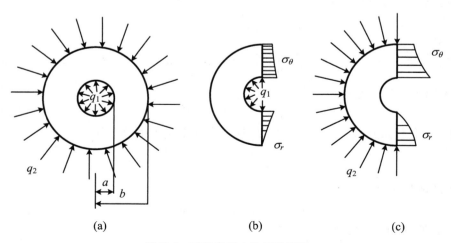

(a)　　　　　　　　(b)　　　　　　　　(c)

图 8.6　受均布压力作用的圆环

内外的应力边界条件要求：

$$(\tau_{r\theta})_{r=a} = 0, \quad (\tau_{r\theta})_{r=b} = 0$$
$$(\sigma_r)_{r=a} = -q_1, \quad (\sigma_r)_{r=b} = -q_2 \tag{8.23a}$$

由表达式(8.20)可见,前两个关于 $\tau_{r\theta}$ 的条件是满足的,而后两个条件要求

$$\frac{A}{a^2} + B(1 + 2\ln a) + 2C = -q_2$$
$$\frac{A}{b^2} + B(1 + 2\ln b) + 2C = -q_2 \tag{8.23b}$$

现在,边界条件都已满足,但上面两个方程不能决定 3 个常数 A, B, C。因为这里讨论的是多连体,所以我们来考察位移单值条件。

由(8.22)可见,在环向位移 u_θ 的表达式中, $u_\theta = \dfrac{4Br\theta}{E}$ 一项是多值的:对于同一个 r 值,例如 $r = r_1$,在 $\theta = \theta_1$ 与 $\theta = \theta_1 + 2\pi$ 时,环向位移相差 $u_\theta = \dfrac{8\pi Br_1\theta}{E}$ 。在圆环或圆筒中,这是不可能的,因为 (r_1, θ_1) 与 $(r_1, \theta_1 + 2\pi)$ 是同一点,不可能有不同的位移。于是由位移单值条件必须为 $B = 0$。

对于单连体和多连体,位移单值条件都是必须满足的。在按应力求解时,首先求出应力分量,自然取未单值函数;再求形变分量,并由几何方程通过积分求出位移分量。在多连体中,积分时常会出现多值函数,因此,需要校核位移单值条件,以排除其中的多值项。

命 $B = 0$,即由式(8.21b)可得 A 和 $2C$：

$$A = \frac{b^2 a^2 (q_2 - q_1)}{b^2 - a^2}, \quad 2C = \frac{q_1 a^2 - q_2 b^2}{b^2 - a^2}$$

代入式(8.22),稍加整理,即得圆筒受均匀压力的解答如下：

$$\sigma_r = -\frac{\dfrac{b^2}{r^2} - 1}{\dfrac{b^2}{a^2} - 1} q_1 - \frac{1 - \dfrac{a^2}{r^2}}{1 - \dfrac{a^2}{b^2}} q_2$$

$$\sigma_\theta = -\frac{\dfrac{b^2}{r^2} + 1}{\dfrac{b^2}{a^2} - 1} q_1 - \frac{1 + \dfrac{a^2}{r^2}}{1 - \dfrac{a^2}{b^2}} q_2 \tag{8.24}$$

为简明起见,分别考察内压力或外压力单独作用时的情况。

如果只有内压力 q_1 作用,则 $q_2 = 0$,将式(8.24)简化为

$$\sigma_r = -\frac{\dfrac{b^2}{r^2} - 1}{\dfrac{b^2}{a^2} - 1} q_1, \quad \sigma_\theta = -\frac{\dfrac{b^2}{r^2} + 1}{\dfrac{b^2}{a^2} - 1} q_1$$

显然，σ_r 总是压应力，σ_θ 总是拉应力。应力分布大致如图 8.6(b)所示。当圆环或圆筒的外半径趋于无限大($b \to \infty$)时，得到具有圆孔的无限大薄板，或具有圆形孔道的无限大弹性体，而上列解成为

$$\sigma_r = -\frac{a^2}{r^2}q_1, \quad \sigma_\theta = \frac{a^2}{r^2}q_1$$

可见应力和 $\dfrac{a^2}{r^2}$ 成正比。在 r 远大于 a 之处(即距圆孔或圆形孔道较远之处)，应力是很小的，可忽略不计。

如果只有外压力 q_2 作用，则 $q_1 = 0$，将式(8.24)简化为

$$\sigma_r = -\frac{1-\dfrac{a^2}{r^2}}{1-\dfrac{a^2}{b^2}}q_2, \quad \sigma_\theta = -\frac{1+\dfrac{a^2}{r^2}}{1-\dfrac{a^2}{b^2}}q_2 \tag{8.25}$$

显然，σ_r 和 σ_θ 都总是压应力，应力分布大致如图 8.6(c)所示。

8.7　压　力　隧　洞

受均匀内压力 q 作用的圆筒埋在无限大弹性体中(图 8.7)，圆筒和无限大弹性体的材料不同，下面分别讨论两者的应力和位移情况。

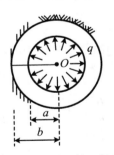

图 8.7　压力隧洞的一般表示

对于压力隧洞问题，轴对称问题应力的一般性解答公式，即式(8.20)仍然是成立的，而且轴对称应力状态下对应的位移分量表达式(8.22)一定是单值函数，所以式(8.20)、式(8.22)中的系数 B 一定等于零。

图 8.8 所示的内外压力共同作用的圆筒的应力如下：

$$\sigma_r = \frac{A}{r^2} + 2C$$

$$\sigma_\theta = -\frac{A}{r^2} + 2C \qquad (8.26a)$$

边界条件为

$$\sigma_r|_{r=a} = -q$$
$$\sigma_r|_{r=b} = -p$$

图 8.9 所示的无限大圆筒弹性体应力如下:

$$\sigma'_r = \frac{A'}{r^2} + 2C'$$
$$\sigma'_\theta = -\frac{A'}{r^2} + 2C' \qquad (8.26b)$$

相应的边界条件为

$$\sigma'_r|_{r=b} = -p$$
$$\sigma_r|_{r\to\infty} = 0$$

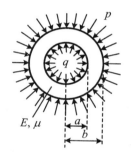
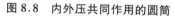

图 8.8 内外压共同作用的圆筒

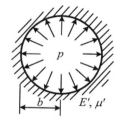

图 8.9 无限大圆筒弹性体

将式(8.26a)、式(8.26b)分别代入各自的边界条件,可为未知系数的求解提供 4 个方程:

$$\frac{A}{a^2} + 2C = -q$$
$$\frac{A}{b^2} + 2C = -p \qquad (8.26c)$$

$$\frac{A'}{b^2} + 2C' = -p$$
$$2C' = 0 \qquad (8.26d)$$

即便再结合径向应力连续条件 $\sigma_r|_{r=b} = \sigma'_r|_{r=b}$,也无法求出所有的未知参数,需要继续引入位移连续条件 $u_r|_{r=b} = u'_r|_{r=b}$。

由轴对称应力状态下对应的位移分量公式,平面应变问题的圆筒和无限大弹性体的径向位移为

$$u_r = \frac{1-\mu^2}{E}\left[-\left(1+\frac{\mu}{1-\mu}\right)\frac{A}{r} + 2\left(1-\frac{\mu}{1-\mu}\right)Cr\right] + I\cos\theta + K\sin\theta$$

$$u'_r = \frac{1-\mu'^2}{E'}\left[-\left(1+\frac{\mu'}{1-\mu'}\right)\frac{A'}{r} + 2\left(1-\frac{\mu'}{1-\mu'}\right)C'r\right] + I'\cos\theta + K'\sin\theta$$

化简后

$$u_r = \frac{1+\mu}{E}\left[2(1-2\mu)Cr - \frac{A}{r}\right] + I\cos\theta + K\sin\theta$$

$$u'_r = \frac{1+\mu'}{E'}\left[2(1-2\mu')C'r - \frac{A'}{r}\right] + I'\cos\theta + K'\sin\theta$$

再利用位移连续条件 $u_r\mid_{r=b} = u'_r\mid_{r=b}$,可得

$$\frac{1+\mu}{E}\left[2(1-2\mu)Cb - \frac{A}{b}\right] + I\cos\theta + K\sin\theta$$

$$= \frac{1+\mu'}{E'}\left[2(1-2\mu')C'b - \frac{A'}{b}\right] + I'\cos\theta + K'\sin\theta$$

上式必须对任意的 θ 均成立,因此

$$\frac{1+\mu}{E}\left[2(1-2\mu)Cb - \frac{A}{b}\right] = \frac{1+\mu'}{E'}\left[2(1-2\mu')C'b - \frac{A'}{b}\right] \tag{8.26f}$$

$$I = I', \quad K = K' \tag{8.26g}$$

令 $n = \dfrac{E'(1+\mu)}{E(1+\mu')}$,式(8.26f)可简化为

$$n\left[2(1-2\mu)C - \frac{A}{b^2}\right] + \frac{A'}{b^2} = 0 \tag{8.26h}$$

将式(8.26c)、式(8.26d)、式(8.26h)联立,求解相应的未知系数,最终可得圆筒及无限大弹性体应力分量表达式

$$\sigma_r = -q\frac{\left[1+(1-2\mu)n\right]\dfrac{b^2}{r^2} - (1-n)}{\left[1+(1-2\mu)n\right]\dfrac{b^2}{a^2} - (1-n)}$$

$$\sigma_\theta = q\frac{\left[1+(1-2\mu)n\right]\dfrac{b^2}{r^2} + (1-n)}{\left[1+(1-2\mu)n\right]\dfrac{b^2}{a^2} - (1-n)} \tag{8.27}$$

$$\sigma'_r = -\sigma'_\theta = -q\frac{2(1-\mu)n\dfrac{b^2}{r^2}}{\left[1+(1-2\mu)n\right]\dfrac{b^2}{a^2} - (1-n)}$$

压力隧洞问题为最简单的接触问题(面接触),其周边应力分布可用图 8.10 表示。

面接触通常有两类:完全接触和非完全接触,其中非完全接触也称光滑接触,两者的应力及位移条件是不同的。

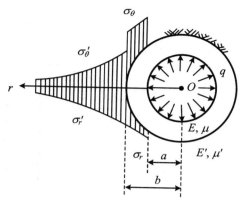

图 8.10　压力隧洞周边应力分布

完全接触:

$$应力:\begin{cases} \sigma_r \big|_{r=b} = \sigma'_r \big|_{r=b} \\ \tau_{r\theta} \big|_{r=b} = \tau'_{r\theta} \big|_{r=b} \end{cases}$$

$$位移:\begin{cases} u_r \big|_{r=b} = u'_r \big|_{r=b} \\ u_\theta \big|_{r=b} = u'_\theta \big|_{r=b} \end{cases}$$

非完全接触:

$$应力:\begin{cases} \sigma_r \big|_{r=b} = \sigma'_r \big|_{r=b} \\ \tau_{r\theta} \big|_{r=b} = \tau'_{r\theta} \big|_{r=b} = 0 \end{cases}$$

$$位移: u_r \big|_{r=b} = u'_r \big|_{r=b}$$

8.8　孔边的应力分布规律与应力集中

从 8.7 节的分析中可知,当受载物体中有孔时,孔边比其他部位产生较大的应力。孔边的应力远大于无孔时的应力,也远大于距孔边较远处的应力,这种力学现象称为应力集中。孔边应力集中是局部现象,在距孔径几倍远处,应力的分布几乎不受孔的影响;应力集中的程度与受力状况及孔的形状等因素有关,圆孔的应力集中程度最低,且在数学处理上最简单。

设具有小圆孔的矩形板(图 8.11),两端承受均匀拉力 q 的作用,现分析该板内的应力分布规律。

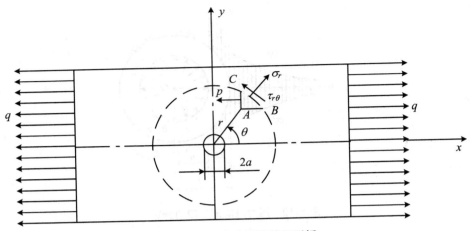

图 8.11　具有小圆孔的矩形板

8.8.1　应力分布规律

对于无孔板,由材料力学可知,其内部为一均匀的应力场。板内各点的应力分量为

$$\sigma_x = q, \quad \sigma_y = 0, \quad \tau_{xy} = 0$$

与之相应的应力函数为

$$\varphi_0(x, y) = \frac{1}{2} q y^2$$

当用极坐标表示,并注意 $y = r\sin\theta$,代入上式后可得

$$\varphi_0(r, \theta) = \frac{q}{4}(1 - \cos 2\theta) \tag{8.28}$$

于是由上式可求得无孔时的应力分量为

$$\sigma_r^0 = \frac{1}{2} q (1 + \cos 2\theta)$$

$$\sigma_\theta^0 = \frac{1}{2} q (1 - \cos 2\theta) \tag{8.29}$$

$$\tau_{r\theta}^0 = -\frac{1}{2} q \sin 2\theta$$

现在要找一个适用于有圆孔板的应力函数 $\varphi(r, \theta)$,且在 r 值足够大时所给出的应力与式(8.29)相等。为此,参照式(8.28),取应力函数为

$$\varphi(r, \theta) = f_1(r) + f_2(r)\cos 2\theta \tag{8.30}$$

式(8.30)中,$f_1(r)$ 及 $f_2(r)$ 是待求函数,将式(8.30)代入式(8.12),有

$$\left(\frac{\mathrm{d}^2}{\mathrm{d}r^2} + \frac{1}{r}\frac{\mathrm{d}}{\mathrm{d}r}\right)\left(\frac{\mathrm{d}^2 f_1}{\mathrm{d}r^2} + \frac{\mathrm{d}f_1}{\mathrm{d}r}\right) + \left(\frac{\mathrm{d}^2}{\mathrm{d}r^2} + \frac{1}{r}\frac{\mathrm{d}}{\mathrm{d}r} - \frac{4}{r^2}\right)\left(\frac{\mathrm{d}^2 f_2}{\mathrm{d}r^2} + \frac{1}{r}\frac{\mathrm{d}f_2}{\mathrm{d}r} - \frac{4f_2}{r^2}\right)\cos 2\theta = 0$$

因上式应对所有的 θ 均满足,故有

$$\left(\frac{\mathrm{d}^2}{\mathrm{d}r^2} + \frac{1}{r}\frac{\mathrm{d}}{\mathrm{d}r}\right)\left(\frac{\mathrm{d}^2 f_1}{\mathrm{d}r^2} + \frac{\mathrm{d}f_1}{\mathrm{d}r}\right) = 0$$

$$\left(\frac{\mathrm{d}^2}{\mathrm{d}r^2} + \frac{1}{r}\frac{\mathrm{d}}{\mathrm{d}r} - \frac{4}{r^2}\right)\left(\frac{\mathrm{d}^2 f_2}{\mathrm{d}r^2} + \frac{1}{r}\frac{\mathrm{d}f_2}{\mathrm{d}r} - \frac{4f_2}{r^2}\right) = 0$$

(8.31)

式(8.31)的第 1 式为欧拉线性方程,其特解为

$$f_1(r) = r^n$$

于是有

$$\frac{\mathrm{d}^2 f_1}{\mathrm{d}r^2} + \frac{1}{r}\frac{\mathrm{d}f_1}{\mathrm{d}r} = \left[n(n-1) + n\right]r^{n-2} = n^2 r^{n-2}$$

$$\left(\frac{\mathrm{d}^2}{\mathrm{d}r^2} + \frac{1}{r}\frac{\mathrm{d}}{\mathrm{d}r}\right)n^2 r^{n-2} = n^2\left[n(n-2)(n-3) + (n-2)\right]r^{n-4}$$

$$= n^2 (n-2)^2 r^{n-4} = 0$$

其特征方程为

$$n^2 (n-2)^2 = 0$$

因此,4 个特征根为

$$n_1 = n_2 = 0, \quad n_3 = n_4 = 2$$

所以,得式(8.31)中第 1 式的通解为

$$f_1(r) = A_1 + A_2\ln r + A_3 r^2 + A_4 r^2\ln r \tag{8.32}$$

式(8.31)第 2 式也是欧拉线性方程,类似于第 1 式的方法可求得 4 个特征根,分别为 $n_1 = -2, n_2 = 0, n_3 = 2, n_4 = 4$,于是第 2 式的通解为

$$f_2(r) = \frac{A_5}{r^2} + A_6 + A_7 r^2 + A_8 r^4 \tag{8.33}$$

最后可得应力函数为

$$\varphi(r,\theta) = A_1 + A_2\ln r + A_3 r^2 + A_4 r^2\ln r + \left(\frac{A_5}{r} + A_6 + A_7 r^2 + A_8 r^4\right)\cos 2\theta$$

(8.34)

将上式代入应力函数的相容方程,其应力分量为

$$\sigma_r = \frac{A_2}{r^2} + 2A_3 + A_4(1 + \ln r) - \left(\frac{6A_5}{r^4} + \frac{4A_6}{r^2} + 2A_7\right)\cos 2\theta$$

$$\sigma_\theta = -\frac{A_2}{r^2} + 2A_3 + A_4(3 + 2\ln r) + \left(\frac{6A_5}{r^4} + 2A_7 + 12A_8\right)\cos 2\theta \tag{8.35}$$

$$\tau_{r\theta} = \left(-\frac{6A_5}{r^4} - \frac{2A_6}{r^2} + 2A_7 + 6A_8 r^2\right)\sin 2\theta$$

式(8.35)中的常数 A_i 应由以下边界条件确定：

(1) 当 $r \to \infty$ 时，应力应为有限值，且式(8.35)的值应与式(8.29)相等；

(2) 当 $r \to a$ 时，$\sigma_r = \tau_{r\theta} = 0$。

由条件(1)，当 $r \to \infty$ 时，由式(8.35)可知，含系数 A_4，A_8 的项将无限增大，因此

$$A_4 = 0, \quad A_8 = 0$$

又当 $r \to \infty$ 时，式(8.23)的值与式(8.22)应相等，可得

$$A_3 = \frac{q}{4}, \quad A_7 = -\frac{q}{4} \tag{8.36}$$

由条件(2)，当 $r = a$ 时，$\sigma_r = 0$，并注意到式(8.35)，有

$$A_2 = -\frac{1}{2}a^2 q, \quad \frac{6A_5}{a^4} + \frac{4A_6}{a^2} = \frac{q}{2} \tag{8.37}$$

当 $r = a$ 时，$\tau_{r\theta} = 0$，有

$$\frac{6A_5}{a^4} + \frac{2A_6}{a^2} = -\frac{q}{2} \tag{8.38}$$

由式(8.37)的第 2 式和式(8.38)，解得

$$A_5 = -\frac{qa^4}{4}, \quad A_6 = \frac{qa^2}{2} \tag{8.39}$$

将以上 A_i 的结果代入式(8.34)，并去除对应力分量没有影响的系数 A_1，得应力函数为

$$\varphi(r, \theta) = \frac{1}{4}q\left[r^2 - 2a^2 \ln r - \left(r^2 - 2a^2 + \frac{a^4}{r^2} \right)\cos 2\theta \right] \tag{8.40}$$

各应力分量为

$$\sigma_r = \frac{1}{2}q\left[1 - \frac{a^2}{r^2} + \left(1 - \frac{4a^2}{r^2} + \frac{3a^4}{r^4} \right)\cos 2\theta \right]$$

$$\sigma_\theta = \frac{1}{2}q\left[1 + \frac{a^2}{r^2} - \left(1 + \frac{3a^4}{r^4} \right)\cos 2\theta \right] \tag{8.41}$$

$$\tau_{r\theta} = -\frac{1}{2}q\left(1 + \frac{2a^2}{r^2} - \frac{3a^4}{r^4} \right)\sin 2\theta$$

下面依据式(8.41)对应力分量的分布规律进行分析。

1. 周向应力 σ_θ 沿孔边的分布规律

当 $r = a$，即孔边周围的应力可由式(8.41)得到，即

$$\sigma_r = 0, \quad \tau_{r\theta} = 0$$
$$\sigma_\theta = q(1 - 2\cos 2\theta) \tag{8.42}$$

由式(8.42)可见，孔边周围的环向应力 σ_θ 随 θ 而变化，沿孔边的变化规律如图 8.12 所示，几个主要数值列于表 8.1。

表 8.1　周向应力沿孔边的分布

θ	$0°$	$30°$	$45°$	$60°$	$90°$
σ_θ	$-q$	0	q	$2q$	$3q$

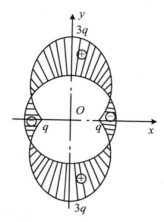

图 8.12　σ_θ 沿孔边分布

2. 环向正应力 σ_θ 沿 y 轴的变化规律

若令 $\theta = \pm\dfrac{\pi}{2}$，则 $\cos 2\theta = -1$，式(8.41)中 σ_θ 的表达式变为

$$\sigma_\theta = q\left(1 + \frac{a^2}{2r^2} + \frac{3a^4}{2r^4}\right) \tag{8.43}$$

式(8.43)括号中的第 1 项代表无孔时的应力，后面 2 项代表圆孔所产生的影响。σ_θ 的几个主要数值见表 8.1，应力随着远离孔边的变化如图 8.13 所示，可见应力随着远离孔边而急剧趋于 q。在孔边处($r = a$)，σ_θ 为最大。其值为

$$(\sigma_\theta)_{max} = 3q$$

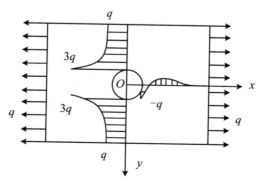

图 8.13　σ_θ 沿 x, y 轴的分布

它是平均应力的 3 倍,即在这种情况下,应力集中系数 $k = \sigma_{max}/\sigma_{平均} = 3$。由表 8.2 可知,在 $r/a = 5$ 处,应力也只大于平均应力的 2.2%,因此把远离孔心 5 倍直径以外的部分当作"无穷远"来考虑是足够精确的。

表 8.2　σ_θ 沿 y 轴的分布

r	a	$2a$	$3a$	$4a$	$5a$
σ_θ	$3q$	$1.22q$	$1.07q$	$1.04q$	$1.022q$

3. 周向应力 σ_θ 沿 x 轴的变化规律

若令 $\theta = 0$,则周向正应力为

$$\sigma_\theta = \frac{q}{2}\left(\frac{a^2}{r^2} - \frac{3a^4}{r^4}\right) \tag{8.44}$$

在 $r = a$ 处,$\sigma_\theta = -q$;在 $r = \sqrt{3}a$ 处,$\sigma_\theta = 0$……其分布规律如图 8.13 所示。

4. 式(8.41)用于有限宽板条的条件

虽然式(8.41)是针对板宽 d 远大于圆孔直径 $2a$ 的"无限大"平板导出来的,但由于孔的影响是局部的,因此该式也可以近似地用于在板中心开孔的有限宽板条(图 8.14)。对有限宽板条的具体分析表明,孔边的最大应力 $(\sigma_\theta)_{max}$ 与载荷集度 q 的比值随圆孔的相对尺寸 $2a/d$ 而变化,其变化规律见表 8.3。因此,为了满足工程的精度要求,只有在 $2a/d \leqslant 0.2$,即板宽大于孔径 5 倍时,式(8.41)才能使用。

表 8.3　$(\sigma_\theta)_{max}/q$ 随孔径与板宽的比值的变化

$2a/d$	0	0.1	0.2	0.3	0.4	0.5
$(\sigma_\theta)_{max}/q$	3.00	3.03	3.14	3.36	3.74	4.32

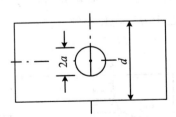

图 8.14　有限宽度开孔板

另外,如果孔的尺寸 $2a$ 远小于平板的宽度 b,即 $2a \ll d$ 时,则 $(\sigma_\theta)_{max}$ 可采用下列近似公式计算

$$(\sigma_\theta)_{max} = 3q\frac{d}{d-a} \tag{8.45}$$

8.8.2　其他条件下无限平板中孔周边应力集中

利用式 (8.41) 的应力解答还可导出其他几种带孔板在板边承受简单载荷时的应力解。

1. 平板在 xy 方向同时承受均布拉力 q 的作用

如图 8.15(a) 所示,这时,只要分别求出 x,y 方向上的均布拉力所引起的应力,然后叠加即可。

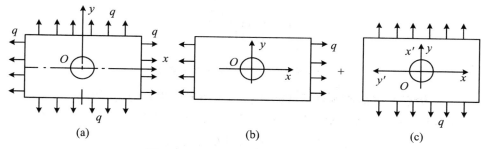

图 8.15　x,y 方向均匀受拉的开孔板

前面已得到图 8.15(b) 的解为式 (8.41),而图 8.15(c) 的解通过令 $\theta' = (\theta + \pi/2)$,并注意三角函数之间的变换关系,则可由式 (8.41) 直接得

$$\sigma_r = \frac{1}{2}q\left[1 - \frac{a^2}{r^2} - \left(1 + \frac{4a^2}{r^2} - \frac{3a^4}{r^4}\right)\cos 2\theta\right]$$

$$\sigma_\theta = \frac{1}{2}q\left[1 + \frac{a^2}{r^2} + \left(1 + \frac{3a^4}{r^4}\right)\cos 2\theta\right] \tag{8.46}$$

$$\tau_{r\theta} = \frac{1}{2}q\left(1 + \frac{2a^2}{r^2} - \frac{3a^4}{r^4}\right)\sin 2\theta$$

将式 (8.41) 与式 (8.46) 叠加后,得

$$\sigma_r = q\left(1 - \frac{a^2}{r^2}\right),\quad \sigma_\theta = q\left(1 + \frac{a^2}{r^2}\right),\quad \tau_{r\theta} = 0 \tag{8.47}$$

2. 平板只在 y 方向作用着集度为 q 的均匀压力

如图 8.16 所示,显然,其应力的表达式可套用式 (8.46),但需将其中每一项反号,即

$$\sigma_r = -\frac{1}{2}q\left[1 - \frac{a^2}{r^2} - \left(1 + \frac{4a^2}{r^2} - \frac{3a^4}{r^4}\right)\cos 2\theta\right]$$

$$\sigma_\theta = -\frac{1}{2}q\left[1 + \frac{a^2}{r^2} + \left(1 + \frac{3a^4}{r^4}\right)\cos 2\theta\right] \tag{8.48}$$

$$\tau_{r\theta} = -\frac{1}{2}q\left(1 + \frac{2a^2}{r^2} - \frac{3a^4}{r^4}\right)\sin 2\theta$$

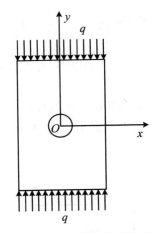

图 8.16　y 方向均匀受压的开孔板

3. 平板在 x 方向作用着均布拉力 q，在 y 方向作用着均匀压力 q

如图 8.17 所示，将式(8.41)与式(8.46)叠加，即得该问题的应力解答为

$$\sigma_r = q\left(1 + \frac{3a^4}{r^4} - \frac{4a^2}{r^2}\right)\cos 2\theta$$

$$\sigma_\theta = -q\left(1 + \frac{3a^4}{r^4}\right)\cos 2\theta \qquad (8.49)$$

$$\tau_{r\theta} = -q\left(1 + \frac{2a^2}{r^2} - \frac{3a^4}{r^4}\right)\sin 2\theta$$

由式(8.49)可知，当 $\theta = 0, \pi/2, 3\pi/2$ 时，孔边周向应力 $|\sigma_\theta| = 4q$。

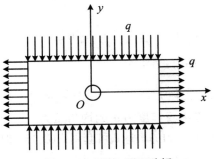

图 8.17　受拉、压开孔板

4. 无限大板上开椭圆孔

对于椭圆形开孔，当椭圆的一个主轴($2b$)与受拉方向一致时(图 8.18)，孔边的最大正应力出现在垂直于受拉方向主轴($2a$)端部，其算式为

$$(\sigma_\theta)_{\max} = q\left(1 + \frac{2a}{b}\right) \tag{8.50}$$

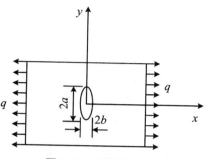

图 8.18　开椭圆孔板

由式(8.50)可知,当 $a = b$ 时,$(\sigma_\theta)_{\max} = 3q$,这就是圆孔的情况。如果椭圆孔 $a > b$,则有 $(\sigma_\theta)_{\max} > 3q$;如果椭圆孔在垂直于拉力方向的轴的长度 $2a$ 很大,而另一轴的长度 $2b$ 很小,即椭圆孔很扁,由式(8.50)可知,应力集中将变得很严重。若 $b \to 0$,即在受拉板内有一条横向贯穿的裂纹,则在裂纹尖端处必然出现相当大的应力,处于高度应力集中状态。这种情况说明垂直于受拉方向的裂纹首先在端部扩展。为此,常在裂纹尖端钻一小孔,以降低应力集中系数,防止裂纹扩展。

 习　题

1. 试导出极坐标形式的位移分量 u_r,u_θ 与直角坐标形式的位移分量 u,v 之间的关系。

2. 证明极坐标形式的应变协调方程为

$$\left(\frac{\partial^2}{\partial \rho^2} + \frac{2}{\rho}\frac{\partial}{\partial \rho}\right)\varepsilon_\varphi + \left(\frac{1}{\rho^2}\frac{\partial^2}{\partial \varphi^2} - \frac{1}{\rho}\frac{\partial}{\partial \rho}\right)\varepsilon_\rho = \left(\frac{1}{\rho^2}\frac{\partial}{\partial \varphi} + \frac{1}{\rho}\frac{\partial^2}{\partial \rho \partial \varphi}\right)\gamma_{\rho\varphi}$$

3. 试求如图 8.19 所示问题内半径和外半径的变化,并求圆筒厚度的改变。

4. 设有一刚体,具有半径为 b 的孔道,孔道内放置半径为 a、外半径为 b 的厚壁圆筒,圆筒内壁受均布压力 q 作用,求筒壁的应力和位移。

5. 如果题 4 中圆筒外的物体是无限大的弹性体,其弹性常数为 E' 和 ν',求筒壁的应力。

6. 利用本章内容,求图 8.20 所示问题的应力分量,即孔边最大正应力和最小正应力。

7. 尖劈两侧作用有均匀分布剪力 q,如图 8.21 所示,试求其应力分量。

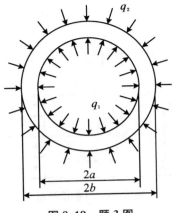

图 8.19　题 3 图

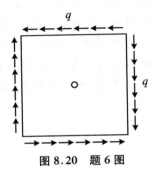

图 8.20　题 6 图

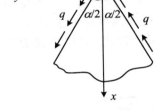

图 8.21　题 7 图

第 9 章　空间简单问题的解答

9.1　半空间体受重力和均布压力

设有半空间体,单位体积的质量为 ρ,在水平边界上受均布压力 q(图 9.1),以 xy 面为边界面,z 轴铅直向下。这样,$f_x = 0$,$f_y = 0$,$f_z = \rho g$ 就是体力分量。

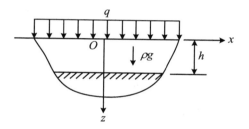

图 9.1　半空间体受重力和均布压力作用

采用位移法求解。由于任一铅直平面都是对称面,试假设

$$u = 0, \quad v = 0, \quad w = w(z) \tag{9.1a}$$

于是可得到

$$\theta = \frac{\partial u}{\partial x} + \frac{\partial v}{\partial y} + \frac{\partial w}{\partial z} = \frac{\mathrm{d}w}{\mathrm{d}z}$$

$$\frac{\partial \theta}{\partial x} = 0, \quad \frac{\partial \theta}{\partial y} = 0, \quad \frac{\partial \theta}{\partial z} = \frac{\mathrm{d}^2 w}{\mathrm{d}z^2}$$

可见基本微分方程式(5.7a)中的前 2 式自然满足,而第 3 项成为

$$\frac{E}{2(1 + \mu)} \left(\frac{1}{1 - 2\mu} \frac{\mathrm{d}^2 w}{\mathrm{d}z^2} + \frac{\mathrm{d}^2 w}{\mathrm{d}z^2} \right) + \rho g = 0$$

简化以后得

$$\frac{\mathrm{d}^2 w}{\mathrm{d}z^2} = \frac{(1 + \mu)(1 - 2\mu)\rho g}{E(1 - \mu)} \tag{9.1b}$$

积分以后得

$$\theta = \frac{\mathrm{d}w}{\mathrm{d}z} = -\frac{(1+\mu)(1-2\mu)\rho g}{E(1-\mu)}(z+A) \tag{9.1c}$$

$$w = -\frac{(1+\mu)(1-2\mu)\rho g}{2E(1-\mu)}(z+A)^2 + B \tag{9.1d}$$

其中，A 和 B 为待定常数。

现在，试根据边界条件来决定常数 A 和 B。将以上的结果代入用位移分量表示应力分量的弹性方程，得

$$\begin{aligned}
\sigma_x &= \sigma_y = -\frac{\mu}{(1-\mu)}\rho g(z+A) \\
\sigma_z &= -\rho g(z+A) \\
\tau_{yz} &= \tau_{zx} = \tau_{xy} = 0
\end{aligned} \tag{9.1e}$$

在 $z=0$ 的边界面上，$l=m=0$，而 $n=-1$，因为 $\overline{f}_x = \overline{f}_y = 0$ 而 $\overline{f}_z = q$，所以应力边界条件中的前 2 式自然满足，而第 3 式要求

$$(\sigma_z)_{z=0} = -q$$

将式(9.1e)中 σ_z 的表达式代入，得 $\rho g A = q$，即 $A = q/\rho g$。再代回式(9.1e)，即得应力分量的解答

$$\begin{aligned}
\sigma_x &= \sigma_y = -\frac{\mu}{(1-\mu)}(q+\rho gz) \\
\sigma_z &= -(q+\rho gz) \\
\tau_{yz} &= \tau_{zx} = \tau_{xy} = 0
\end{aligned} \tag{9.1f}$$

并由式(9.1d)得出铅直位移

$$w = -\frac{(1+\mu)(1-2\mu)\rho g}{2E(1-\mu)}\left(z+\frac{q}{\rho g}\right)^2 + B \tag{9.1g}$$

为了决定常数 B，必须利用位移边界条件。假定半空间体在距边界为 h 处没有位移(图 9.1)，则有位移边界条件

$$(w)_{z=h} = 0$$

将式(9.1g)代入，得

$$B = \frac{(1+\mu)(1-2\mu)\rho g}{2E(1-\mu)}\left(h+\frac{q}{\rho g}\right)^2$$

再代回式(9.1g)，简化以后，得

$$w = \frac{(1+\mu)(1-2\mu)\rho g}{E(1-\mu)}\left[q(h-z)+\frac{\rho g}{2}(h^2-z^2)\right] \tag{9.1h}$$

现在，应力分量和位移分量都已经完全确定，并且所有一切条件都已经满足，可见式(9.1a)所示的假设完全正确，而所得的应力和位移就是正确解答。

显然，最大的位移发生在边界上，由式(9.1h)可得

$$w_{\max} = (w)_{z=0} = \frac{(1+\mu)(1-2\mu)}{E(1-\mu)}\left(qh + \frac{1}{2}\rho g h^2\right)$$

在式(9.1f)中，σ_x 和 σ_y 是铅直截面上的水平正应力，σ_z 是水平截面上的铅直正应力，而它们的比值是

$$\frac{\sigma_x}{\sigma_z} = \frac{\sigma_y}{\sigma_z} = \frac{\mu}{1-\mu} \tag{9.2}$$

这个比值在土力学中称为侧压力系数。

9.2 半空间体在边界上受法向集中力

设有半空间体，体力不计，在水平边界上受有法向集中力 F（图9.2）。这是一个轴对称的空间问题，而对称轴就是力 F 的作用线。因此，把 z 轴放在 F 的作用线上。坐标原点就放在 F 的作用点。

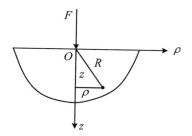

图 9.2 半空间体在边界上受法向集中力作用

采用位移法求解。在这里，由于不计体力，所以位移分量应当满足用位移表示的平衡微分方程

$$\frac{1}{(1-2\mu)}\frac{\partial\theta}{\partial\rho} + \nabla^2 u_\rho - \frac{u_\rho}{\rho^2} = 0$$
$$\frac{1}{(1-2\mu)}\frac{\partial\theta}{\partial z} + \nabla^2 u_z = 0 \tag{9.3a}$$

其中，$\theta = \dfrac{\partial u_\rho}{\partial \rho} + \dfrac{u_\rho}{\rho} + \dfrac{\partial u_z}{\partial z}$。

在 $z=0$ 的边界面上，除了原点 O 以外的应力边界条件要求

$$(\sigma_z)_{z=0,\rho\neq0} = 0$$
$$(\tau_{z\rho})_{z=0,\rho\neq0} = 0 \tag{9.3b}$$

此外，在 $z=0$ 表面的原点 O 附近，可以看成是一个局部的小边界面，作用有

面力分量,其合力为作用于 O 点的集中力 F,而合力矩为 0。应用圣维南原理,取出一个 $z=0$ 至 $z=z$ 的平板脱离体,然后考虑此平板脱离体的平衡条件

$$\sum F_z = 0, \qquad \int_0^\infty (\sigma_z)_{z=z} 2\pi\rho\mathrm{d}\rho + F = 0 \tag{9.3c}$$

由于轴对称,所以平板脱离体其余的平衡条件均自然满足。

布西内斯克得出满足上述一切条件的如下解答,称为布西内斯克解答:

$$u_\rho = \frac{(1+\mu)F}{2\pi ER}\left[\frac{\rho z}{R^2} - \frac{(1-2\mu)\rho}{R+z}\right]$$

$$u_z = \frac{(1+\mu)F}{2\pi ER}\left[2(1-\mu) + \frac{z^2}{R^2}\right] \tag{9.4}$$

$$\sigma_\rho = \frac{F}{2\pi R^2}\left[\frac{(1-2\mu)R}{R+z} - \frac{3\rho^2 z}{R^3}\right]$$

$$\sigma_\varphi = \frac{(1-2\mu)F}{2\pi R^2}\left(\frac{z}{R} - \frac{R}{R+z}\right)$$

$$\sigma_z = -\frac{3Fz^3}{2\pi R^5} \tag{9.5}$$

$$\tau_{z\rho} = \tau_{\rho z} = -\frac{3F\rho z^2}{2\pi R^5}$$

其中,$R = (\rho^2 + z^2)^{\frac{1}{2}}$,如图 9.2 所示。

由式(9.4)中的第 2 式可见,水平边界上任一点的沉陷是

$$\eta = (u_z)_{z=0} = \frac{F(1-\mu^2)}{\pi E\rho} \tag{9.6}$$

它和距集中力作用点的距离 ρ 成反比。

本节中解出的问题,其应力分布具有如下特征:

(1)当 $R\to\infty$ 时,各应力分量都趋于零;当 $R\to0$ 时,各应力分量都趋于无限大。这就是说,在离开集中力作用点非常远处,应力非常小;在靠近集中力作用点处,应力非常大。

(2)水平截面上的应力(σ_z 及 $\tau_{z\rho}$)与弹性常数无关,因而在任何材料的弹性体中都是同样的分布。其他截面上的应力,一般都随 μ 而变。

(3)水平截面上的全应力,都指向集中力的作用点,因为由式(9.5)中的后两式有 $\sigma_z : \tau_{z\rho} = z : \rho$。

有了上述半空间体在边界上受法向集中力时的解答,就可以用叠加法求得由法向分布力引起的位移和应力。

例如,设有单位力均匀分布在半空间体边界的矩形面积上,矩形面积的边长为 a 和 b(图 9.3),现在来求出矩形的对称轴上距矩形中心为 x 的一点 K 的沉陷 η_{ki}。为此,将这均布单位力分为微分力 $\mathrm{d}F = \frac{1}{ba}\mathrm{d}\xi\mathrm{d}y$,代入半空间体的沉陷公式(9.6),

对 ξ 和 y 进行积分。在这里 $\rho = \sqrt{\xi^2 + y^2}$。

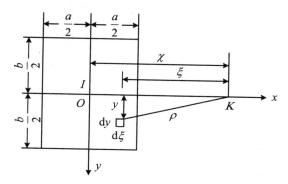

图 9.3　半空间体在顶面矩形区域受均布力作用

设 K 点在矩形之外，则沉陷为

$$\eta_{ki} = \frac{1-\mu^2}{\pi E} \int_{x-\frac{a}{2}}^{x+\frac{a}{2}} \int_{-\frac{b}{2}}^{\frac{b}{2}} \frac{1}{\sqrt{\xi^2 + y^2}} \frac{1}{ba} \mathrm{d}\xi \mathrm{d}y$$

积分的结果可以写成

$$\eta_{ki} = \frac{1-\mu^2}{\pi E a} F_{ki} \tag{9.7}$$

其中，

$$F_{ki} = \left\{ \frac{2\frac{x}{a}+1}{\frac{b}{a}} ar\sinh \frac{\frac{b}{a}}{2\frac{x}{a}+1} + ar\sinh \frac{2\frac{x}{a}+1}{\frac{b}{a}} \right\}$$
$$- \left\{ \frac{2\frac{x}{a}-1}{\frac{b}{a}} ar\sinh \frac{\frac{b}{a}}{2\frac{x}{a}-1} + ar\sinh \frac{2\frac{x}{a}-1}{\frac{b}{a}} \right\}$$

设 K 点恰在矩形的中心 I，则沉陷为

$$\eta_{ki} = \frac{1-\mu^2}{\pi E} \int_{-\frac{a}{2}}^{\frac{a}{2}} \int_{-\frac{b}{2}}^{\frac{b}{2}} \frac{1}{\sqrt{\xi^2 + y^2}} \frac{1}{ba} \mathrm{d}\xi \mathrm{d}y$$

积分的结果仍然可以写成式(9.7)的形式，但

$$F_{ki} = 2\left(\frac{a}{b} ar\sinh \frac{b}{a} + ar\sinh \frac{a}{b} \right)$$

当 $\frac{x}{a}$ 值为整数时(包括 $\frac{x}{a}$ 为零时)，对于比值 $\frac{b}{a}$ 的几个常用数值，可以从表 9.1 中查得式(9.7)中的 F_{ki} 的数值。若 $\frac{x}{a} > 10$，无论 $\frac{b}{a}$ 的数值如何，都可以取 $F_{ki} = \frac{a}{x}$。

在用连杆法计算基础梁的空间问题时,要用到沉陷公式(9.7)和表9.1。

表9.1 半空间体沉陷公式中的 F_{ki} 值

$\dfrac{x}{a}$	$\dfrac{a}{x}$	$\dfrac{b}{a}=\dfrac{2}{3}$	$\dfrac{b}{a}=1$	$\dfrac{b}{a}=2$	$\dfrac{b}{a}=3$	$\dfrac{b}{a}=4$	$\dfrac{b}{a}=5$
0	∞	4.265	3.525	2.406	1.867	1.543	1.322
1	1	1.069	1.038	0.929	0.829	0.746	0.678
2	0.500	0.508	0.505	0.490	0.469	0.446	0.246
3	0.333	0.336	0.335	0.330	0.323	0.314	0.305
4	0.250	0.251	0.251	0.249	0.246	0.242	0.237
5	0.200	0.200	0.200	0.199	0.197	0.196	0.193
6	0.167	0.167	0.167	0.166	0.165	0.164	0.163
7	0.143	0.143	0.143	0.143	0.142	0.141	0.140
8	0.125	0.125	0.125	0.125	0.124	0.124	0.123
9	0.111	0.111	0.111	0.111	0.111	0.111	0.110
10	0.100	0.100	0.100	0.100	0.100	0.100	0.099

9.3 等截面直杆的扭转

本节研究等截面直杆的扭转。设有等截面直杆,体力可以不计,在两端平面内受有转向相反的两个力偶,每个力偶的矩为 M(图9.4(a))。取杆的上端平面为 xy 面,z 轴铅直向下。

扭转问题是空间问题的一个特例。以下应用按应力求解空间问题的方法,并采用半逆解法求解。首先,依照材料力学对圆截面杆的解答,这里也假设:除了横截面上的切应力以外,其他的应力分量都等于零,即

$$\sigma_x = \sigma_y = \sigma_z = \tau_{xy} = 0 \tag{9.8}$$

将式(9.8)代入平衡微分方程式,并注意在这里体力 $f_x = f_y = f_z = 0$,即得

$$\frac{\partial \tau_{zx}}{\partial z} = 0, \quad \frac{\partial \tau_{zy}}{\partial z} = 0, \quad \frac{\partial \tau_{xz}}{\partial x} + \frac{\partial \tau_{yz}}{\partial y} = 0 \tag{9.9}$$

由前2个方程可见,τ_{zx} 和 τ_{zy} 应当只是 x 和 y 的函数,不随 z 而变。第3个方

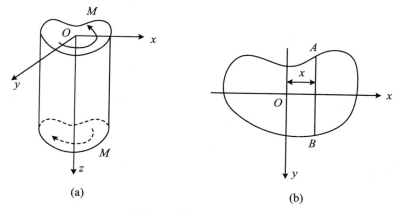

图 9.4 受扭的等截面直杆

程可以写成

$$\frac{\partial}{\partial x}(\tau_{xz}) = \frac{\partial}{\partial y}(-\tau_{yz})$$

根据微分方程理论，偏导数具有相容性，因此一定存在一个函数 $\Phi(x, y)$，使得

$$\tau_{xz} = \frac{\partial \Phi}{\partial y}, \quad -\tau_{yz} = \frac{\partial \Phi}{\partial x} \tag{9.10a}$$

由此得出用应力函数 Φ 表示应力分量的表达式

$$\tau_{zx} = \tau_{xz} = \frac{\partial \Phi}{\partial y}, \quad \tau_{yz} = \tau_{zy} = -\frac{\partial \Phi}{\partial x} \tag{9.10b}$$

其次，考虑应力分量应当满足相容方程，将式(9.8)代入应力表示的相容方程，可见其中的前 3 式及最后 1 式总能满足，而其余 2 式成为

$$\nabla^2 \tau_{yz} = 0, \quad \nabla^2 \tau_{zx} = 0$$

将式(9.10)代入，得

$$\frac{\partial}{\partial x} \nabla^2 \Phi = 0, \quad \frac{\partial}{\partial y} \nabla^2 \Phi = 0$$

这就是说，$\nabla^2 \Phi$ 应当是常量，即

$$\nabla^2 \Phi = C \tag{9.11}$$

其中，C 为待定的常数。

下面来考虑边界条件。在杆的侧面，$n = 0$，面力 $\overline{f}_x = \overline{f}_y = \overline{f}_z = 0$ 可见应力边界条件式中的前 2 式总能满足，而第 3 式成为

$$l(\tau_{xz})_s + m(\tau_{yz})_s = 0$$

将表达式(9.10)代入得

$$l\left(\frac{\partial \Phi}{\partial y}\right)_s - m\left(\frac{\partial \Phi}{\partial x}\right)_s = 0 \tag{9.12}$$

因为在边界上有 $l = \dfrac{\mathrm{d}y}{\mathrm{d}s}, m = -\dfrac{\mathrm{d}x}{\mathrm{d}s}$，所以由式(9.12)得出

$$\left(\frac{\partial \Phi}{\partial y}\right)_s \frac{\mathrm{d}y}{\mathrm{d}s} + \left(\frac{\partial \Phi}{\partial x}\right)_s \frac{\mathrm{d}x}{\mathrm{d}s} = \frac{\mathrm{d}\Phi}{\mathrm{d}s} = 0$$

这就是说，在杆的侧面上(在横截面的边界线上)，应力函数 Φ 所取的边界值 Φ_s 应当是常量。

由式(9.10)可见，当应力函数 Φ 增加或减少一个常数时，应力分量并不受影响。因此，在单连通截面(实心杆)的情况下，为了方便，应力函数 Φ 的边界值可以取为零，即

$$\Phi_s = 0 \tag{9.13}$$

在多连通截面(空心杆)的情况下，虽然应力函数 Φ 在每一边界上都是常数，但各个常数一般并不相同，因此只能把其中一个边界上的 Φ_s 取为零。

在杆的任一端，例如 $z = 0$ 的上端，$l = m = 0$，而 $n = -1$，应力边界条件式中的第 3 式总能满足，而前 2 式成为

$$-(\tau_{zx})_{z=0} = \bar{f}_x, \quad -(\tau_{zy})_{z=0} = \bar{f}_y \tag{9.14a}$$

由于 $z = 0$ 的边界面上的面力分量 $\bar{f}_x, \bar{f}_y$ 并不知道，只知其主矢量为 0 而主矩为扭矩 M，因此，式(9.14a)的应力边界条件无法精确满足。由于是最小边界，可应用圣维南原理，将式(9.14a)的边界条件改用主矢量、主矩的条件来代替 $z = 0$，即

$$-\iint_A (\tau_{zx})_{z=0} \mathrm{d}x\mathrm{d}y = \iint_A \bar{f}_x \mathrm{d}x\mathrm{d}y = 0 \tag{9.14b}$$

$$-\iint_A (\tau_{zy})_{z=0} \mathrm{d}x\mathrm{d}y = \iint_A \bar{f}_y \mathrm{d}x\mathrm{d}y = 0 \tag{9.14c}$$

$$-\iint_A (y\tau_{zx} - x\tau_{zy})_{z=0} \mathrm{d}x\mathrm{d}y = \iint_A (y\bar{f}_x - x\bar{f}_y) \mathrm{d}x\mathrm{d}y = M \tag{9.14d}$$

其中，A 为上端面的面积。显然，在等截面直杆中，式(9.14b)、式(9.14c)、式(9.14d)在 z 为任意值的横截面上都应当满足。

根据式(9.10)、式(9.14b)左边的积分式可以写成

$$-\iint_A \tau_{zx}\mathrm{d}x\mathrm{d}y = -\iint_A \frac{\partial \Phi}{\partial y}\mathrm{d}x\mathrm{d}y = -\int \mathrm{d}x \int \frac{\partial \Phi}{\partial y}\mathrm{d}y = -\int_s (\Phi_B - \Phi_A)\mathrm{d}x$$

其中，Φ_B 及 Φ_A 是截面边界 s 上 B 点及 A 点的 Φ 值(图9.4(b))，应当等于零，可见式(9.14(d))是满足的。同样，式(9.14c)也是满足的。

根据式(9.10)、式(9.14d)左边的积分式可以写成

$$-\iint_A (y\tau_{zx} - x\tau_{zy})\mathrm{d}x\mathrm{d}y = -\iint_A \left(y\frac{\partial \Phi}{\partial y} - x\frac{\partial \Phi}{\partial x}\right)\mathrm{d}x\mathrm{d}y$$

$$= - \int \mathrm{d}x \int y \, \frac{\partial \Phi}{\partial y} \mathrm{d}y - \int \mathrm{d}y \int x \, \frac{\partial \Phi}{\partial x} \mathrm{d}x$$

进行分部积分,可见

$$- \int \mathrm{d}x \int y \, \frac{\partial \Phi}{\partial y} \mathrm{d}y = - \int \mathrm{d}x \int \left[\frac{\partial}{\partial y}(y\Phi) - \Phi \right] \mathrm{d}y$$

$$= - \int \mathrm{d}x \left[(y_B \Phi_B - y_A \Phi_A) - \int \Phi \mathrm{d}y \right] = \iint_A \Phi \mathrm{d}x \mathrm{d}y$$

因为 $\Phi_B = \Phi_A = 0$。同样可见

$$\int \mathrm{d}y \int x \, \frac{\partial \Phi}{\partial x} \mathrm{d}x = \iint_A \Phi \mathrm{d}x \mathrm{d}y$$

于是,式(9.14d)成为

$$2 \iint_A \Phi \mathrm{d}x \mathrm{d}y = M \tag{9.15}$$

　　归纳起来讲,为了求得扭转问题的应力,只需求出应力函数 Φ,使它能满足微分方程式(9.11),侧面边界条件式(9.13)和端面边界条件式(9.15);然后由式(9.10)求出应力分量。

　　现在来导出扭转问题的位移公式。将应力分量式(9.8)及式(9.10)代入物理方程式,得

$$\varepsilon_x = 0, \quad \varepsilon_y = 0, \quad \varepsilon_z = 0$$

$$\gamma_{yz} = - \frac{1}{G} \frac{\partial \Phi}{\partial x}, \quad \gamma_{zx} = \frac{1}{G} \frac{\partial \Phi}{\partial y}, \quad \gamma_{xy} = 0$$

　　再将这些表达式代入几何方程式,得

$$\frac{\partial u}{\partial x} = 0, \quad \frac{\partial v}{\partial y} = 0, \quad \frac{\partial w}{\partial z} = 0$$

$$\frac{\partial w}{\partial y} + \frac{\partial v}{\partial z} = - \frac{1}{G} \frac{\partial \Phi}{\partial x}, \quad \frac{\partial u}{\partial z} + \frac{\partial w}{\partial x} = \frac{1}{G} \frac{\partial \Phi}{\partial y} \tag{9.16}$$

$$\frac{\partial v}{\partial x} + \frac{\partial u}{\partial y} = 0$$

　　通过积分运算,可由上列第 1 式、第 2 式及第 6 式求得

$$u = u_0 + \omega_y z - \omega_z y - Kyz$$

$$v = v_0 + \omega_z x - \omega_x z + Kxz$$

其中的积分常数 $u_0, v_0, \omega_x, \omega_y, \omega_z$ 和以前一样也代表刚体位移,K 也是积分常数。如果不计刚体位移,只保留与形变有关的位移,则

$$u = - Kyz, \quad v = Kxz \tag{9.17}$$

用圆柱坐标表示,就是

$$u_\rho = 0, \quad u_\varphi = K\rho z$$

　　可见每个横截面在 xy 面上的投影不改变形状,而只是转动一个角度 $\alpha = Kz$。

由此又可见,杆的单位长度内的扭角是$\dfrac{\mathrm{d}\alpha}{\mathrm{d}z} = K$。

将式(9.17)代入式(9.16)中的第5式及第4式,得

$$\frac{\partial w}{\partial x} = \frac{1}{G}\frac{\partial \Phi}{\partial y} + Ky, \quad \frac{\partial w}{\partial y} = -\frac{1}{G}\frac{\partial \Phi}{\partial x} - Kx \tag{9.18}$$

可以用来求得位移分量 w。将上列2式分别对 y 及 x 求导,然后相减,移项以后即得

$$\nabla^2 \Phi = -2GK \tag{9.19}$$

于是可见,方程式(9.11)中常数 C 具有物理意义,它可以表示为

$$C = -2GK \tag{9.20}$$

9.4　椭圆截面杆的扭转

设有等截面直杆,它的横截面具有一个椭圆边界。椭圆的半轴是 a 和 b(图9.5)。

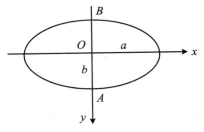

图 9.5　椭圆截面

因为椭圆的方程可以写成

$$\frac{x^2}{a^2} + \frac{y^2}{b^2} - 1 = 0 \tag{9.21a}$$

而应力函数 Φ 在横截面的边界上应当等于零,所以假设应力函数

$$\Phi = m\left(\frac{x^2}{a^2} + \frac{y^2}{b^2} - 1\right) \tag{9.21b}$$

其中 m 是一个常数,式(9.21b)可以满足边界条件式(9.13);然后来考察是否可以满足其他的条件,即式(9.11)和式(9.15)。

将式(9.21b)代入微分方程式(9.11),得

$$\frac{2m}{a^2} + \frac{2m}{b^2} = C$$

可见,取

$$m = \frac{C}{\dfrac{2}{a^2} + \dfrac{2}{b^2}} = \frac{a^2 b^2}{2(a^2 + b^2)} C$$

可以满足基本微分方程式(9.11),而式(9.21b)应取为

$$\Phi = \frac{a^2 b^2}{2(a^2 + b^2)} C \left(\frac{x^2}{a^2} + \frac{y^2}{b^2} - 1 \right) \tag{9.21c}$$

现在由方程式(9.15)来求出常数 C。将式(9.21c)代入式(9.15),得

$$\frac{a^2 b^2}{a^2 + b^2} C \left(\frac{1}{a^2} \iint_A x^2 \mathrm{d}x \mathrm{d}y + \frac{1}{b^2} \iint_A y^2 \mathrm{d}x \mathrm{d}y - \iint_A \mathrm{d}x \mathrm{d}y \right) = M \tag{9.21d}$$

其中,A 为椭圆截面的面积。由材料力学已知

$$\iint_A x^2 \mathrm{d}x \mathrm{d}y = I_y = \frac{\pi a^3 b}{4}$$

$$\iint_A y^2 \mathrm{d}x \mathrm{d}y = I_x = \frac{\pi a b^3}{4}$$

$$\iint_A \mathrm{d}x \mathrm{d}y = \pi a b$$

代入式(9.21d),即得

$$C = - \frac{2(a^2 + b^2) M}{\pi a^3 b^3} \tag{9.21e}$$

再代回式(9.21c),得确定的应力函数

$$\Phi = \frac{M}{\pi a b} \left(\frac{x^2}{a^2} + \frac{y^2}{b^2} - 1 \right) \tag{9.21f}$$

这个应力函数已经满足了所有一切条件。

将应力函数的表达式(9.21f)代入式(9.10),得应力分量

$$\tau_{zx} = - \frac{2M}{\pi a b^3} y, \quad \tau_{zy} = \frac{2M}{\pi a^3 b} x \tag{9.22}$$

横截面上任意一点的合切应力是

$$\tau = (\tau_{zx}^2 + \tau_{zy}^2)^{\frac{1}{2}} = \frac{2M}{\pi a b} \left(\frac{x^2}{a^4} + \frac{y^2}{b^4} \right)^{\frac{1}{2}} \tag{9.23}$$

最大切应力为

$$\tau_{\max} = \frac{2M}{\pi a b^2} \tag{9.24}$$

当 $a = b$ 时(圆截面杆),应力的解答与材料力学中完全相同。

现在来求形变和位移。由式(9.20)及式(9.21e)得单位长度扭转角

$$K = -\frac{C}{2G} = \frac{(a^2 + b^2)M}{\pi a^3 b^3 G} \tag{9.25}$$

于是由式(9.17)得

$$u = -\frac{(a^2 + b^2)M}{\pi a^3 b^3 G}yz, \quad v = \frac{(a^2 + b^2)M}{\pi a^3 b^3 G}xz \tag{9.26}$$

再将式(9.21f)及式(9.25)代入式(9.18),得

$$\frac{\partial w}{\partial x} = -\frac{(a^2 - b^2)M}{\pi a^3 b^3 G}y, \quad \frac{\partial w}{\partial y} = \frac{(a^2 - b^2)M}{\pi a^3 b^3 G}x$$

注意 w 只是 x 和 y 的函数,对上列式进行积分,得

$$w = -\frac{(a^2 - b^2)M}{\pi a^3 b^3 G}xy + f_1(y), \quad w = -\frac{(a^2 - b^2)M}{\pi a^3 b^3 G}xy + f_2(x)$$

由此可见,行 $f_1(y)$ 及行 $f_2(x)$ 应等于同一常量 w_0,而 w_0 就是 z 方向的刚体平移。不计这个刚体平移,即由上式得

$$w = -\frac{a^2 - b^2}{\pi a^3 b^3 G}Mxy$$

这个公式表明:扭杆的横截面并不保持为平面,而将翘成曲面。曲面的等高线在 xy 面上的投影是双曲线,而这些双曲线的渐近线是 x 轴及 y 轴。只有当 $a = b$ 时(圆截面杆)才有 $w = 0$,横截面才保持为平面。

9.5　矩形截面杆的扭转

现在来分析矩形截面杆的扭转,矩形的边长为 a 及 b,如图9.6所示。

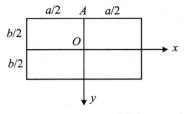

图9.6　矩形截面

首先,假定矩形是很狭长的,即 $a \gg b$。在这一情况下,由薄膜比拟可以推断,应力函数 Φ 在绝大部分横截面上几乎与 x 无关,因为对应的薄膜几乎不受短边约束的影响,近似于柱面。于是可以近似地看成 $\frac{\partial \Phi}{\partial x} = 0, \frac{\partial \Phi}{\partial y} = \frac{d\Phi}{dy}$,而式(9.11)

成为

$$\frac{\mathrm{d}^2 \Phi}{\mathrm{d}y^2} = C$$

进行积分,并注意边界条件$(\Phi)_{y=\pm b/2}=0$,即得

$$\Phi = \frac{C}{2}\left(y^2 - \frac{b^2}{4}\right) \tag{9.27a}$$

为了求出常数 C,将式(9.27a)代入式(9.15),得

$$2\int_{-a/2}^{a/2}\int_{-b/2}^{b/2}\frac{C}{2}\left(y^2 - \frac{b^2}{4}\right)\mathrm{d}x\mathrm{d}y = M$$

积分以后,得 $-\dfrac{ab^3}{6}C = M$,从而得

$$C = -\frac{6M}{ab^3} \tag{9.27b}$$

于是由式(9.27a)得确定的应力函数

$$\Phi = -\frac{3M}{ab^3}\left(\frac{b^2}{4} - y^2\right) \tag{9.27c}$$

将式(9.27c)代入式(9.10),得应力分量

$$\tau_{zx} = \frac{\partial \Phi}{\partial y} = -\frac{6M}{ab^3}y, \quad \tau_{zy} = -\frac{\partial \Phi}{\partial x} = 0 \tag{9.28}$$

最大切应力一般发生在矩形截面的长边上,例如点 $A\left(y = -\dfrac{b}{2}\right)$,其大小为

$$\tau_{\max} = (\tau_{zx})_{y=-b/2} = \frac{3M}{ab^2} \tag{9.29}$$

将式(9.27b)代入式(9.20),得单位长度扭转角

$$K = -\frac{C}{2G} = \frac{3M}{ab^3 G} \tag{9.30}$$

对于任意矩形杆(横截面的边长比值 a/b 为任意数值),经过进一步的分析,得出式(9.29)及式(9.30)需修正成为

$$\tau_{\max} = \frac{M}{ab^2 \beta} \tag{9.31}$$

$$K = \frac{M}{ab^3 G\beta_1} \tag{9.32}$$

其中的因子 β 及 β_1,只与比值 a/b 有关,数值见表9.2。

表 9.2   因子 β、β_1 与比值 a/b 关系

a/b	β	β_1
1.0	0.208	0.141
1.2	0.219	0.166
1.5	0.230	0.196
2.0	0.246	0.229
2.5	0.258	0.249
3.0	0.267	0.263
4.0	0.282	0.281
5.0	0.291	0.291
10.0	0.312	0.312
很大	0.333	0.333

由表 9.2 可见,对于很狭长的矩形横截面的扭杆(a/b 很大),β 及 β_1 趋于 1/3。

 习   题

1. 设有直径为 d 的圆形截面杆,杆长为 l,体力为 $(0,0,-\gamma)$,上端悬挂,下端自由,如图 9.7 所示。弹性模量 E 和泊松比 ν 为已知,试求其位移分量。

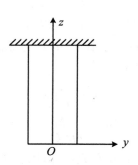

图 9.7   题 1 和题 2 图

2. 设有任意形状的等截面杆,密度为 ρ,上端悬挂,下端自由,如图 9.7 所示。试考察应力分量 $\sigma_x = 0$,$\sigma_y = 0$,$\sigma_z = \rho g z$,$\tau_{yz} = 0$,$\tau_{zx} = 0$,$\tau_{xy} = 0$ 是否能满足一切条件。

3. 当体力不计时,试证体应变为调和函数,位移分量和应力分量为重调和函数,即它们满足下列方程:

$$\nabla^2 \theta = 0, \quad \nabla^4(u, v, w) = 0$$

$$\nabla^4(\sigma_x, \sigma_y, \sigma_z, \tau_{xy}, \tau_{yz}, \tau_{zx}) = 0$$

4. 试求图 9.8 所示弹性体中的应力分量。

(1) 正六面体弹性体置于刚性体中,上边界受均布压力 q 作用,设刚性体与弹性体之间无摩擦力。

(2) 半无限大空间体,其表面受均布压力 q 的作用。

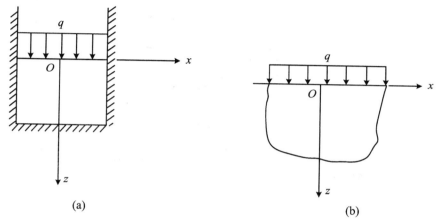

(a)   (b)

图 9.8 题 4 图

5. 图 9.9 所示的弹性体为一长柱形体,在顶面 $z = 0$ 上有一集中力 F 作用于角点,试写出 $z = 0$ 表面上的边界条件。

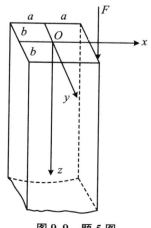

图 9.9 题 5 图

6. 半空间体在边界平面的一个圆面积上受有均布压力 q。设圆面积的半径为 a，试求圆心下方距边界为 h 处的位移。

7. 扭杆的横截面为等边 $\triangle OAB$，其高度为 a，取坐标轴如图 9.10 所示，则 AB，OA，OB 三边的方程分别为 $x - a = 0$，$x - \sqrt{3} y = 0$，$x + \sqrt{3} y = 0$。试证应力函数 $\Phi = m(x - a)(x - \sqrt{3} y)(x + \sqrt{3} y)$ 能满足一切条件，并求出最大切应力及单位长度扭转角。

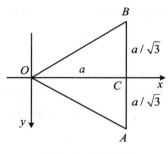

图 9.10　题 7 图

8. 设有一边长为 a 的正方形截面杆，与一面积相同的圆截面杆受有相同的扭矩 M，试比较两者的最大切应力和单位长度扭转角。

第 10 章 单轴状态下材料的塑性本构关系

在弹性力学问题中,应力和应变服从线弹性的胡克定律,而在实际工程问题中,材料的这个关系只在一定范围内成立,这是因为结构在外载作用下引起的物体内部的应力分布不一定均匀,有的地方应力很大,材料超过了弹性极限,而有的地方应力较小,材料还处于弹性范围。超过弹性极限后,大多数材料仍然具有继续承担应力的能力,只是此时发生的变形不能够全部恢复,这部分无法恢复的变形(即塑性变形)改变了整个物体的承载能力,这也是我们研究材料进入塑性变形阶段的力学特征的重要原因。

另外,也有一类问题本质上就要求研究材料的塑性。例如,在集中力作用点附近,在裂缝端点附近,按弹性分析应力为无穷大,一开始就有一个塑性变形区域;在抗爆和抗震结构中也有类似情况。同时,在许多机械加工和成形的工序中正是利用塑性变形的不可恢复性,人为使材料超过弹性极限,达到所要的形状,从而较好地发挥其变形特征而不致破裂;对于某些问题还要求知道变形后物体内部的残余应力状态。

要弄清楚上述问题,必须研究材料在超出胡克定律以后的力学性质和变形规律(塑性模型),以及如何应用这些规律进行分析。为简单起见,我们首先研究简单应力状态下材料的塑性变形规律。本章通过单轴试验介绍材料的力学性质和相关的塑性模型,重点在建立有关的物理概念和说明塑性力学问题的特点上。

10.1 单 轴 试 验

室温下材料的静载试验,其中最简单的是单轴拉伸和压缩试验。图 10.1(a)所示的是低碳钢的典型单轴拉伸应力应变曲线。

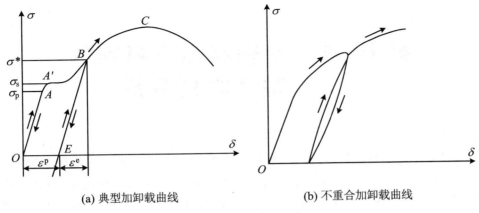

(a) 典型加卸载曲线　　　　　　　(b) 不重合加卸载曲线

图 10.1　单轴试验曲线

10.1.1　单轴加卸载

1. 弹性加载阶段

由图 10.1 可发现,当应力小于 A 点时,应力和应变之间呈线性关系,材料处于线弹性变形阶段,A 点的应力称为比例极限,记为 σ_p。当应力超过 A 点但未超过 A' 点时,材料处于非线性弹性变形阶段。应力一旦超过 A' 点,材料即进入塑性状态,A' 点的应力值称为弹性极限或屈服极限(由于比例极限与屈服极限很接近,一般在工程中不加区别),用 σ_s 表示,它标志着弹性阶段的结束和塑性变形的开始。

2. 塑性加载阶段

超过屈服极限 σ_s 后,随着应力的增加,应变不断增大,这种行为称为应变硬化(或应变强化),如图 10.1 中的 $A'BC$ 段所示。在硬化阶段,其切线斜率越来越小,直至达到强度极限 C 点,记为 σ_b。此后,应变增加而应力却减小,这种行为称为应变软化。应变软化并不代表材料的真实行为,因为它包含了试件的几何改变因素(本书不考虑应变软化阶段)。无论是应变硬化阶段还是应变软化阶段,材料在产生弹性变形的同时,还会产生新的塑性变形,这个过程称为加载。

3. 卸载阶段

应力进入塑性阶段后,图 10.1 中 B 点所代表的状态,当减少应力时,应力与应变将不会沿原来的路径 BAO 返回到 O 点,而是沿着接近于直线的路径 BE 回到零应力,弹性变形 ε^e 被恢复,塑性变形 ε^p 被保留,这个过程称为卸载。卸载所遵循的是弹性变形规律,一般可假定卸载曲线为直线,且卸载时的弹性模量与初始弹性

模量相同,即 BE 与 OA 平行,所以,B 点的应变可写成弹性应变和塑性应变两部分之和

$$\varepsilon = \varepsilon^{e} + \varepsilon^{p} = \frac{\sigma^{*}}{E} + \varepsilon^{p} \tag{10.1}$$

4. 再加载阶段

硬化阶段中屈服极限不断提高。从 B 点将荷载完全卸除到 E 点后,再从 E 点重新加载,称为正向加载。开始时应力应变近似地按卸载曲线变化,如图 10.1 中的 EB 段,当应力到达卸载前的应力 σ^{*},即 B 点时,又重新进入屈服,因此材料的屈服极限由原来的 σ_{s} 提高到 σ^{*},称为后继屈服应力,而 σ_{s} 称为初始屈服应力。当应力超过 B 点后,则回到一次加载(没有卸载)所得到的曲线 BC 上来,开始产生新的塑性变形,称这种现象为应力硬化。总之,屈服极限提高是应力硬化的一个特征,相当于材料因塑性变形其内部抵抗变形的能力得到了增强。

需要指出的是,实际材料的卸载和再加载曲线一般不能完全重合,会形成一个小的滞回环,如图 10.1(b)所示。滞回环的面积代表了卸载和再加载循环中的能量损失,但损失的能量是很小的。

10.1.2　反向加载

从 B 点将荷载完全卸除到达 E 点后,再加压应力,称为反向加载,材料在 F 点屈服,如图 10.2(a)所示。F 点的应力值明显低于 B 点的应力值,人们通常把这种反向屈服应力(绝对值)小于正向屈服应力的现象称为 Bauschinger 效应,即因拉伸屈服应力提高,而导致反向加载时,压缩屈服应力降低。Bauschinger 效应反映了材料硬化过程中的各向异性。若反向屈服应力的降低程度等于正向屈服应力提高的程度,则称为随动硬化,如图 10.2(a)所示。有一些材料并没有 Bauschinger 效应,相反,因拉伸提高了材料的屈服应力,在反向压缩时,屈服应力也得到同样程度的提高,称这种硬化为等向硬化,如图 10.2(b)所示。

根据上面的试验现象可知,塑性变形具有如下特点:

(1)加载过程中应力与应变关系一般是非线性的。

(2)应力应变之间不再是一一对应的单值关系。如图 10.3 所示的三种应力路径,OAB、$OABCD$ 和 $OABEF$,它们到达的应力都是 σ^{*},但产生的应变值分别为 B、D 和 F 对应的应变 ε_{B}、ε_{D} 和 ε_{F},显然不同。也就是说,对应于同一个应力状态,如果应力历史不同,则所对应的应变也不同,因此,应变不仅取决于应力状态,还取决于达到该应力状态所经历的历史。

(3)外力在塑性变形所做的功即塑性功具有不可逆性。考察一个加载卸载的循环,若期间产生塑性变形,塑性功将被材料的塑性变形耗散掉,是不可逆的,只有

在弹性变形所做的弹性功可逆。因此,在这个循环中外力做功恒大于零。

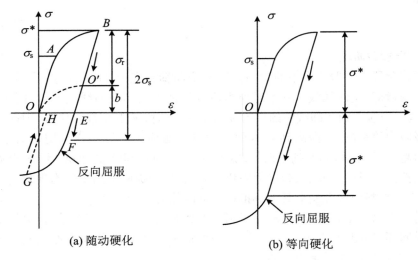

(a) 随动硬化　　　　　　　　　　　　　　(b) 等向硬化

图 10.2　硬化模型

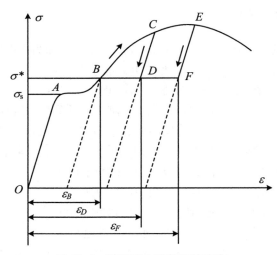

图 10.3　不同应力路径下的应变

　　最后值得注意的是温度和加载速率对单轴试验结果会产生影响。温度的影响:一方面,一般温度升高将使得弹性模量 E 和屈服极限 σ_s 下降;另一方面,当温度足够高时,材料会产生蠕变和应力松弛等具有明显黏弹性或黏塑性效应的现象。对于长时间工作在高温条件下的结构,例如汽轮机结构,设计时就应考虑高温对材料性质的影响。加载速率的影响:若将实验的加载速率提高几个数量级,会使得材

料的屈服极限 σ_s 提高而韧性降低,对于受冲击荷载和爆炸荷载作用的结构,就必须考虑应变率对材料性质的影响。但对于处在常温附近的温度和受一般加载速率作用的材料,可以不考虑这两种因素的影响。

10.2　单轴下的全量本构

10.2.1　全量本构模型

工程材料在单轴下的应力应变关系,即全量应力应变,可以通过单轴试验经后期数学拟合得到。然而,这样的表达式可能比较复杂,为此,提出了几种既能反映材料的力学性质又便于表示的全量本构模型。

1. 理想弹塑性模型

对于低碳钢或硬化率较低的材料,在应变不太大时可忽略硬化效应,其单轴拉伸应力应变曲线,如图 10.4(a)所示。当应力一旦达到屈服极限 σ_s 时,就不能再增加,$\mathrm{d}\sigma = 0$,在不变的应力作用下,材料可产生任意的塑性变形。此时,若减小应力 $\mathrm{d}\sigma < 0$,材料产生卸载。应力应变关系表示为

$$当\ \sigma < \sigma_s\ 时,\quad \varepsilon = \frac{\sigma}{E}$$

$$当\ \sigma = \sigma_s\ 时,\quad \varepsilon = \frac{\sigma_s}{E} + \lambda \tag{10.2}$$

式(10.2)中,λ 是一个任意值。

2. 线性硬化模型

连续的应力应变关系曲线近似为两条直线,如图 10.4(b)所示。第 1 条直线代表弹性变形性质,其斜率为 E,第 2 条直线代表硬化性质,其斜率用 E_t 表示。一般情况下,E_t 比 E 小许多。这时,应力应变关系为

$$当\ \sigma \leqslant \sigma_s\ 时,\quad \varepsilon = \frac{\sigma}{E}$$

$$当\ \sigma > \sigma_s\ 时,\quad \varepsilon = \frac{\sigma_s}{E} + \frac{\sigma - \sigma_s}{E_t} \tag{10.3}$$

3. 幂指数硬化模型

对于大多数材料而言,硬化曲线是非线性的,可采用简单的指数函数进行模拟,如图 10.4(c)所示。应力应变关系表示为

$$当\ \sigma \leqslant \sigma_s\ 时, \quad \sigma = E\varepsilon$$
$$当\ \sigma > \sigma_s\ 时, \quad \sigma = k\varepsilon^n \tag{10.4}$$

式(10.4)中,k 和 n 是材料参数,可通过拟合实验曲线得到。这两个常数不是独立的,在 $\sigma = \sigma_s$ 处要满足连续性要求:

$$\sigma_s = k\left(\frac{\sigma_s}{E}\right)^n$$

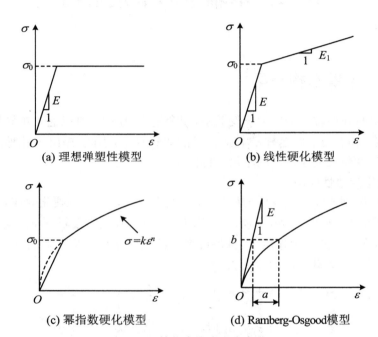

图 10.4　简化全量应力应变关系

4. Ramberg-Osgood 模型

模型如图 10.4(d)所示,其应力应变形式为

$$\varepsilon = \frac{\sigma}{E} + a\left(\frac{\sigma}{b}\right)^n \tag{10.5}$$

其中,a,b 和 n 为材料常数。尽管对屈服点没有明确定义,但初始曲线斜率取值为杨氏模量 E,随着应力增加,斜率单调减小。

10.2.2　算例

例 10.1　两端固定、横截面为 A_0 的棱柱形杆件,如图 10.5 所示。受轴向荷载 P 的作用,试简述对于下面两种材料,荷载 P 和位移 δ 之间的关系,材料的 $E =$

$200\,\text{GPa}, \sigma_\text{s} = 200\,\text{MPa}$，拉伸和压缩的本构关系相同。

（1）理想弹塑性材料；（2）线弹性硬化材料。

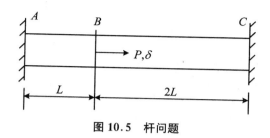

图 10.5　杆问题

解　平衡条件为

$$\sigma_{AB} - \sigma_{BC} = \frac{P}{A_0} \tag{10.6}$$

为了满足运动条件，则两段的位移满足

$$\delta = \delta_{AB} = -\delta_{BC} \tag{10.7}$$

应变和位移关系为

$$\varepsilon_{AB} = \frac{\delta_{AB}}{L}, \quad \varepsilon_{BC} = \frac{\delta_{BC}}{2L} \tag{10.8}$$

注意：不管材料性质如何，以上 3 个方程都必须满足。

（1）初始阶段，整个杆处于弹性阶段，则有

$$\sigma_{AB} = E\varepsilon_{AB}, \quad \sigma_{BC} = E\varepsilon_{BC} \tag{10.9}$$

由式(10.6)至式(10.9)，得

$$\sigma_{AB} = \frac{E}{L}, \quad \sigma_{BC} = -\frac{E}{2L}, \quad \frac{P}{A_0} = \frac{3E}{2L} \tag{10.10}$$

式(10.10)表明，当满足下式时，σ_{AB} 先达到屈服应力 σ_s。

$$\frac{\sigma}{L} = \frac{\sigma_\text{s}}{E}, \quad \frac{P}{A_0} = \frac{3\sigma_\text{s}}{2} \tag{10.11}$$

此时

$$\sigma_{AB} = \sigma_\text{s}, \quad \sigma_{BC} = -\frac{\sigma_\text{s}}{2} \tag{10.12}$$

以上的分析对于两种材料(1)和(2)是一致的，直到后继阶段这两种材料间的不同性质才明显表现出来，此时有塑性变形产生。

对于材料(1)，在后继阶段，AB 段产生塑性流动，平衡方程(10.6)变为

$$\sigma_\text{s} - \sigma_{BC} = \frac{P}{A_0} \tag{10.13}$$

联立式(10.7)、式(10.8)和式(10.9)的第 2 式，可以得到

$$\sigma_{BC} = -\frac{E\delta}{2L}, \qquad \frac{P}{A_0} = \sigma_s + \frac{E\delta}{2L} \tag{10.14}$$

在满足下式时，BC 段屈服，在此之前，这些方程成立。

$$\frac{\delta}{L} = \frac{2\sigma_s}{E}, \qquad \frac{P}{A_0} = 2\sigma_s \tag{10.15}$$

在这一荷载水平上，杆的变形和流动不再需要进一步增加荷载。

(2) 对于材料(2)，初始阶段($P/A_0 \leqslant (3\sigma_s/2)$)，结构反应可从式(10.10)得出，在后继阶段，AB 段的应力应变关系不同于式(10.9)的第 1 式，而式(10.6)至式(10.8)仍适用。在这一阶段，式(10.9)的第 1 式为

$$\sigma_{AB} = \sigma_s + E_t \left(\varepsilon_{AB} - \frac{\sigma_s}{E} \right) \tag{10.16}$$

由式(10.6)至式(10.8)，以及式(10.9)第 2 式和式(10.16)得到

$$\sigma_{AB} = \sigma_s + E_t \left(\frac{\delta}{L} - \frac{\sigma_s}{E} \right), \qquad \sigma_{BC} = -\frac{E\delta}{2L}$$
$$\frac{P}{A_0} = \left(E_t + \frac{E}{2} \right) \frac{\delta}{L} + \left(1 - \frac{E_t}{E} \right) \sigma_s \tag{10.17}$$

在满足下式时，即 σ_{BC} 达到 $-\sigma_s$，在此之前，这些方程都是有效的。

$$\frac{\delta}{L} = \frac{2\sigma_s}{E}, \qquad \frac{P}{A_0} = \left(2 + \frac{E_t}{E} \right) \sigma_s \tag{10.18}$$

在下一阶段，整个杆件表现为塑性，所以要用下面的应力应变关系式代替(10.9)的第 2 式

$$\sigma_{BC} = -\sigma_s + E_t \left(\varepsilon_{BC} + \frac{\sigma_s}{E} \right) \tag{10.19}$$

通过变换(10.3)第 2 式来处理压缩变形则可得到上式，由式(10.6)至式(10.8)，式(10.16)和式(10.19)，得到此阶段的结构反应为

$$\frac{P}{A_0} = 2 \left(1 - \frac{E_t}{E} \right) \sigma_s + \frac{3E_t}{2} \frac{\delta}{L} \tag{10.20}$$

10.3　单轴下的增量本构

10.2 节介绍的 4 种简化模型适用于各种弹塑性材料，但对于与加载历史相关的塑性特性，如 Bauschinger 效应，这些模型却无法考虑到。所以，这些模型的应用通常限于单调加载。而对于包含卸载和反向加载问题，就需要考虑增量应力应变关系。为此，本节将重点阐述关于塑性增量理论的一些基本概念，用它们可以很

容易地构造增量本构关系,并能把这些本构模型应用于任意单轴加载路径,尽管本节所描述的内容仍限于单轴情况,但只需要将其进一步推广,即可得到塑性理论的完整描述,详见第 12 章。

　　建立材料的应力应变增量关系,首先要判断材料所发生的变形是弹性的还是弹塑性的(加载准则),若是弹塑性的要确定塑性应变的正负符号(流动法则);其次对于硬化响应,需要给出一个估计弹性范围的方法(硬化法则);再次需要记录塑性变形历史(硬化参数);最后,需要建立一个处于弹性范围边界的应力状态条件(一致性条件)。它们构成了塑性理论的基础框架。

10.3.1　加卸载准则

　　根据实验可确定材料屈服极限 σ_s,无论是单轴拉伸还是单轴压缩,当应力的绝对值 $|\sigma|$ 小于 σ_s 时,材料处于弹性状态,当 $|\sigma|$ 到达 σ_s 时,材料进入屈服状态。因此,屈服条件可以表示为

$$f(\sigma) = |\sigma| - \sigma_s = 0 \tag{10.21}$$

其中,f 称为屈服函数。

　　在拉伸($\sigma > 0$)下进入屈服后,给定应力增量 $\mathrm{d}\sigma$,若 $\mathrm{d}\sigma > 0$ 处于加载,$\mathrm{d}\sigma < 0$ 处于卸载;而在压缩下($\sigma < 0$)则反过来,若 $\mathrm{d}\sigma < 0$ 处于加载,$\mathrm{d}\sigma > 0$ 处于卸载。如图 10.6 所示,无论是拉伸还是压缩,加卸载准则均可表示为

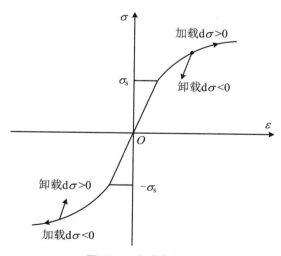

图 10.6　加载与卸载

$$f = 0 \quad 和 \quad \frac{\partial f}{\partial \sigma} d\sigma > 0 \quad （加载）$$

$$f = 0 \quad 和 \quad \frac{\partial f}{\partial \sigma} d\sigma < 0 \quad （卸载）$$

(10.22)

10.3.2　流动法则

当应力 σ 与应力增量 $d\sigma$ 之和 $\sigma + d\sigma$ 超过弹性范围时,就会产生塑性应变。实验结果表明,$d\varepsilon^p$ 的符号与 $d\sigma$ 一致,这表明若 $d\varepsilon^p$ 被认为是叠加于应力空间上的塑性应变空间中的一个矢量,那么 $d\varepsilon^p$ 就是在弹性范围边界上的外向矢量,如图 10.7 所示。所以可将塑性应变增量 $d\varepsilon^p$ 表示为

$$d\varepsilon^p = d\lambda \frac{\partial f}{\partial \sigma}$$

(10.23)

其中,$d\lambda$ 是非负标量。

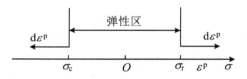

图 10.7　弹性区域塑性应变增量

式(10.23)在形式上与理想流体的流动问题相似,称为流动法则。该式利用屈服函数表示,实际上也可用其他函数表示。为了区别,前者称为关联流动法则,而后者称为非关联流动法则。流动法则定义了塑性应变增量的符号(方向),但未给出其大小。

10.3.3　硬化法则

由前面可知,不同应力路径加载时,即使到达相同的应力状态,但产生的应变将不同,这与加载历史有关。不过产生的弹性应变相同,不同的是塑性应变,当塑性应变一定时,应力和应变则一一对应。另外,当加载的时候,硬化材料的弹性区会随应力而改变,因而上下后继屈服应力或弹性区边界也必然成为应力历史的函数,但后继屈服应力不会受弹性变形相关的应力历史部分的影响,而仅仅依赖于加载期间的应力历史部分,即塑性加载历史。为了描述材料单元的当前状态,完整记录塑性的加载历史,就需要建立可以描述屈服应力和塑性加载历史的函数关系式,称为硬化准则。

下面我们将阐述几个常用的硬化准则,如图 10.8 所示。为简单起见,假定材

料为弹性-线性硬化,且拉压初始屈服应力的数值都为 σ_{s}。

依据假定的硬化准则,材料单元在拉伸应力增至 $\sigma_{\mathrm{T}}(>\sigma_{\mathrm{s}})$ 时产生塑性变形,卸载并反向压缩后,假定弹性区不变,即在 $\sigma = \sigma_{\mathrm{T}} - 2\sigma_{\mathrm{s}}$ 处发生压缩屈服,这就是我们所熟知的随动硬化准则,因为弹性范围在应力空间仅作刚体位移。如图 10.8 中路径 $OABC$ 所示。其相应的加载函数的数学表达式为

$$f(\sigma,\alpha) = (\sigma - \alpha)^2 - \sigma_{\mathrm{s}}^2 \tag{10.24}$$

其中,α 为背应力,对应于图 10.2(a)中的 O' 的应力,大小取决于塑性加载历史。随动硬化准则反映了理想的 Bauschinger 效应。

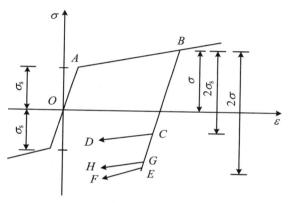

图 10.8　各种硬化准则

另外一种情况称为各向同性硬化准则,如路径 $OABEF$ 所示。此时,塑性变形引起的拉伸和压缩屈服应力提高程度相同,那么压缩塑性流动开始于 $\sigma = -\sigma_{\mathrm{T}}$,其中,压缩屈服应力和弹性区在数值上都增大,这种规则的加载函数表示为

$$f(\sigma,H) = \sigma^2 - H^2 \tag{10.25}$$

其中,H 是硬化函数,它定义了弹性区的大小,很明显,各向同性硬化准则没有 Bauschinger 效应。

混合型或相关型硬化准则可认为是上述两种硬化准则的综合,如图 10.8 中路径 $OABGH$ 所示。Bauschinger 效应在不同程度可通过混合硬化法则来模拟,相应的加载函数可表示为

$$f(\sigma,\alpha,H) = [\sigma - (1 - M)\alpha]^2 - [(1 - M)\sigma_{\mathrm{s}} + MH]^2 \tag{10.26}$$

其中,M 为混合硬化参数,在 $0 \sim 1$ 变化。于是,随动硬化和各向同性硬化准则分别相应于 $M = 0$ 和 $M = 1$。

10.3.4　硬化参数

应力历史采用硬化参数来表示,记为 κ。本构模型的硬化参数可以是多个,也

可以是一个,对于工程应用,很多情况下都仅有一个参数。由于塑性应变 ε^p 可以体现加载历史,于是常将等效塑性应变 $\bar{\varepsilon}^p$ 作为硬化参数,并定义

$$\bar{\varepsilon}^p = \int \sqrt{\frac{2}{3} d\varepsilon^p d\varepsilon^p} \tag{10.27}$$

由式(10.27)可以看出,等效塑性应变 $\bar{\varepsilon}^p$ 是塑性应变的积累,它反映了塑性加载历史的累积效应,与塑性应变 ε^p 不同。如图 10.2(a)所示,从 O 点加载至 B 点再卸载到 E 点,所产生的塑性变形为 OE,再从 E 点反向加载至 G 点,最后卸载回到 H 点,所产生的塑性压应变为 HE,因此最终总的塑性应变为 OH,而等效塑性应变则为 $|OE| + |HE|$。

另一个常用的硬化参数是塑性功 W^p,定义为

$$W^p = \int \sigma d\varepsilon^p \tag{10.28}$$

该塑性功 W^p 表示与塑性变形有关的能量耗散,无论是加载还是反向加载,只要产生新的塑性变形,W^p 的值总是增加的。对于基于随动硬化法则的材料模型,弹性区仅作刚体移动,并且能够完全处于拉伸区,如果在这种情况下塑性变形随着应力的减小而发生,那么 $\sigma d\varepsilon^p$ 为负且 W^p 减小,这与硬化参数的要求相矛盾,因为实际上取消了部分塑性加载历史,因而将塑性功 W^p 用作与随动硬化准则有关的硬化参数就必须仔细斟酌。

式(10.27)和式(10.28)以及流动法则式(10.23)表明硬化参数的增量 $d\kappa$ 一般可表示为

$$d\kappa = h d\lambda \tag{10.29}$$

其中,h 为标量函数。特别需要注意的是:

对于等效塑性应变 $\bar{\varepsilon}^p$

$$h = \sqrt{\frac{\partial f}{\partial \sigma} \frac{\partial f}{\partial \sigma}} \tag{10.30}$$

对于塑性功 W^p

$$h = \sigma \frac{\partial f}{\partial \sigma} \tag{10.31}$$

式(10.25)中的硬化函数 H 的基本作用是定义弹性区的大小,它依赖于塑性加载历史,为此,我们将硬化函数 H 用硬化参数 κ 表达。对于硬化材料,硬化函数 H 必然随硬化参数 κ 单调增加。

背应力 α 也是塑性加载历史的函数,然而,与硬化函数 H 不同,α 的值会随加载方向而波动,所以 α 必须以增量形式表示,可表达为

$$d\alpha = \frac{d\bar{\sigma}}{d\kappa} \frac{d\varepsilon^p}{|d\varepsilon^p|} d\kappa \tag{10.32}$$

其中，$\bar{\sigma}$ 是有效应力，它反映了在加载阶段应力改变的方式，并且应等于 H。

H 和 α 的函数形式一般通过下述方式确定，使加载函数尽量接近于描述出在单调加载试验中后继屈服应力或者弹性区边界的演化过程。然后所有的相应于不同硬化律的本构模型，用相同的单调加载过程来核定，使得只能在逆向加载的情况下才能发现它们的差异。

10.3.5　一致性条件

在塑性变形中，保持于弹性区边界上的应力状态，即处于塑性状态。换句话说，当材料单元发生塑性变形时，不得不改变弹性区以便使流动应力状态处于弹性区的边界上，这种情况的数学表达式为

$$f(\sigma + \mathrm{d}\sigma, \kappa + \mathrm{d}\kappa) = 0 \tag{10.33}$$

以增量形式可重新写成

$$\frac{\partial f}{\partial \sigma}\mathrm{d}\sigma + \frac{\partial f}{\partial \kappa}\mathrm{d}\kappa = 0 \tag{10.34}$$

这些方程成为塑性理论的一致性条件，该条件有助于确定塑性应变增量的大小。

特别地，对于理想塑性材料，因为保持弹性区不变，因而硬化参数不出现，甚至不需定义硬化参数，只需把式 (10.33) 和式 (10.34) 中的与硬化参数 κ 有关的项删掉，便可得到理想塑性材料的一致性条件。

10.3.6　增量本构

材料在弹性状态下的增量应力-应变关系可表示为

$$\mathrm{d} = E\mathrm{d}\varepsilon \tag{10.35}$$

其中，E 为弹性模量，甚至当材料处于塑性状态时，对于卸载情况下，式 (10.35) 仍适用。

在加载阶段，弹性应变和塑性应变都发生。假设应变增量 $\mathrm{d}\varepsilon$ 可以分解为弹性应变增量 $\mathrm{d}\varepsilon^{\mathrm{e}}$ 和塑性应变增量 $\mathrm{d}\varepsilon^{\mathrm{p}}$，即

$$\mathrm{d}\varepsilon = \mathrm{d}\varepsilon^{\mathrm{e}} + \mathrm{d}\varepsilon^{\mathrm{p}} \tag{10.36}$$

由于当载荷移走后塑性应变仍存在，可假定应力增量 $\mathrm{d}\sigma$ 只与弹性应变增量 $\mathrm{d}\varepsilon^{\mathrm{e}}$ 有关，即

$$\mathrm{d}\sigma = E\mathrm{d}\varepsilon^{\mathrm{e}} \tag{10.37}$$

联立式 (10.36)、式 (10.37) 和关联流动准则式 (10.23)，可得到

$$d\sigma = E\left(d\varepsilon - d\lambda\frac{\partial f}{\partial\sigma}\right) \tag{10.38}$$

利用式(10.38)、式(10.29)及一致性条件式(10.34),得到

$$d\lambda = \frac{\dfrac{\partial f}{\partial\sigma}}{\left(\dfrac{\partial f}{\partial\sigma}\right)^2 E - \dfrac{\partial f}{\partial\kappa}h} E d\varepsilon \tag{10.39}$$

将式(10.39)代入式(10.38)得到

$$d\sigma = E_t d\varepsilon \tag{10.40}$$

其中,E_t 是切线模量,由下式给出

$$E_t = E\frac{-\dfrac{\partial f}{\partial\kappa}h}{\left(\dfrac{\partial f}{\partial\sigma}\right)^2 E - \dfrac{\partial f}{\partial\kappa}h} \tag{10.41}$$

用式(10.29)和式(10.34),可以得到非负标量 $d\lambda$ 和应力增量 $d\sigma$ 的关系为

$$d\lambda = -\frac{\dfrac{\partial f}{\partial\sigma}}{\dfrac{\partial f}{\partial\kappa}h}d\sigma \tag{10.42}$$

联立式(10.42)与式(10.23),可得到塑性应变增量 $d\varepsilon^p$ 的相应表达式

$$d\varepsilon^p = -\frac{\left(\dfrac{\partial f}{\partial\sigma}\right)^2}{\dfrac{\partial f}{\partial\kappa}h}d\sigma \tag{10.43}$$

那么,由式(10.36)、式(10.37)和式(10.43),可将应变增量 $d\varepsilon$ 表示为应力增量 $d\sigma$ 的表达式

$$d\varepsilon = \frac{d\sigma}{E} + d\varepsilon^p = \frac{1}{E_t}d\sigma \tag{10.44}$$

其中,

$$\frac{1}{E_t} = \frac{1}{E}\frac{\left(\dfrac{\partial f}{\partial\sigma}\right)^2 E - \dfrac{\partial f}{\partial\kappa}h}{-\dfrac{\partial f}{\partial\kappa}h} \tag{10.45}$$

很显然,通过简单地求式(10.41)的倒数,即得式(10.45),但对于多维情况,这里提出的处理方法会麻烦得多,因为刚度及柔度为四阶张量,故求其倒数一般较繁琐。

如果将等效塑性应变 $\bar\varepsilon^p$ 作为硬化参数,那么由相应的硬化准则可得:

对于随动硬化

$$\frac{\partial f}{\partial \kappa} = \frac{\partial f}{\partial \alpha} \frac{\mathrm{d}\bar{\sigma}}{\mathrm{d}\kappa} \frac{\mathrm{d}\varepsilon^{\mathrm{p}}}{|\mathrm{d}\bar{\varepsilon}^{\mathrm{p}}|} \tag{10.46}$$

对于各向同性硬化

$$\frac{\partial f}{\partial \kappa} = \frac{\partial f}{\partial H} \frac{\mathrm{d}H}{\mathrm{d}\bar{\varepsilon}^{\mathrm{p}}} \tag{10.47}$$

其中,$\mathrm{d}\bar{\sigma}/\mathrm{d}\bar{\varepsilon}^{\mathrm{p}}$ 及 $\mathrm{d}H/\mathrm{d}\bar{\varepsilon}^{\mathrm{p}}$ 反映了塑性变形阶段应力改变的方式,也可通过单调加载情况的试验数据来确定,这些项称为塑性模量,可表示为 E_{p},并有

$$\mathrm{d}\sigma = E_{\mathrm{p}} \mathrm{d}\varepsilon^{\mathrm{p}} \tag{10.48}$$

其中,

$$E_{\mathrm{p}} = \frac{\mathrm{d}\bar{\sigma}}{\mathrm{d}k} = \frac{\mathrm{d}H}{\mathrm{d}\bar{\varepsilon}^{\mathrm{p}}} \tag{10.49}$$

通过式(10.36)、式(10.37)、式(10.40)和式(10.48),很容易证明三种模量之间的下述关系:

$$\frac{1}{E_t} = \frac{1}{E} + \frac{1}{E_{\mathrm{p}}} \tag{10.50}$$

上面所讨论的应力应变关系是对于硬化材料而言的。对于理想塑性材料情况,弹性性状可用相同的方式来描述,但在加载过程中,应力和弹性应变保持不变,即 $\mathrm{d}\sigma = \mathrm{d}\varepsilon^{\mathrm{e}} = 0$,而塑性应变可无限增加。

10.3.7 算例

在应用增量应力应变关系时,首先要确定材料单元的状态,如果是弹性状态,就用式(10.35)来确定后继变形状态。否则,必须确定是加载阶段还是卸载阶段。对于卸载,可用式(10.35);对于加载,若是硬化材料,可用式(10.40)或式(10.44),而对于理想塑性材料,假设应变无限增加,可用 $\mathrm{d}\sigma = 0$。

对于单轴加载情况,确定变形过程类型相当简单,而且解决一维问题不会有困难,这一点将在下面的例题中阐明。

例 10.2 某种材料简单拉伸的应力应变给定为

$$\begin{aligned}
\sigma &= E\varepsilon \quad (\text{对于 } \sigma \leqslant \sigma_{\mathrm{s}}) \\
\sigma &= \sigma_{\mathrm{s}} + m(\varepsilon^{\mathrm{p}})^n \quad (\text{对于 } \sigma > \sigma_{\mathrm{s}})
\end{aligned} \tag{10.51}$$

其中,$\sigma_{\mathrm{s}} = 200\,\mathrm{MPa}$,$E = 200\,\mathrm{GPa}$,$m = 300\,\mathrm{MPa}$,$n = 0.3$。对于下面三种情况,求先施加应变至 $\varepsilon^{\mathrm{p}} = 0.002$ 时逆向加载的应力应变关系。利用式(10.27)定义的等效塑性应变 $\bar{\varepsilon}^{\mathrm{p}}$ 作为硬化参数。

(1) 随动硬化;(2) 各向同性硬化;(3) 混合硬化,$M = 0.5$。

解 式(10.27)表明,在初始单调拉伸中积累的塑性应变或者等效塑性应变 $\bar{\varepsilon}^{\mathrm{p}}$

等于总的塑性应变

$$\bar{\varepsilon}^{p} = \varepsilon^{p} \tag{10.52}$$

因为式(10.51)给出了简单拉伸的初始应力和塑性应变的关系,可假定

$$\bar{\sigma} = H = \sigma_{s} + m(\bar{\varepsilon}^{p})^{n} \tag{10.53}$$

式(10.51)也直接给出了 $0 < \varepsilon^{p} \leqslant 0.002$ 时的塑性应力应变关系

$$\varepsilon = \varepsilon^{e} + \varepsilon^{p} = \frac{\sigma}{E} + \left(\frac{\sigma - \sigma_{s}}{m}\right)^{\frac{1}{n}}$$

$$= \frac{\sigma}{200000} + \left(\frac{\sigma - 200}{300}\right)^{\frac{1}{0.3}} \tag{10.54}$$

利用式(10.54)及式(10.51),可得到对应于预加应变 $\varepsilon^{p} = 0.002$ 的应力和应变:

$$\sigma = 246.5(\text{MPa}), \quad \varepsilon = 0.003232 \tag{10.55}$$

(1) 利用式(10.32)、式(10.52)和式(10.53),在变形状态为 $\varepsilon^{p} = 0.002$ 时的背应力 α 可由下式计算

$$\alpha = \int_{0}^{0.002} \frac{\mathrm{d}\bar{\sigma}}{\mathrm{d}\bar{\varepsilon}^{p}} \mathrm{d}\bar{\varepsilon}^{p} = \int_{0}^{0.002} mn(\bar{\varepsilon}^{p})^{n-1} \mathrm{d}\bar{\varepsilon}^{p}$$

$$= \left[m(\bar{\varepsilon}^{p})^{n}\right]_{0}^{0.002} = 46.5(\text{MPa}) \tag{10.56}$$

它反映了此阶段的加载函数为

$$f = (\sigma - 46.5)^{2} - (200)^{2} \tag{10.57}$$

式(10.57)反映了 f 在逆向加载阶段直到 -153.5 MPa 时都是负的,因此当从 246.5 MPa 降为 -153.5 MPa 时,只有弹性应变改变。当 $= -153.5$ MPa 时,我们发现

$$\varepsilon = 0.003232 + \frac{\Delta\sigma}{E} = 0.00123 \tag{10.58}$$

而 ε^{p} 和 $\bar{\varepsilon}^{p}$ 仍保持为 0.002。

因为式(10.24)给出了随动硬化材料的加载函数,切线模量 E_{t} 的表达式可通过式(10.30)、式(10.32)、式(10.41)、式(10.46)和式(10.53)推导为

$$E_{t} = E \frac{(\sigma - \alpha)mn(\varepsilon^{p})^{n-1} \frac{\mathrm{d}\bar{\varepsilon}^{p}}{|\mathrm{d}\varepsilon^{p}|} |\sigma - \alpha|}{(\sigma - \alpha)^{2}E + (\sigma - \alpha)mn(\varepsilon^{p})^{n-1} \frac{\mathrm{d}\bar{\varepsilon}^{p}}{|\mathrm{d}\varepsilon^{p}|} |\sigma - \alpha|} \tag{10.59}$$

因为 $(\sigma - \alpha)$ 和 $\frac{\mathrm{d}\bar{\varepsilon}^{p}}{|\mathrm{d}\varepsilon^{p}|}$ 取相同的符号,故要求

$$(\sigma - \alpha) \frac{\mathrm{d}\bar{\varepsilon}^{p}}{|\mathrm{d}\varepsilon^{p}|} = |\sigma - \alpha| \tag{10.60}$$

所以,式(10.59)可重新表达为

$$\frac{1}{E_t} = \frac{1}{E} + \frac{1}{mn(\bar{\varepsilon}^p)^{n-1}} \tag{10.61}$$

尽管可直接应用 E_t 的这个表达式来描述这些材料的弹塑性,但对于当前的问题,可更方便地利用

$$d\varepsilon^p = d\varepsilon - d\varepsilon^e = \frac{d\sigma}{E_t} - \frac{d\sigma}{E} = \frac{d\sigma}{mn(\bar{\varepsilon}^p)^{n-1}} \tag{10.62}$$

或

$$d\sigma = mn(\bar{\varepsilon}^p)^{n-1}d\varepsilon^p \tag{10.63}$$

超过 $\sigma = -153.5\,\text{MPa}$,材料发生压缩弹塑性变形。在这个阶段,保持 $d\varepsilon^p = -d\varepsilon^p$,所以有

$$\bar{\varepsilon}^p = 0.004 - \varepsilon^p \tag{10.64}$$

然后利用式(10.63)及题设的材料特性,可得到

$$\begin{aligned} \sigma &= -153.5 + \int_{0.002}^{\varepsilon^p} mn(0.004 - \varepsilon^p)^{n-1}d\varepsilon^p \\ &= -107 - 300(0.004 - \varepsilon^p)^{0.3} \end{aligned} \tag{10.65}$$

这个方程导出下述的应力应变关系

$$\varepsilon = \varepsilon^e + \varepsilon^p = \frac{\sigma}{200000} - 0.004 - \left(-\frac{\sigma + 107}{300}\right)^{\frac{1}{0.3}} \tag{10.66}$$

(2) 当预加应变达到 $\varepsilon^p = 0.002$ 时,从式(10.53)得到

$$H = 246.5(\text{MPa})$$

对于各向同性硬化的加载函数,式(10.25)变为

$$f(\sigma, H) = \sigma^2 - 246.5^2 \tag{10.67}$$

所以,在后继的逆向加载过程中,f 的值将在 $\sigma = -246.5\,\text{MPa}$ 时变为零;在应力从 $246.5\,\text{MPa}$ 降到 $-246.5\,\text{MPa}$ 的阶段只有弹性应变改变,当 $\sigma = -246.5\,\text{MPa}$ 时的应变为

$$\varepsilon = 0.003232 + \frac{\Delta\sigma}{E} = 0.000767 \tag{10.68}$$

利用式(10.25)、式(10.30)、式(10.47)和式(10.53),切线模量的表达式从式(10.41)获得

$$E_t = E\frac{Hmn(\bar{\varepsilon}^p)^{n-1}}{\sigma^2 E + Hmn(\bar{\varepsilon}^p)^{n-1}|\sigma|} \tag{10.69}$$

因此在当前的情况下,H 等于 $|\sigma|$,可要求

$$H|\sigma| = \sigma^2 \tag{10.70}$$

那么,式(10.69)可重写为

$$\frac{1}{E_t} = \frac{1}{E} + \frac{1}{mn(\bar{\varepsilon}^p)^{n-1}} \tag{10.71}$$

式(10.71)与式(10.61)相同。

利用与前述随动硬化情况相同的步骤,可得到

$$\sigma = -246.5 + \int_{0.002}^{\varepsilon^p} mn(0.004 - \varepsilon^p)^{n-1} d\varepsilon^p$$
$$= -107 - 300(0.004 - \varepsilon^p)^{0.3} \tag{10.72}$$

由式(10.72)可得

$$\varepsilon = \varepsilon^e + \varepsilon^p = \frac{\sigma}{200000} + 0.004 - \left(-\frac{\sigma + 200}{300}\right)^{\frac{1}{0.3}} \tag{10.73}$$

(3) 由前面可知,当预应变 $\varepsilon^p = 0.002$ 时,有

$$\alpha = 46.5 \text{(MPa)}, \quad H = 246.5 \text{(MPa)} \tag{10.74}$$

与混合硬化准则相联系的加载函数由式(10.26)给出。对于此情况,$M = 0.5$,那么有

$$f = (\alpha - 23.25)^2 - 223.25^2 \tag{10.75}$$

它反映出在逆向加载阶段直到 $\sigma = -200 \text{ MPa}$,只有弹性应变产生变化,此时总应变为

$$\varepsilon = 0.003232 + \frac{\Delta\sigma}{E} = 0.000100 \tag{10.76}$$

由于前面两种情况的切线模量 E_t 具有相同的形式,所以后继加载阶段的应力应变关系可由相同的处理方法得到

$$\varepsilon = \frac{\sigma}{200000} + 0.004 - \left(-\frac{\sigma + 153.3}{300}\right)^{\frac{1}{0.3}} \tag{10.77}$$

这里得到的应力应变关系如图10.9所示。

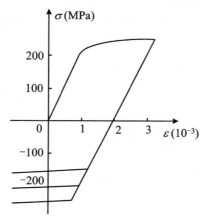

图 10.9　在不同的硬化准则下的应力应变响应

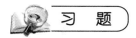 习 题

1. 图 10.10 所示为线性变截面杆,作用一轴力,两端的截面面积分别为 A_1 和 A_2,且 $\dfrac{A_2}{A_1}=2$,杆由线弹性硬化材料制成,其简单拉伸应力应变反应为

$$\sigma = E\varepsilon \quad (对于 \ \sigma_s \leqslant \sigma)$$
$$\sigma = \sigma_s + m\varepsilon^p \quad (对于 \ \sigma > \sigma_s)$$

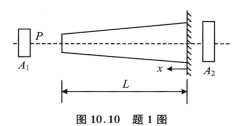

图 10.10　题 1 图

其中,$m = E/10$,设为随动硬化法则,加载路径为 $\dfrac{P}{P_e} = 0\rightarrow2\rightarrow-2\rightarrow0$,这里 P_e 为弹性极限荷载。

(1) 求 P_e;

(2) 做出荷载 P 与自由端位移 u 的关系曲线;

(3) 求加载结束时的残余应变分布。

2. 简单拉伸时材料的应力-应变响应近似为下述线性硬化模型

$$\sigma = E\varepsilon \quad (对于 \ \sigma_s \leqslant \sigma)$$
$$\sigma = \sigma_s + m\varepsilon^p \quad (对于 \ \sigma > \sigma_s)$$

其中,$m = E/5$,设 $E = 200 \ \text{GPa}$,$\sigma_s = 200 \ \text{MPa}$,混合硬化准则中 $M = 0.25$,利用等效塑性应变为硬化参数。

(1) 做出给定应力历史的应力应变曲线:

$$0 \rightarrow 220 \rightarrow -220 \rightarrow 220 \rightarrow -220 \rightarrow 240 (\text{MPa})$$

(2) 做出给定应变历史的应力应变曲线:

$$0 \rightarrow 0.002 \rightarrow -0.002 \rightarrow 0.002 \rightarrow -0.002 \rightarrow 0.004$$

第 11 章　屈 服 条 件

在工程弹塑性分析中,需首先判断材料变形是处于弹性阶段还是塑性阶段,从而对处于不同变形阶段的材料采用不同的本构方程。材料发生塑性变形即称为屈服,而屈服时应力满足的条件称为屈服条件或屈服准则。屈服和破坏是塑性力学的重要概念与内容,可以说没有屈服就没有塑性变形。第 10 章中,已经介绍了单轴应力状态下材料的屈服条件。本章将重点介绍复杂应力状态下材料的经典(金属)屈服理论,该理论基于以下假定:材料是理想弹塑性的或应变硬化的;静水应力只产生弹性的体积变形且不影响材料的屈服极限;材料的抗拉屈服极限与抗压屈服极限相同;塑性应变增量方向服从正交流动法则。

本章主要内容包括:屈服条件与屈服面;常用屈服准则;后继屈服条件。

11.1　屈服条件与屈服面

在单向应力状态下,当应力等于屈服应力 σ_s 时开始产生塑性变形,材料的屈服条件由两个屈服应力点来定义。当材料处于复杂应力状态时,一点的应力状态由 6 个独立分量确定,显然不能选取某个分量作为屈服判断的根据。例如,用最大主应力达到极限值作为屈服判断标准已被试验所否定,因为金属材料各向等压时,压应力远远超过 σ_s 而并未进入塑性状态。本节只定性地说明复杂应力状态下屈服的基本概念,随后将介绍屈服准则。

11.1.1　主应力空间和 π 平面

一个点的应力状态是由 6 个独立应力分量($\sigma_x,\sigma_y,\sigma_z,\tau_{xy},\tau_{yz},\tau_{zx}$)来决定的,故一般的应力空间是六维的,这导致在现实的三维空间中无法表示,为此,我们常采用 3 个主应力($\sigma_1,\sigma_2,\sigma_3$)或 3 个应力不变量($J_1,J_2,J_3$)为坐标轴形成三维的应力空间,并在主应力空间中研究一点的应力状态以及屈服问题。建立由 $\sigma_1,\sigma_2,\sigma_3$

为坐标轴的直角坐标系,称为主应力空间,如图 11.1 所示。

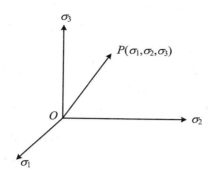

图 11.1 主应力空间

主应力空间中任意点 $P(\sigma_1,\sigma_2,\sigma_3)$ 就代表物体一点的应力状态,使用 $e_1,e_2,$ e_3 表示主应力空间中 3 个坐标轴方向的单位基矢量,点 P 的位置矢量表示为

$$\boldsymbol{OP} = \sigma_1 e_1 + \sigma_2 e_2 + \sigma_3 e_3$$

在主应力空间,如图 11.2 所示,过原点 O 做 1 条与 3 个坐标轴具有相同夹角的空间对角线 L,称为等倾线或等压线,因为该直线上任意一点所代表的应力状态有

$$\sigma_1 = \sigma_2 = \sigma_3$$

为静水压力状态,也称该直线为静水压力轴。

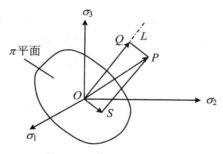

图 11.2 等倾线和 π 平面

过原点 O 以等倾线 L 为法线做一平面,称为 π 平面,π 平面上任意一点所代表的应力状态满足

$$\sigma_1 + \sigma_2 + \sigma_3 = 0 \tag{11.1}$$

为偏应力状态。

几何上,代表任意应力状态的矢量 $\boldsymbol{OP}$ 可分解为在静水压力轴上的投影和在 π 平面上投影的矢量,这就直观地给出了任意应力状态可分解为偏应力部分和静水

压力部分之和。实际上

$$OP = (s_1 + \sigma_m)e_1 + (s_2 + \sigma_m)e_2 + (s_3 + \sigma_m)e_3$$
$$= (s_1e_1 + s_2e_2 + s_3e_3) + (\sigma_me_1 + \sigma_me_2 + \sigma_me_3)$$
$$= OS + OQ$$

式中,s_i 是主偏应力,σ_m 是平均应力。OS 代表应力偏量分量,位于 π 平面上;OQ 代表静水应力分量,位于静水压力轴线上。

顺着静水压力轴方向看 π 平面,e_1, e_2, e_3 在平面上的投影为 e'_1, e'_2, e'_3,这 3 个投影轴相互间的夹角为 $\dfrac{2\pi}{3}$。在 π 平面上建立直角坐标系,其中 y 轴与 e'_2 轴重合,如图 11.3 所示。下面建立平面上任意一点的平面坐标 (x, y) 与空间坐标 $(\sigma_1, \sigma_2, \sigma_3)$ 之间的关系。

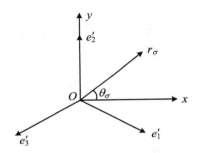

图 11.3 π 平面上的坐标系

三个空间坐标轴 e_1, e_2, e_3 与平面的夹角相同,斜面 ABC 是与 π 平面平行的平面,如图 11.4 所示,过 e_2 轴做垂直于斜面 ABC 的平面,交线垂直于斜面 ABC 的平面,交线为 CD,OC 和 CD 的夹角就是 e_2 与 π 平面的夹角,也就是 e_2 与 e'_2 的夹角,记为 β。根据几何关系可得

$$\cos \beta = \frac{OC}{CD} = \frac{1}{\sqrt{3/2}} = \sqrt{\frac{2}{3}}$$

由前面可知,在主应力空间中主偏应力矢量是 $s_1e_1 + s_2e_2 + s_3e_3$,该矢量在 π 平面上的投影为 $s_1\cos\beta e'_1 + s_2\cos\beta e'_2 + s_3\cos\beta e'_3$,注意到 e'_2, e'_3 与 x 轴的夹角分别为 $30°$ 和 $-30°$,而 e'_2 与 y 轴重合。所以,主偏应力矢量在 π 平面上投影的 x, y 坐标为

$$x = \frac{\sqrt{2}}{2}(s_1 - s_3) = \frac{\sqrt{2}}{2}(\sigma_1 - \sigma_3)$$

$$y = \frac{1}{\sqrt{6}}(2s_2 - s_1 - s_3) = \frac{1}{\sqrt{6}}(2\sigma_2 - \sigma_1 - \sigma_3)$$

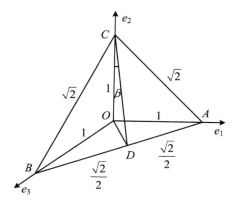

图 11.4 e_2 轴与 π 平面的夹角

它的极坐标是

$$r_\sigma = \sqrt{x^2 + y^2} = \sqrt{2J_2}$$

$$\tan \theta_\sigma = \frac{y}{x} = \frac{1}{\sqrt{3}} \mu_\sigma \tag{11.2}$$

式中,

$$\mu_\sigma = \frac{2s_2 - s_1 - s_3}{s_1 - s_3} = \frac{2\sigma_2 - \sigma_1 - \sigma_3}{\sigma_1 - \sigma_3} \tag{11.3}$$

称为 Lode 参数,表示主应力之间的相对比值关系,θ_σ 称为 Lode 角。

在简单应力状态下,μ_σ 的值分别为:① 单轴拉伸 $\mu_\sigma = -1$;② 纯剪切 $\mu_\sigma = 0$;③ 单轴压缩 $\mu_\sigma = 1$。按照主应力的大小顺序规定,Lode 参数和 Lode 角的取值范围分别是

$$-1 \leqslant \mu_\sigma \leqslant 1, \quad -\frac{\pi}{6} \leqslant \theta_\sigma \leqslant \frac{\pi}{6}$$

11.1.2 屈服条件

上节中 P 的运动轨迹称为应力路径,根据不同的应力路径所进行的试验,可以定出从弹性阶段进入塑性阶段的界限。应力空间中,将这些屈服应力点连接起来,就形成一个区分弹性和塑性的分界面,即所谓的屈服面。描述屈服面的数学表达式称为屈服条件,连同建立屈服条件时做出的基本假定一起称为屈服准则或屈服理论。

材料屈服与否取决于其所受的应力状态和材料特性参数,故屈服条件的一般形式可写为

$$f(\sigma_{ij}) = 0 \tag{11.4}$$

其中的函数 $f(\sigma_{ij})$ 称为屈服函数。

当材料为各向同性时,屈服条件式(11.4)表示的是一个六维应力空间中的超曲面,该曲面上的任一点都表示一个屈服应力状态,故又称为屈服面。对于应变硬化材料,初次进入屈服时称为初始屈服,相应的屈服面称为初始屈服面;进入硬化阶段后,卸载再加载时屈服极限将提高,此时进入屈服称为后继屈服,相应的屈服面称为后继屈服面。进入塑性阶段后,卸载并不产生塑性变形,只有加载才会出现后继屈服问题,故后继屈服面也称为加载面。下面的讨论针对的是初始屈服,硬化与后继屈服问题将在本章的 11.3 节加以讨论。

当材料为各向同性时,屈服条件与坐标轴的选择无关。取三个主应力轴为坐标轴,式(11.1)可写成

$$f(\sigma_1, \sigma_2, \sigma_3) = 0 \tag{11.5}$$

考虑到 $(\sigma_1, \sigma_2, \sigma_3)$,$(I_1, I_2, I_3)$ 和 (J_1, J_2, J_3) 之间是相互联系的,故有

$$f(I_1, I_2, I_3) = 0 \quad 或 \quad f(J_1, J_2, J_3) = 0 \tag{11.6}$$

根据试验资料,金属材料即使在很高的静水压力作用下,体积变形很小而且是有弹性的;静水压力对材料屈服的影响可以忽略不计。因此,假定屈服函数中不包含有静水应力,用偏量应力表示为

$$f(S_1, S_2, S_3) = 0 \quad 或 \quad f(J_1, J_2, J_3) = 0 \tag{11.7}$$

注意到 $J_1 = 0$,于是有

$$f(J_2, J_3) = 0 \tag{11.8}$$

11.1.3　屈服面与屈服曲线

1. 屈服面的形状

如果任何应力路径都可引起材料屈服,则屈服面必定是封闭的。若沿某些应力路径加载材料不可能屈服,则屈服面不封闭。例如,经典塑性理论中假定金属材料在静水应力下只产生弹性的体积应变,因此其屈服面就不是封闭的。

现在考察屈服面在主应力空间中的特征。在主应力空间中,如图 11.2 所示,过 P 点与等倾线平行的线上,任意点的应力偏量分量相同,而静水应力分量不同。在经典塑性理论中,认为屈服只取决于应力偏量,而与静水应力无关。因此,如果 P 点在屈服面上,那么 PS 线上所有点都在屈服面上。因而将屈服面与 π 平面的交线称为屈服曲线。于是,在主应力空间中,屈服面是以等倾线为轴线,以 π 平面上的屈服曲线为截面形状的柱面(图 11.5)。

2. 屈服曲线的性质

屈服曲线具有下列重要性质:

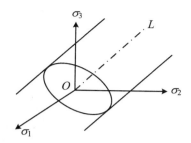

图 11.5 屈服面形状

① 屈服曲线是一条封闭曲线，而且坐标原点被包围在内。如果屈服曲线不封闭，则意味着某种情况下无论偏应力多大材料都不屈服，而这是不可能的，故屈服曲线必定是封闭的；坐标原点是一个无应力状态，材料不可能在无应力状态下屈服，也不可能在静水应力状态下屈服，故屈服曲线必定包围且不过坐标原点。

② 屈服曲线与任一从坐标原点出发的径向线必相交一次，且仅有一次。前一点很容易从屈服曲线封闭的性质推得。至于后一点，因为只考虑初始屈服，而初始屈服只可能有一次。

③ 屈服曲线对三个坐标轴的正负方向均为对称。决定材料屈服的应力偏量对 $\sigma_1,\sigma_2,\sigma_3$ 具有对称性。此外，在只考虑初始屈服时，材料拉或压屈服值相同。也就是说，如果应力状态 $(\sigma_1,\sigma_2,\sigma_3)$ 在屈服曲线上，则 $(-\sigma_1,-\sigma_2,-\sigma_3)$ 也一定在屈服曲线上。

④ 对于稳定材料，屈服曲线是外凸曲线。这是根据下述 Drucker 公设推出的结论。

11.1.4 Drucker 公设

D. Drucker(1952)提出如下公设：在整个加载及卸载循环过程中，附加应力做功非负。Drucker 公设适用于稳定材料，稳定材料的定义可表述如下：给定应力增量 $\Delta\sigma$，将产生相应的应变增量 $\Delta\varepsilon$。如果应力增量 $\Delta\sigma$ 在应变增量 $\Delta\varepsilon$ 上所做的功 $\Delta W=\Delta\sigma\cdot\Delta\varepsilon\geqslant0$，那么就称这类材料为稳定材料。

以单向拉伸为例，在加载过程中，图 11.6(a)所示的材料满足 $\Delta\sigma\cdot\Delta\varepsilon\geqslant0$，故为稳定材料；图 11.6(b)所示的材料不满足 $\Delta\sigma\cdot\Delta\varepsilon\geqslant0$，故为非稳定材料。

由 Drucker 公设可以推出几个非常重要的结论。现考虑一个加载和卸载循环，如图 11.7 所示。图中的 A 点是屈服面内的一点即施加荷载的起点，对应的应力状态为 σ_{ij}^0；B 点是屈服面上的任意一点，对应的应力状态为 σ_{ij}。从 B 点施加应

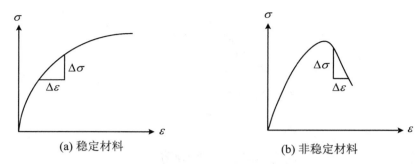

(a) 稳定材料　　　　　　　　　　(b) 非稳定材料

图 11.6　稳定材料和非稳定材料的对比

力增量 $\mathrm{d}\sigma_{ij}$ 至 C 点，C 点对应的应力状态 $\sigma_{ij} + \mathrm{d}\sigma_{ij}$。在加载卸载循环过程中，$A$ 点到 B 点的附加应力为 $\sigma_{ij} - \sigma_{ij}^0$。根据 Drucker 公设，有

$$\oint_{ABCA} (\sigma_{ij} - \sigma_{ij}^0)\mathrm{d}\varepsilon_{ij} \geqslant 0 \tag{11.9a}$$

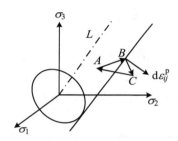

图 11.7　加载循环

在应力循环过程中，应变增量 $\mathrm{d}\varepsilon_{ij}$ 分为弹性应变增量 $\mathrm{d}\varepsilon_{ij}^e$ 和塑性应变增量 $\mathrm{d}\varepsilon_{ij}^p$

$$\mathrm{d}\varepsilon_{ij} = \mathrm{d}\varepsilon_{ij}^e + \mathrm{d}\varepsilon_{ij}^p \tag{11.9b}$$

对于整个循环，附加应力在弹性变形上做的功应为零。于是，式(11.9a)成为

$$\oint_{ABCA} (\sigma_{ij} - \sigma_{ij}^0)\mathrm{d}\varepsilon_{ij}^p \geqslant 0 \tag{11.9c}$$

显然，式(11.9c)可写成

$$\int_{AB} (\sigma_{ij} - \sigma_{ij}^0)\mathrm{d}\varepsilon_{ij}^p + \int_{BC} (\sigma_{ij} - \sigma_{ij}^0)\mathrm{d}\varepsilon_{ij}^p + \int_{CA} (\sigma_{ij} - \sigma_{ij}^0)\mathrm{d}\varepsilon_{ij}^p \geqslant 0 \tag{11.9d}$$

从 A 点到 B 点为加载过程，从 C 点到 A 点为卸载过程。在这两个过程中均没有新的塑性应变产生，即 $\mathrm{d}\varepsilon_{ij}^p = 0$，故式(11.9d)成为

$$\int_{BC} (\sigma_{ij} - \sigma_{ij}^0)\mathrm{d}\varepsilon_{ij}^p \geqslant 0 \tag{11.9e}$$

BC 可以是任意微段,当 BC 很微小时,式(11.9e)可近似地写为

$$(\sigma_{ij} + d\sigma_{ij} - \sigma_{ij}^0)d\varepsilon_{ij}^p = (\sigma_{ij} - \sigma_{ij}^0)d\varepsilon_{ij}^p \geqslant 0 \qquad (11.9f)$$

其中略去了高阶小量 $d\sigma_{ij}d\varepsilon_{ij}$。如果将塑性应变空间和应力空间重合起来,则式(11.9f)为矢量 $\boldsymbol{AB} = \boldsymbol{\sigma}_{ij} - \boldsymbol{\sigma}_{ij}^0$ 与矢量 $d\boldsymbol{\varepsilon}^p = d\boldsymbol{\varepsilon}_{ij}^p$ 的点积。若两个矢量之间的夹角为 α,有

$$(\boldsymbol{\sigma}_{ij} - \boldsymbol{\sigma}_{ij}^0)d\varepsilon_{ij}^p = |\sigma_{ij}^* - \sigma_{ij}^0||d\varepsilon_{ij}^p|\cos\alpha$$

由式(11.9f)可知

$$\cos\alpha \geqslant 0 \qquad (11.10)$$

可见,屈服面内任意一点 $A(\sigma_{ij}^0)$ 到屈服面上任意一点 $B(\sigma_{ij})$ 形成的矢量 $\boldsymbol{AB}$ 与塑性应变增量矢量 $d\boldsymbol{\varepsilon}^p$ 的夹角 $\alpha \leqslant \pi/2$。从此出发可以得出两个重要结论:

（1）屈服面和屈服曲线一定是凸的:假如屈服曲线不是凸的(图 11.8),在凹处取一点 $B(\sigma_{ij})$,则无论 $d\boldsymbol{\varepsilon}^p$ 指向何方,都可以在屈服面内找到一点 $A(\sigma_{ij}^0)$,使得矢量 $\boldsymbol{AB}$ 与 $d\boldsymbol{\varepsilon}^p$ 的夹角 $\alpha > \pi/2$。这与 Drucker 公设的结论相矛盾,则证明屈服曲线一定是凸的。

（2）$d\boldsymbol{\varepsilon}^p$ 的方向一定指向屈服面的外法向:如果 $d\boldsymbol{\varepsilon}^p$ 的方向不是屈服面的外法向(图 11.9),则在屈服面内总能找到一点 $A(\sigma_{ij}^0)$,使得矢量 $\boldsymbol{AB}$ 与 $d\boldsymbol{\varepsilon}^p$ 夹角 $\alpha > \pi/2$。这与 Drucker 公设的结论相矛盾,故 $d\boldsymbol{\varepsilon}^p$ 的方向一定指向屈服面的外法向。

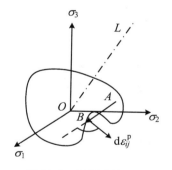

图 11.8　屈服曲线外凸

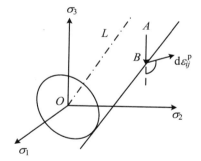

图 11.9　塑性应变增量

11.2　常用屈服准则

本节将主要讨论应用于金属材料的几个屈服准则,由于金属材料的屈服对静水压力不敏感,因而剪切应力控制着这些材料的屈服。而关于非金属材料,如岩石、混凝土等与静水压力相关的材料的屈服准则,详见第 13 章。

11.2.1 Tresca 屈服准则

1864 年 H. Tresca 提出假设:材料屈服取决于最大剪应力,即当最大剪应力达到一定值时,材料开始屈服。这就是 Tresca 屈服准则。Ludwik 于 1909 年观察到金属材料塑性变形的滑移线,即在单向拉伸试验中,当材料发生塑性屈服时,试件表面出现了与试样轴大约呈 45°角的斜线。由于最大剪应力面就是与试样轴呈 45°角的斜面,故这些条纹是材料内部晶格间的相对剪切滑移的结果。

1. 屈服条件

根据上述假设,屈服条件可写为

$$\tau_{max} = C \tag{11.11a}$$

在复杂应力状态下 $\tau_{max} = (\sigma_1 - \sigma_3)/2$,于是式(11.11a)成为

$$\sigma_1 - \sigma_3 = 2C \tag{11.11b}$$

其中 C 为材料常数,可以通过简单试验确定,如单轴拉伸和纯剪切试验。

① 单向拉伸。此时 $\sigma_1 = \sigma_s$,$\sigma_2 = \sigma_3 = 0$,代入上式得 $C = \sigma_s/2$。于是式(11.11b)成为

$$\sigma_1 - \sigma_3 = \sigma_s \tag{11.12a}$$

② 纯剪切。此时 $\sigma_1 = \tau_s$,$\sigma_2 = 0$,$\sigma_3 = -\tau_s$。代入式(11.11b)得 $C = \tau_s$。于是式(11.11b)成为

$$\sigma_1 - \sigma_3 = 2\tau_s \tag{11.12b}$$

从理论上讲,若材料严格服从 Tresca 屈服准则,则常数 C 只取决于材料本身,而与达到屈服时的应力状态无关,即通过任何应力状态所确定的常数 C 都应相等。比较上面两种试验结果,应有

$$\sigma_s = 2\tau_s \tag{11.13}$$

当不知道主应力大小次序时,式(11.12)可写成如下形式

$$|\sigma_1 - \sigma_2| = \sigma_s \tag{11.14a}$$

或

$$|\sigma_2 - \sigma_3| = \sigma_s \tag{11.14b}$$

或

$$|\sigma_3 - \sigma_1| = \sigma_s \tag{11.14c}$$

或写成

$$[(\sigma_1 - \sigma_2)^2 - \sigma_s^2][(\sigma_2 - \sigma_3)^2 - \sigma_s^2][(\sigma_3 - \sigma_1)^2 - \sigma_s^2] = 0 \tag{11.15}$$

2. 屈服曲线

式(11.14a)表明它和平均应力 σ_m 及 σ_3 无关,故在应力空间中,它表示两个平

行于 σ_3 轴和 L 直线的平面。同理,式(11.14b)表示两个平行于 σ_1 轴和 L 直线的平面,式(11.14c)表示两个平行于 σ_2 轴和 L 直线的平面。由这 6 个平面组成的屈服面是一个以 L 为轴线的正六棱柱面,其在 π 平面上的投影即屈服曲线为一个正六边形,称为 Tresca 六边形(图 11.10)。

将轴 $\sigma_1,\sigma_2,\sigma_3$ 向 π 平面上投影,所得为三根夹角互成 $120°$ 的轴,分别用 $\sigma_1',\sigma_2',\sigma_3'$ 表示。显然,它们和相应的原坐标轴的夹角余弦为 $\sqrt{\dfrac{2}{3}}$,应力状态矢量在 π 平面上的投影沿 $\sigma_1',\sigma_2',\sigma_3'$ 轴的分量为 $\sqrt{\dfrac{2}{3}}\sigma_1,\sqrt{\dfrac{2}{3}}\sigma_2,\sqrt{\dfrac{2}{3}}\sigma_3$。由于 $(\sigma_s,0,0)$ 是屈服面上的一点,其在 π 平面上的投影点为 A(图 11.10),故原点到六角形顶点的距离为 $\sqrt{\dfrac{2}{3}}\sigma_s$。

在平面应力状态下,一个主应力为零。若令 $\sigma_3=0$,则屈服条件变为

$$|\sigma_1-\sigma_2|=\sigma_s \quad 或 \quad |\sigma_2|=\sigma_s \quad 或 \quad |\sigma_1|=\sigma_s \tag{11.16}$$

以 σ_1,σ_2 为坐标轴建立直角坐标系,则在此坐标系中 Tresca 屈服条件对应于斜六角形(图 11.11)。

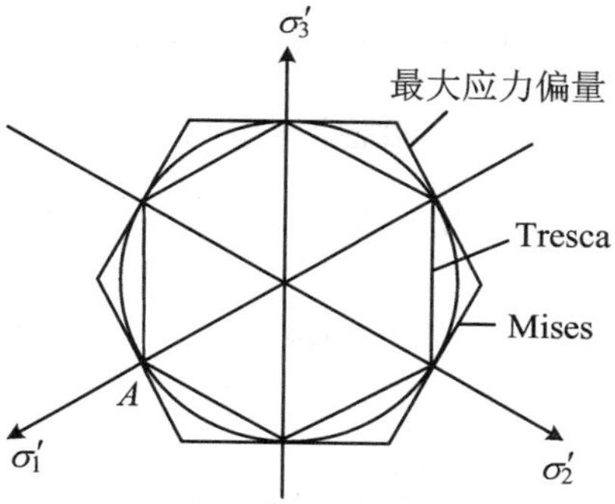

图 11.10　屈服曲线

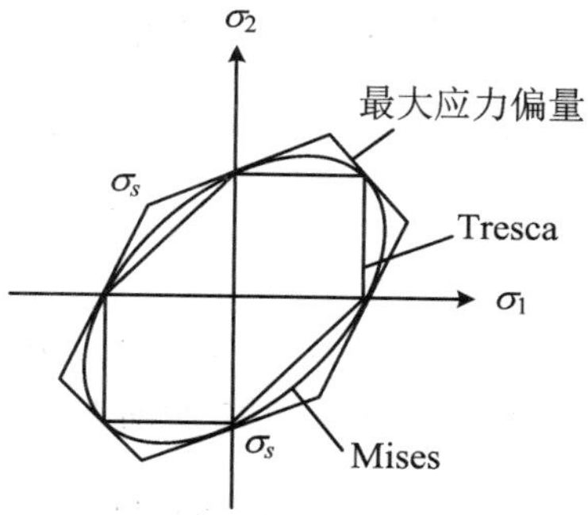

图 11.11　平面问题

Tresca 屈服准则的优点在于:当主应力大小顺序已知时,表达式简单,使用起来非常方便。但是,当不知道主应力大小顺序时,表达式过于复杂;六角柱面具有 6 个棱,屈服函数的导数不连续,故在数学上遇到困难;没有考虑中间主应力 σ_2 对屈服的影响。

11.2.2　Mises 屈服准则

1. Mises 屈服条件

如前所述,在不知道主应力大小次序的情况下,应用 Tresca 屈服准则会引起

计算上的不便,而且该准则没有考虑 σ_2 的影响。于是,von Mises(1913 年)提出了以 $\sqrt{\dfrac{2}{3}}\sigma_s$ 外接圆柱面代替六棱柱面的想法。由于圆的半径为 $\sqrt{\dfrac{2}{3}}\sigma_s$。故圆的方程为

$$R^2 = \frac{2}{3}\sigma_s^2$$

其中,R 为应力偏量的大小,即 $R = s_{ij}$。由于 $J_2 = \dfrac{s_{ij}s_{ij}}{2}$,于是得到 Mises 屈服条件

$$J_2 = \frac{\sigma_s^2}{3}$$

或

$$(\sigma_1 - \sigma_2)^2 + (\sigma_2 - \sigma_3)^2 + (\sigma_3 - \sigma_1)^2 = 2\sigma_s^2 \tag{11.17}$$

　　为给上述条件做出解释,Mises 屈服准则可表述如下:当应力偏量第二不变量 J_2 达到一定值时,材料开始屈服,即

$$J_2 = C \tag{11.18a}$$

或

$$(\sigma_1 - \sigma_2)^2 + (\sigma_2 - \sigma_3)^2 + (\sigma_3 - \sigma_1)^2 = 6C \tag{11.18b}$$

　　为确定常数 C,可考虑单向拉伸屈服状态,此时 $\sigma_1 = \sigma_s$,$\sigma_2 = \sigma_3 = 0$,代入上式得 $C = \dfrac{\sigma_s^2}{3}$。于是,式(11.18b)成为式(11.17)。也可根据纯剪屈服状态来确定常数 C,此时 $\sigma_1 = \tau_s$,$\sigma_2 = 0$,$\sigma_3 = -\tau_s$,代入式(11.18b)得 $C = \tau_s^2$。于是,式(11.18b)成为

$$(\sigma_1 - \sigma_2)^2 + (\sigma_2 - \sigma_3)^2 + (\sigma_3 - \sigma_1)^2 = 6\tau_s^2 \tag{11.19}$$

可见,在 Mises 屈服准则中,$\sigma_s = \sqrt{3}\,\tau_s$。

　　圆柱面在 π 平面上的投影即屈服曲线是半径为 $\sqrt{\dfrac{2}{3}}\sigma_s$ 的圆(图 11.10),称为 Mises 圆。

　　在平面应力状态下,令 $\sigma_3 = 0$,则 Mises 屈服条件变为

$$\sigma_1^2 - \sigma_1\sigma_2 + \sigma_2^2 = \sigma_s^2 \tag{11.20}$$

在以 σ_1,σ_2 为坐标轴的直角坐标系中,上式代表一斜椭圆(图 11.11)。

2. 其他解释

Mises 认为 Tresca 屈服准则是准确的,他的准则是近似的。然而,后来的试验证明 Mises 屈服准则更接近于试验结果。以后,学者们对 Mises 屈服准则给出了各种物理上的解释。

　　① 考虑到等效应力式(2.39)、式(11.17)变为

$$\bar{\sigma} = \sigma_s \qquad (11.21)$$

于是,Mises 屈服准则可叙述如下:当等效应力达到一定数值时,材料开始屈服。

② 考虑形状改变比能(即弹性畸变能密度)v_d。

$$v_d = \frac{1}{2G} J_2 \qquad (11.22)$$

可见,v_d 与 $\bar{\sigma}$ 或 J_2 只差一个常数倍数,八面体剪应力 τ_8 亦是如此。于是,可做出相应于 v_d 和 τ_8 的解释。

Mises 屈服准则考虑了中间主应力的影响;圆柱面为光滑的曲面,因此在数学上应用起来很方便。但是,该准则也没有考虑静水应力的影响。

11.2.3 最大应力偏量准则

1940 年,Ишлинский 提出最大应力偏量准则,认为最大应力偏量达到一定值时,材料发生屈服,即

$$S_1 = \sigma_1 - \sigma_m = C$$

或

$$2\sigma_1 - \sigma_2 - \sigma_3 = 3C$$

其中的待定常数可由单向拉伸实验结果确定 $3C = 2\sigma_s$,于是有

$$2\sigma_1 - \sigma_2 - \sigma_3 = 2\sigma_s \qquad (11.23)$$

当最大应力偏量的次序不知道时,式(11.23)可写成

$$|2\sigma_1 - \sigma_2 - \sigma_3| = 2\sigma_s \qquad (11.24a)$$

或

$$|2\sigma_2 - \sigma_1 - \sigma_3| = 2\sigma_s \qquad (11.24b)$$

或

$$|2\sigma_3 - \sigma_2 - \sigma_1| = 2\sigma_s \qquad (11.24c)$$

分析表明,最大应力偏量准则的屈服曲线为与 Mises 圆相切的外切六边形,该六边形通过 Tresca 六边形的 6 个顶点(图 11.10)。

在平面应力状态下,令 $\sigma_3 = 0$,则最大应力偏量屈服条件变为

$$|2\sigma_1 - \sigma_2| = 2\sigma_s \qquad (11.25a)$$

或

$$|2\sigma_2 - \sigma_1| = 2\sigma_s \qquad (11.25b)$$

或

$$|\sigma_1 + \sigma_2| = 2\sigma_s \qquad (11.25c)$$

其图形为通过 Tresca 六边形的 6 个顶点与 Mises 圆相切的外切六边形(图 11.11)。

11.2.4　屈服准则的验证

材料的屈服准则是否符合实际必须经过试验和实践的检验。在经典屈服准则的验证试验中，所用材料通常为软钢、铝及铝合金等，试件为薄壁圆筒，荷载为轴向拉伸、内压及扭转的不同组合。取 x 轴与筒轴重合，y 轴沿筒的环向方向。设圆筒的平均半径和厚度分别为 r 和 h；圆筒承受的轴向拉力、内压和扭矩分别为 P, p 和 M。在前述每种荷载作用下，试件内各点的应力状态分别为

$$\sigma_x = \frac{P}{2\pi rh}, \quad \sigma_y = 0, \quad \tau_{xy} = 0 \quad （轴向拉伸） \tag{11.26a}$$

$$\sigma_x = \frac{pr}{2h}, \quad \sigma_y = \frac{pr}{h}, \quad \tau_{xy} = 0 \quad （承受内压） \tag{11.26b}$$

$$\sigma_x = 0, \quad \sigma_y = 0, \quad \tau_{xy} = \frac{M}{2\pi r^2 h} \quad （承受扭矩） \tag{11.26c}$$

荷载组合不同，将得到不同的应力状态。例如，将式（11.26a）和式（11.26c）组合，得到拉扭产生的平面应力状态（图 11.12）：

$$\sigma_x = \frac{P}{2\pi rh}, \quad \sigma_y = 0, \quad \tau_{xy} = \frac{M}{2\pi r^2 h}$$

图 11.12　拉扭试验

其主应力为

$$\sigma_1 = \frac{\sigma_x}{2} + \frac{1}{2}\sqrt{\sigma_x^2 + 4\tau_{xy}^2}, \quad \sigma_2 = 0, \quad \sigma_3 = \frac{\sigma_x}{2} - \frac{1}{2}\sqrt{\sigma_x^2 + 4\tau_{xy}^2}$$

分别代入 Tresca 屈服条件式（11.12）和 Mises 屈服条件式（11.17）得

$$\left(\frac{\sigma_x}{\sigma_s}\right)^2 + 4\left(\frac{\tau_{xy}}{\sigma_s}\right)^2 = 1 \quad （Tresca 条件）$$

$$\left(\frac{\sigma_x}{\sigma_s}\right)^2 + 3\left(\frac{\tau_{xy}}{\sigma_s}\right)^2 = 1 \quad （Mises 条件）$$

若以 σ_x/σ_s 为横轴，τ_{xy}/σ_s 为纵轴，则上述两式均表示椭圆（图 11.13）。

关于屈服准则，学者们做了大量试验验证工作。这里仅介绍了 G. I. Taylor 和 H. Quinney 进行的圆筒轴向拉伸和扭转的联合试验。试验点散布在 Mises 屈服准则和 Tresca 屈服准则的理论曲线附近（图 11.13）。可见，两个准则均与试验结果

基本符合,Mises 屈服准则比 Tresca 屈服准则更接近实际。

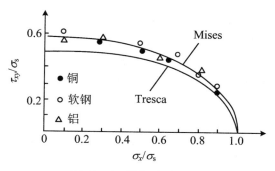

图 11.13　拉扭试验结果

11.2.5　算例

例 11.1　一薄壁圆管,平均半径为 R,壁厚为 t,承受内压 p,对于下列两种情况:

（1）管的两端是自由的;

（2）管的两端是封闭的。

分别使用 Mises 和 Tresca 屈服准则,讨论 p 多大时管子开始屈服（规定纯剪切时两种屈服条件重合）。

解　将 Mises 和 Tresca 屈服准则中的材料常数 C 都使用纯剪切的屈服极限表示,则这两种屈服条件重合,于是

Mises 屈服条件:

$$J_2 = \tau_s^2$$

Tresca 屈服条件:

$$\sigma_1 - \sigma_3 = 2\tau_s$$

（1）管的两端是自由时,应力状态为

$$\sigma_z = 0, \quad \sigma_\theta = \frac{pR}{t}, \quad \sigma_r = 0, \quad \tau_{zr} = \tau_{r\theta} = \tau_{\theta z} = 0$$

$$J_2 = \frac{1}{6}\left[(\sigma_z - \sigma_r)^2 + (\sigma_z - \sigma_\theta)^2 + (\sigma_r - \sigma_\theta)^2 + 6(\tau_{r\theta}^2 + \tau_{\theta z}^2 + \tau_{zr}^2)\right]$$

$$= \frac{1}{3}\left(\frac{pR}{t}\right)^2$$

$$\sigma_1 - \sigma_3 = \sigma_\theta = \frac{pR}{t}$$

使用 Mises 屈服条件:

$$p = \frac{\sqrt{3}\,\tau_{\mathrm{s}}\,t}{R}$$

使用 Tresca 屈服条件：

$$p = \frac{2\tau_{\mathrm{s}}\,t}{R}$$

(2) 管的两端是封闭时，应力状态为

$$\sigma_z = \frac{pR}{2t}, \quad \sigma_\theta = \frac{pR}{t}, \quad \sigma_r = 0, \quad \tau_{zr} = \tau_{r\theta} = \tau_{\theta z} = 0$$

$$J_2 = \frac{1}{6}\big[(\sigma_z - \sigma_r)^2 + (\sigma_z - \sigma_\theta)^2 + (\sigma_r - \sigma_\theta)^2 + 6(\tau_{r\theta}^2 + \tau_{\theta z}^2 + \tau_{zr}^2)\big]$$

$$= \frac{1}{6}\,\frac{3}{2}\Big(\frac{pR}{t}\Big)^2$$

$$\sigma_1 - \sigma_3 = \sigma_\theta = \frac{pR}{t}$$

使用 Mises 屈服条件：

$$p = \frac{2\tau_{\mathrm{s}}\,t}{R}$$

使用 Tresca 屈服条件：

$$p = \frac{2\tau_{\mathrm{s}}\,t}{R}$$

例 11.2 对于 $\sigma_x = -\sigma_{\mathrm{s}}, 0$ 和 σ_{s} 三个不同值，做出 Tresca 屈服准则在平面上的轨迹，假设为平面应力状态。

解 对于平面应力状态 $(\sigma_x, \sigma_y, \tau_{xy})$，最大剪应力 $\tau_{\max}$ 为

$$\tau_{\max} = \sqrt{\Big(\frac{\sigma_x - \sigma_y}{2}\Big)^2 + \tau_{xy}^2}$$

那么 Tresca 屈服准则变为

$$\sqrt{\Big(\frac{\sigma_x - \sigma_y}{2}\Big)^2 + \tau_{xy}^2} = k$$

或

$$(\sigma_x - \sigma_y)^2 + 4\tau_{xy}^2 = 4k^2 = \sigma_{\mathrm{s}}^2$$

上式描述的是 $\sigma_x - \tau_{xy}$ 平面上的椭圆，其轨迹如图 11.14 所示。

例 11.3 画出 $\sigma_y/\sigma_{\mathrm{s}} = 0, 0.5$ 和 1.0 三种不同值下 Mises 屈服准则在 $\sigma_x - \tau_{xy}$ 平面上的轨迹，假设为平面应力状态。

解 对于平面应力状态，有

$$J_2 = \frac{1}{3}(\sigma_x^2 - \sigma_x\sigma_y + \sigma_y^2) + \tau_{xy}^2$$

则上式重新写为

$$\frac{1}{3}(\sigma_x^2 - \sigma_x\sigma_y + \sigma_y^2) + \tau_{xy}^2 = \tau_s^2 = \frac{\sigma_s^2}{3}$$

该式描述了平面上的椭圆,屈服轨迹如图 11.15 所示。

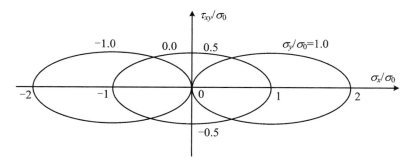

图 11.14 $\boldsymbol{\sigma_x - \tau_{xy}}$ 平面上 Tresca 屈服准则的轨迹

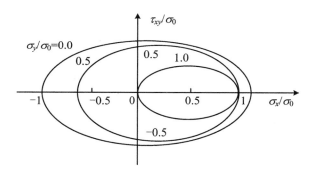

图 11.15 $\boldsymbol{\sigma_x - \tau_{xy}}$ 平面上 Mises 屈服准则的轨迹

11.3 后继屈服条件

前面两节集中讨论的屈服条件是指材料在未经受任何塑性变形的情况下进入初始屈服时应满足的条件,对应的屈服面称为初始屈服面。由于屈服面是弹性区的边界,并将弹性区包含在内,屈服面以外是塑性区,当应力路径一旦从屈服面上向屈服面外变化时,将产生塑性变形。在第 10 章中我们知道,单轴拉伸下进入初始屈服后,随着塑性变形的增长屈服极限提高,即出现硬化现象。类似地,在复杂应力状态下材料也会发生硬化行为,随着塑性变形的产生,屈服面会随之改变,通常将变化中的屈服面称为后继屈服面或加载面,而将描述后继屈服面的方程称为后继屈服条件或加载条件。这里需要指出的是对于理想塑性材料不存在硬化问题,故其屈服面的大小、形状和位置均保持不变。

后继屈服条件不仅与应力状态 σ_{ij} 有关,还取决于塑性应变及其历史,其一般形式为

$$f(\sigma_{ij}, \kappa_\alpha) = 0 \tag{11.27}$$

其中,$f(\sigma_{ij}, \kappa_\alpha)$ 称为后继屈服函数或加载函数;$\kappa_\alpha(\alpha = 1, 2, \cdots)$ 是与塑性变形及其历史有关的参数,可以是一个或多个标量,也可以是张量。

式(11.27)在应力空间中代表着一族以 H_α 为参数的后继屈服面,材料进入初始屈服时尚未产生塑性变形,故 $\kappa_\alpha = 0$,式(11.27)退化为初始屈服面。随着塑性变形的产生和发展,参数 κ_α 不断变化,后继屈服面符合 κ_α 的演化规律实质上就是材料的硬化规律。

硬化问题比较复杂,为确定后继屈服面,学者们提出了多种模型。其中最常用的是等向硬化模型和随动硬化模型,而试验数据则分散在这两种模型之间。

11.3.1 等向硬化模型

等向硬化模型假设拉伸时的硬化屈服极限和压缩时的硬化屈服极限相等。这样,在塑性变形过程中,后继屈服面均匀扩大。从数学上看,后继屈服函数只与应力 σ_{ij} 及标量硬化参数 κ 有关,后继屈服条件可表示为

$$f(\sigma_{ij}, H(\kappa)) = 0 \tag{11.28}$$

其中,$H(\kappa)$ 称为硬化函数,硬化参数 κ 可取为塑性功

$$H(\kappa) = H(W^p), \quad W^p = \int \sigma_{ij} d\varepsilon_{ij}^p \tag{11.29a}$$

或取为等效塑性应变

$$H(\kappa) = H(\bar{\varepsilon}^p), \quad \bar{\varepsilon}^p = \int d\bar{\varepsilon}^p \tag{11.29b}$$

当塑性应变为零时,硬化还未发生,故 $\kappa = 0$,式(11.28)退化为初始屈服条件。

在单向应力情况下,等向硬化可以理解为:材料某一方向上因加载屈服极限得到提高,所有其他方向的屈服极限都将因此而得到同等程度的提高,详见 10.1 节。此时,式(11.28)可写成

$$f(\sigma, H) = |\sigma| - \sigma_s - H = 0 \tag{11.30}$$

在单向拉伸条件下,$\bar{\sigma} = \sigma$。若取等效应变作为强化参数,$d\bar{\varepsilon}^p = d\varepsilon^p$,则 $\int d\bar{\varepsilon}^p = \int d\varepsilon^p = \varepsilon^p$,$H(\bar{\varepsilon}^p) = H(\varepsilon^p)$。于是,单轴拉伸下 $\sigma\text{-}\varepsilon^p$ 关系曲线就是 $\bar{\sigma}\text{-}\bar{\varepsilon}^p$ 关系曲线,从而确定了硬化函数 H。

一般来说,等向硬化模型只有在变形不大时,以及应力偏量之间的相互比例改变不大时,才与实际情况比较符合。

在复杂应力状态下,若初始屈服条件为 $f^*(\sigma_{ij}) = 0$,则式(11.28)还可写成

$$f(\sigma_{ij}, H) = f^*(\sigma_{ij}) - H = 0 \tag{11.31}$$

若将初始屈服条件 $f^*(\sigma_{ij})$ 置换为 Mises 条件,上式则写为

$$\bar{\sigma} - \sigma_s - H = 0 \tag{11.32}$$

在 π 平面上,Mises 初始屈服曲线是半径为 $\sqrt{\dfrac{2}{3}}\sigma_s$ 的圆,如图 11.16 所示。当应力点移到 A 点,等向硬化后继屈服曲线将是半径为 OA 的圆。可见,后继屈服曲线是一系列同心圆,半径由 H 决定。若将初始屈服条件 $f^*(\sigma_{ij})$ 置换为 Tresca 条件,后继屈服曲线就是一系列同心正六边形。

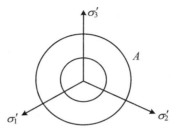

图 11.16　等向硬化模型

11.3.2　随动硬化模型

当塑性变形较大,特别是应力循环变化时,金属材料表现出明显的各向异性性质,等向硬化模型不再适用。一些金属材料在单轴循环拉压作用下,具有 Bausch-inger 效应,即正向屈服极限提高多少,反向的屈服极限就降低多少。Prager 于 1955 年将随动硬化模型推广应用到复杂应力状态,认为在硬化过程中,加载面的大小和形状不变,只是中心移动,即在塑性变形过程中,后继屈服面只在空间做平移,而不改变其大小和形状(图 11.17)。该模型的后继屈服条件可表示为

$$f(\sigma_{ij}, \alpha_{ij}) = f^*(\sigma_{ij} - \alpha_{ij}) - k = 0 \tag{11.33}$$

其中,α_{ij} 称为背应力,是一个表征加载面中心移动的二阶对称张量,对应着后继屈服面的中心坐标,k 是材料常数。

随动硬化模型的关键是确定背应力 α_{ij},最简单的方法是考虑 α_{ij} 与塑性应变矢量有关,即

$$f(\sigma_{ij}, \varepsilon_{ij}^p) = 0 \tag{11.34}$$

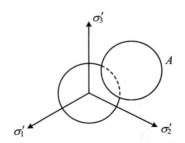

图 11.17　随动硬化模型

Prager 等认为背应力增量应平行于塑性应变增量

$$\mathrm{d}\alpha_{ij} = c\mathrm{d}\varepsilon_{ij}^{\mathrm{p}}$$ (11.35)

式中，c 是材料常数，可根据单向拉伸试验确定，该模型称为线性随动硬化模型。

在单向应力情况下，$\mathrm{d}\alpha = c\mathrm{d}\varepsilon^{\mathrm{p}}$，则式(11.34)可写成

$$\left| \sigma - c\varepsilon^{\mathrm{p}} \right| = \sigma_{\mathrm{s}}$$ (11.36)

该式与初始屈服条件的区别就是用 $\sigma - c\mathrm{d}\varepsilon^{\mathrm{p}}$ 代替 σ。若初始屈服条件写成 $f^*(\sigma_{ij}) = 0$，则推广到复杂应力状态

$$f^*(\sigma_{ij} - c\varepsilon_{ij}^{\mathrm{p}}) = 0$$ (11.37)

特别地，对于 Mises 屈服条件，线性随动硬化模型为

$$\bar{\sigma}(\sigma_{ij} - c\varepsilon_{ij}^{\mathrm{p}}) - \sigma_{\mathrm{s}} = 0$$ (11.38)

在单轴拉伸时，$\sigma_1 = \sigma, \sigma_2 = \sigma_3 = 0; \varepsilon_1^{\mathrm{p}} = \varepsilon^{\mathrm{p}}, \varepsilon_2^{\mathrm{p}} = \varepsilon_3^{\mathrm{p}} = -\varepsilon^{\mathrm{p}}/2$。

于是硬化模型式(11.34)可简化为

$$\sigma = \sigma_{\mathrm{s}} + \frac{3c}{2}\varepsilon^{\mathrm{p}}$$ (11.39a)

线性硬化材料单向拉伸时的曲线为

$$\sigma = \sigma_{\mathrm{s}} + \frac{E_t}{1-\lambda}\varepsilon^{\mathrm{p}}$$ (11.39b)

其中，$\lambda = \dfrac{E_t}{E}$。式(11.39a)与式(11.39b)比较，可得

$$c = \frac{2E_t}{3(1-\lambda)}$$ (11.40)

在 π 平面上，Mises 初始屈服曲线是半径为 $\sqrt{\dfrac{2}{3}}\sigma_{\mathrm{s}}$ 的圆。若应力点发生移动，则随动硬化加载面仍是半径为 $\sqrt{\dfrac{2}{3}}\sigma_{\mathrm{s}}$ 的圆，只是其圆心坐标变为 $c\varepsilon_{ij}^{\mathrm{p}}$。

等向硬化模型在数学计算上比较简便，其明显缺点是没有考虑 Bauschinger 效应。如果实际问题中加载路径没有明显的反复(如单调加载)，可以采用这种模

型。随动硬化模型的优点是能较好地反映 Bauschinger 效应,在承受反复荷载时比较符合实际。但是,加载曲面的形状、大小均未改变,也与试验结果不符。 只有在加载路径与原来硬化方向比较接近的情况下,才较为符合试验结果。

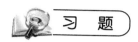 习　题

1. 试比较 Tresca 屈服条件和 Mises 屈服条件在单向拉伸和纯剪情况下的异同。

答案:单向拉伸时两个屈服条件的结果相同;在纯剪情况下,对于 Tresca 屈服条件,当 $\tau = \dfrac{\sigma_s}{2}$ 时屈服;对于 Mises 屈服条件,当 $\tau = \dfrac{\sigma_s}{\sqrt{3}}$ 时屈服。

2. 试写出平面应变(且 $\nu = \dfrac{1}{2}$)情况下的 Tresca 屈服条件和 Mises 屈服条件。

答案:Tresca 屈服条件:$(\sigma_x - \sigma_y)^2 + 4\tau_{xy}^2 = \sigma_s^2$;Mises 屈服条件:$(\sigma_x - \sigma_y)^2 + 4\tau_{xy}^2 = \dfrac{4\sigma_s^2}{3}$。

3. 试写出平面应力情况下的 Mises 屈服条件。

答案:$\sigma_x^2 + \sigma_y^2 - \sigma_x\sigma_y + 3\tau_{xy}^2 = \sigma_s^2$。

4. 如图 11.18 所示,设圆形截面直杆受弯扭作用,弯矩 $M = 10\ \text{kN} \cdot \text{m}$,扭矩 $M_T = 30\ \text{kN} \cdot \text{m}$。简单拉伸时的屈服应力 σ_s,要求安全系数为 1.2。问:直径 d 为多少才不致屈服?

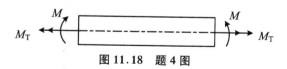

图 11.18　题 4 图

答案:Tresca 屈服条件:$d = 0.109\ \text{m}$;Mises 屈服条件:$d = 0.10$。

5. 由下述条件确定 Mises 和 Tresca 屈服准则。

(1) 一薄平板在其自身平面内沿各个方向均匀拉伸;

(2) x,y 平面内一薄板,在 x 方向受均匀拉力 q 作用,y 方向受均匀压力 p 作用;

(3) 对于情况(1)和(2),分别求出其最大剪应力作用面的方向。

6. 已知 $\sigma_1 = 68.95\ \text{MPa}$,$\sigma_2 = 27.58\ \text{MPa}$,假定材料为各向同性并与静水压力无关且拉压性质相同。

（1）确定在 σ_1,σ_2 空间中所有其他双轴应力状态；

（2）估计屈服应力：① 轴向拉伸；② 简单剪切。并根据其外凸性给出估计值的可能误差极限；

（3）分别根据：① Mises 屈服准则；② Tresca 屈服准则；③ $f(J_2,J_3)=J_2^3-2.25J_3^2-k^2=0$，确定（2）中的屈服应力。

第 12 章　塑性本构理论

材料加载时,可将应力增量产生的应变增量分为弹性应变增量和塑性应变增量两部分,其中的弹性应变增量用广义胡克定律计算;塑性应变增量则根据流动法则和硬化规律计算。

第 11 章已经介绍了屈服理论的相关知识。在此基础上,本章将继续学习加载准则和流动法则,它们与前者结合构成塑性本构理论。

12.1　加　载　准　则

12.1.1　硬化塑性材料

所谓加载是指塑性变形继续发展,加载准则就是判断加载和卸载的条件。设某点处的当前应力状态 σ_{ij} 满足屈服条件,即 $f(\sigma_{ij},\kappa_\alpha)=0$($\kappa_\alpha=0$ 时为初始屈服条件,否则为后继屈服条件),应力增量为 $\mathrm{d}\sigma_{ij}$。$\mathrm{d}\sigma_{ij}$ 指向屈服面内表示该点处于卸载状态;$\mathrm{d}\sigma_{ij}$ 指向屈服面外表示处于加载状态;而 $\mathrm{d}\sigma_{ij}$ 与屈服面相切,则说明变化后的应力点仍然保持在屈服面上,试验证明此过程不产生新的塑性变形,称为中性变载(图 12.1)。考虑到屈服函数的梯度矢量 $\partial f/\partial\sigma_{ij}$ 与屈服面垂直,则根据梯度矢量与应力增量矢量之间的夹角关系,有

$$f=0 \quad 且 \quad \frac{\partial f}{\partial \sigma_{ij}}\mathrm{d}\sigma_{ij}\begin{cases} >0 & (加载) \\ =0 & (中性变载) \\ <0 & (卸载) \end{cases} \tag{12.1}$$

这就是加载准则。

12.1.2　理想塑性材料

对于理想塑性材料,因为不存在初始屈服面外的点,故应力增量不可能指向屈

服面外。当 $f(\sigma_{ij}) = 0$ 时,荷载变化可以引起两种结果(图 12.2)。如果应力点保持在屈服面上,即 $\mathrm{d}\sigma_{ij}$ 与屈服面相切,则塑性变形可以任意增长,故为加载;当应力点向屈服面内移动,即 $\mathrm{d}\sigma_{ij}$ 指向屈服面内时,则为卸载。于是,加载准则为

$$f = 0 \quad \text{且} \quad \frac{\partial f}{\partial \sigma_{ij}}\mathrm{d}\sigma_{ij}\begin{cases} = 0 & (\text{加载}) \\ < 0 & (\text{卸载}) \end{cases} \tag{12.2}$$

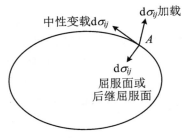

图 12.1　硬化材料

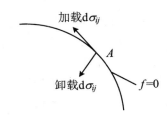

图 12.2　理想塑性材料

上述讨论是针对正则屈服面的,即屈服面为一光滑曲面。当屈服面由几个光滑曲面构成时,称为非正则屈服面(图 12.3)。此时,光滑屈服面处的加载准则仍分别为式(12.1)和式(12.2);而当应力点处在两个光滑面 $f_l = 0$ 和 $f_m = 0$ 的交点上时,则加载准则有所不同。例如,对于理想塑性材料,有

$$\frac{\partial f_l}{\partial \sigma_{ij}}\mathrm{d}\sigma_{ij} = 0 \quad \text{或} \quad \frac{\partial f_m}{\partial \sigma_{ij}}\mathrm{d}\sigma_{ij} = 0 \quad (\text{加载}) \tag{12.3}$$

$$\frac{\partial f_l}{\partial \sigma_{ij}}\mathrm{d}\sigma_{ij} < 0 \quad \text{及} \quad \frac{\partial f_m}{\partial \sigma_{ij}}\mathrm{d}\sigma_{ij} < 0 \quad (\text{卸载}) \tag{12.4}$$

图 12.3　非正则屈服面

12.2　流 动 法 则

流动法则是确定塑性应变增量方向的理论。Melan(1938 年)首先提出塑性势概念,认为在塑性变形场内存在塑性势,塑性应变增量 $\mathrm{d}\varepsilon_{ij}^{\mathrm{p}}$ 与塑性势函数 g 具有如

下关系

$$d\varepsilon_{ij}^{p} = d\lambda \frac{\partial g}{\partial \sigma_{ij}} \tag{12.5}$$

其中,$d\lambda$ 为非负的比例系数,这就是塑性位势理论。上式表明,一点的塑性应变增量与通过该点的塑性等势面存在正交关系。由于在流体力学中流体的流动速度方向总是沿速度等势面的梯度方向,因此类比于正交流体流动,塑性位势理论又称为塑性流动规律或正交流动法则。

对于稳定材料,前面已经根据 Drucker 公设推得 $d\varepsilon_{ij}^{p}$ 的方向一定指向屈服面的外法向。因此,可用屈服函数作为塑性势函数,即令 $g = f$,这时的流动法则称为相关联的流动法则,即

$$d\varepsilon_{ij}^{p} = d\lambda \frac{\partial f}{\partial \sigma_{ij}} \tag{12.6}$$

12.3　增　量　理　论

12.3.1　增量本构方程

1. 方程推导

根据简单拉伸试验资料,塑性本构关系受应力历史的影响,应力和应变之间不再具有一一对应关系,而且加载和卸载遵循不同的规律。因此,塑性本构关系从本质上说是增量型的,即应力增量与应变增量之间的关系。

在塑性变形阶段的加载过程中,有

$$d\varepsilon_{ij} = d\varepsilon_{m}\delta_{ij} + de_{ij} \tag{12.7}$$

其中

$$de_{ij} = de_{ij}^{e} + de_{ij}^{p} \tag{12.8}$$

将广义胡克定律写成增量形式,即

$$d\sigma_{m} = 3K d\varepsilon_{m}, \quad ds_{ij} = 2G de_{ij}^{e} \tag{12.9}$$

从而

$$de_{ij}^{e} = \frac{ds_{ij}}{2G} \tag{12.10a}$$

由于体积应变是弹性的,故有

$$d\varepsilon_{ij}^{p} = d\varepsilon_{m}^{p}\delta_{ij} + de_{ij}^{p} = de_{ij}^{p} \tag{12.10b}$$

采用 Mises 后继屈服条件及相关联的流动法,则有

$$g = f = J_2 - \frac{\sigma_s^2}{3} - H_\alpha \tag{12.10c}$$

注意到 H_α 与 σ_{ij} 并无直接关系,于是根据流动法则有

$$d\varepsilon_{ij}^p = d\lambda \frac{\partial f}{\partial \sigma_{ij}} = d\lambda \frac{\partial J_2}{\partial \sigma_{ij}} = d\lambda s_{ij} \tag{12.10d}$$

此时表明塑性应变增量与应力偏量的主方向重合。考虑到式(12.10b),有

$$de_{ij}^p = d\lambda s_{ij} \tag{12.10e}$$

将式(12.10a)、式(12.10e)代入式(12.8)并联立式(12.9)的第 1 式,有

$$de_{ij} = \frac{ds_{ij}}{2G} + d\lambda s_{ij}$$

$$d\varepsilon_m = \frac{1}{3K}d\sigma_m \tag{12.11}$$

此式称为 Prandtl-Reuss 方程。如果忽略弹性应变,则 $d\varepsilon_{ij} = d\varepsilon_m \delta_{ij} + de_{ij}^e + de_{ij}^p = de_{ij}^p$,上式简化为 Levy-Mises 方程

$$de_{ij}^p = d\lambda s_{ij} \quad 或 \quad de_{ij} = d\lambda s_{ij} \tag{12.12}$$

2. 历史解说

应当指出,在历史上先有 Levy-Mises 方程,而 Prandtl-Reuss 方程是在此基础上提出来的。此外,获得增量本构方程的方式也与上述有别。为弄清理论发展的历史脉络,现简要介绍如下:

1871 年,Levy 提出在塑性变形过程中应变偏量增量 de_{ij} 与应力偏量 s_{ij} 成比例。1913 年,Mises 独立地提出了同样的假设,并考虑到材料进入塑性阶段后塑性变形较大,因此建议忽略弹性变形,假定塑性应变偏量增量 de_{ij}^p 与 s_{ij} 成比例,即

$$de_{ij}^p = d\lambda s_{ij}$$

此即 Levy-Mises 方程。

Prandtl-Reuss 理论认为当变形较小(例如弹性应变与塑性应变同量级)时,忽略弹性变形将带来较大误差,故设应变偏量增量为

$$de_{ij} = de_{ij}^e + de_{ij}^p$$

注意到式(12.10a)和上述 Levy-Mises 方程,便可得到 Prandtl-Reuss 方程,即式(12.11)。

3. dλ 的确定

为求式(12.11)中的 dλ,可将式(12.10e)两边自乘

$$de_{ij}^p de_{ij}^p = d\lambda^2 s_{ij} s_{ij} \tag{12.13}$$

注意到等效应力和等效塑性应变增量的表达式

$$\bar{\sigma} = \sqrt{\frac{3}{2} s_{ij} s_{ij}}, \quad d\bar{\varepsilon}^p = \sqrt{\frac{2}{3} de_{ij}^p de_{ij}^p} \tag{12.14}$$

可得

$$d\lambda = \frac{3d\bar{\varepsilon}^p}{2\bar{\sigma}}$$

$$(12.15)$$

代入式(12.11),得

$$de_{ij} = \frac{ds_{ij}}{2G} + \frac{3d\bar{\varepsilon}^p}{2\bar{\sigma}}s_{ij}$$

$$d\varepsilon_m = \frac{1}{3K}d\sigma_m$$

$$(12.16)$$

另外,也可将式(12.10e)两边乘以 s_{ij}

$$dW^p = s_{ij}de_{ij}^p = d\lambda s_{ij}s_{ij} = \frac{2}{3}d\lambda\,\bar{\sigma}^2$$

$$(12.17)$$

即

$$d\lambda = \frac{3dW^p}{2\bar{\sigma}^2}$$

$$(12.18)$$

其中,dW^p 为塑性功增量。将上式代入式(12.11),得

$$de_{ij} = \frac{ds_{ij}}{2G} + \frac{3dW^p}{2\bar{\sigma}^2}s_{ij}$$

$$d\varepsilon_m = \frac{1}{3K}d\sigma_m$$

$$(12.19)$$

12.3.2　理想塑性材料

对于理想塑性材料,进入塑性阶段后,Mises 屈服条件恒为 $\bar{\sigma} = \sigma_s$,且可以证明塑性功增量等于形状改变功增量,即 $dW^p = dW^d$。代入式(12.16)和式(12.19),得

$$de_{ij} = \frac{ds_{ij}}{2G} + \frac{3d\,\bar{\varepsilon}^p}{2\sigma_s}s_{ij}$$

$$d\varepsilon_m = \frac{1}{3K}d\sigma_m$$

$$(12.20)$$

$$de_{ij} = \frac{ds_{ij}}{2G} + \frac{3dW^d}{2\sigma_s^2}s_{ij}$$

$$d\varepsilon_m = \frac{1}{3K}d\sigma_m$$

$$(12.21)$$

现在证明 $dW^p = dW^d$。对于理想弹塑性材料,Mises 屈服条件可写成

$$s_{ij}s_{ij} = \text{const}$$

对上式做微分运算

$$d(s_{ij}s_{ij}) = 2s_{ij}ds_{ij} = 0$$

$$(12.22a)$$

式(12.11)的两边乘以 s_{ij}

$$s_{ij}\mathrm{d}e_{ij} = \frac{1}{2G}s_{ij}\mathrm{d}s_{ij} + \mathrm{d}\lambda s_{ij}s_{ij} \tag{12.22b}$$

注意到式(12.17)、式(12.10a)和式(12.10b)成为

$$\mathrm{d}W^{\mathrm{d}} = s_{ij}\mathrm{d}e_{ij} = \mathrm{d}\lambda s_{ij}s_{ij} = \mathrm{d}W^{\mathrm{p}}$$

对于理想刚塑性材料,有

$$\mathrm{d}\varepsilon_m = 0, \quad \mathrm{d}e_{ij} = \mathrm{d}\varepsilon_{ij}, \quad \mathrm{d}\bar{\varepsilon}^{\mathrm{p}} = \mathrm{d}\bar{\varepsilon}$$

于是,式(12.20)成为

$$\mathrm{d}\varepsilon_{ij} = \frac{3\mathrm{d}\bar{\varepsilon}}{2\sigma_{\mathrm{s}}}s_{ij} \tag{12.23}$$

12.3.3　硬化塑性材料

这里只讨论等向硬化材料的本构方程。如果选取塑性功为硬化参数,则 Mises 后继屈服条件可写成

$$\bar{\sigma} - \sigma_{\mathrm{s}} - W^{\mathrm{p}} = 0 \quad 或 \quad W^{\mathrm{p}} = \Psi(\bar{\sigma})$$

于是

$$\mathrm{d}W^{\mathrm{p}} = \Phi'(\bar{\sigma})\mathrm{d}\bar{\sigma}$$

代入式(12.19),得

$$\mathrm{d}e_{ij} = \frac{\mathrm{d}s_{ij}}{2G} + \frac{3\Phi'(\bar{\sigma})}{2\bar{\sigma}^2}\mathrm{d}\bar{\sigma}s_{ij}$$

$$\mathrm{d}\varepsilon_m = \frac{1}{3K}\mathrm{d}\sigma_m \tag{12.24}$$

若以等效塑性应变作为硬化参数,则 Mises 后继屈服条件可写成

$$\bar{\sigma} - \sigma_{\mathrm{s}} - H\left(\int\mathrm{d}\bar{\varepsilon}^{\mathrm{p}}\right) = 0 \quad 或 \quad \int\mathrm{d}\bar{\varepsilon}^{\mathrm{p}} = \Phi(\bar{\sigma})$$

于是

$$\mathrm{d}\bar{\varepsilon}^{\mathrm{p}} = \Phi'(\bar{\sigma})\mathrm{d}\bar{\sigma}$$

代入式(12.16),得

$$\mathrm{d}e_{ij} = \frac{\mathrm{d}s_{ij}}{2G} + \frac{3\Phi'(\bar{\sigma})}{2\bar{\sigma}}\mathrm{d}\bar{\sigma}s_{ij}$$

$$\mathrm{d}\varepsilon_m = \frac{1}{3K}\mathrm{d}\sigma_m \tag{12.25}$$

12.3.4　本构方程的率形式

在上述增量理论的本构方程中,应变增量均可除以 $\mathrm{d}t$ 而成为应变率,t 可以

是时间或其他单调增加的参数。这样,本构方程的增量形式都可以写成率的形式,例如,式(12.23)可写成

$$\dot{\varepsilon}_{ij} = \frac{3}{2} \frac{\dot{\bar{\varepsilon}}}{\sigma_s} s_{ij} \tag{12.26}$$

式(12.25)可写成

$$\dot{e}_{ij} = \frac{\dot{s}_{ij}}{2G} + \frac{3\Phi'(\bar{\sigma})}{2\bar{\sigma}} \dot{\bar{\sigma}} s_{ij}$$

$$\dot{\varepsilon}_m = \frac{1}{3K} \dot{\sigma}_m \tag{12.27}$$

12.4　增量理论的普遍形式

12.4.1　本构方程

当材料变形进入塑性阶段且为加载状态时,应力增量产生的应变增量 $\mathrm{d}\varepsilon_{ij}$ 分为弹性应变增量 $\mathrm{d}\varepsilon_{ij}^e$ 和塑性应变增量 $\mathrm{d}\varepsilon_{ij}^p$ 两部分

$$\mathrm{d}\varepsilon_{ij} = \mathrm{d}\varepsilon_{ij}^e + \mathrm{d}\varepsilon_{ij}^p \tag{12.28}$$

弹性应变增量与应力增量之间服从广义胡克定律

$$\mathrm{d}\sigma_{ij} = D_{ijkl} \mathrm{d}\varepsilon_{kl}^e \tag{12.29}$$

其中, D_{ijkl} 为弹性张量, E 和 ν 应该采用卸荷与重新加荷应力应变曲线部分的 E 和 ν 值。式(12.28)两边乘以 D_{ijkl}

$$D_{ijkl} \mathrm{d}\varepsilon_{kl} = D_{ijkl} \mathrm{d}\varepsilon_{kl}^e + D_{ijkl} \mathrm{d}\varepsilon_{kl}^p$$

将式(12.5)和式(12.29)代入上式,得

$$D_{ijkl} \mathrm{d}\varepsilon_{kl} = \mathrm{d}\sigma_{ij} + \mathrm{d}\lambda D_{ijkl} \frac{\partial g}{\partial \sigma_{kl}} \tag{12.30}$$

卸载和中性变载时, $\mathrm{d}\lambda = 0$,上式退化为增量形式的广义胡克定律。加载时,即

$$\frac{\partial f}{\partial \sigma_{ij}} \mathrm{d}\sigma_{ij} > 0$$

时,有 $\mathrm{d}\lambda > 0$ 。因此, $\mathrm{d}\lambda$ 可以假定为

$$\mathrm{d}\lambda = \frac{1}{A} \frac{\partial f}{\partial \sigma_{ij}} \mathrm{d}\sigma_{ij} \tag{12.31a}$$

其中, A 称为硬化函数。上式可写成

$$\frac{\partial f}{\partial \sigma_{ij}} \mathrm{d}\sigma_{ij} - A\mathrm{d}\lambda = 0 \qquad (12.31\mathrm{b})$$

联立式(12.30)、式(12.31b),消去 $\mathrm{d}\lambda$ 可解得

$$\mathrm{d}\sigma_{ij} = D^{\mathrm{ep}}_{ijkl}\mathrm{d}\varepsilon_{kl} \qquad (12.32)$$

其中,D^{ep}_{ijkl} 为弹塑性张量,其表达式为

$$D^{\mathrm{ep}}_{ijkl} = D_{ijkl} - \frac{D_{ijmn}\dfrac{\partial g}{\partial \sigma_{mn}}\dfrac{\partial f}{\partial \sigma_{qr}}D_{qrkl}}{A + \dfrac{\partial f}{\partial \sigma_{ij}}D_{ijkl}\dfrac{\partial g}{\partial \sigma_{kl}}} \qquad (12.33)$$

12.4.2 硬化函数

现在研究硬化函数 A 的确定方法。注意到加载面

$$f(\sigma_{ij}, H) = 0$$

有

$$\mathrm{d}f = \frac{\partial f}{\partial \sigma_{ij}}\mathrm{d}\sigma_{ij} + \frac{\partial f}{\partial H}\mathrm{d}H = 0$$

从而

$$\frac{\partial f}{\partial \sigma_{ij}}\mathrm{d}\sigma_{ij} = -\frac{\partial f}{\partial H}\mathrm{d}H$$

注意到式(12.31)和上式,可知

$$A = -\frac{1}{\mathrm{d}\lambda}\frac{\partial f}{\partial H}\mathrm{d}H \qquad (12.34)$$

1. 塑性功假定

假定 H 为塑性功,即

$$H = W^{\mathrm{p}} = \int \sigma_{ij}\mathrm{d}\varepsilon^{\mathrm{p}}_{ij}$$

则

$$\mathrm{d}H = \frac{\partial H}{\partial \varepsilon^{\mathrm{p}}_{ij}}\mathrm{d}\varepsilon^{\mathrm{p}}_{ij} = \frac{\partial W^{\mathrm{p}}}{\partial \varepsilon^{\mathrm{p}}_{ij}}\mathrm{d}\varepsilon^{\mathrm{p}}_{ij} = \mathrm{d}\lambda\sigma_{ij}\frac{\partial g}{\partial \sigma_{ij}}$$

代入式(12.34),得

$$A = -\frac{\partial f}{\partial W^{\mathrm{p}}}\sigma_{ij}\frac{\partial g}{\partial \sigma_{ij}} \qquad (12.35)$$

2. 塑性应变假定

假定 H 是塑性应变的函数,即

$$H = H(\varepsilon^{\mathrm{p}}_{ij})$$

则

$$dH = \frac{\partial H}{\partial \varepsilon_{ij}^{p}} d\varepsilon_{ij}^{p} = d\lambda \frac{\partial H}{\partial \varepsilon_{ij}^{p}} \frac{\partial g}{\partial \sigma_{ij}}$$

代入式(12.34),得

$$A = -\frac{\partial f}{\partial H} \frac{\partial H}{\partial \varepsilon_{ij}^{p}} \frac{\partial g}{\partial \sigma_{ij}} \tag{12.36}$$

12.4.3　矩阵形式

1. 弹塑性矩阵

为便于在有限单元法中的应用,上述各式常写成矩阵形式。加载曲面、塑性势面及硬化参数分别为

$$f(\sigma, H) = 0, \quad g(\sigma, H) = 0$$

$$H = W^{p} = \int \sigma d\varepsilon^{p}, \quad H = H(\bar{\varepsilon}^{p})$$

而式(12.28)为

$$d\varepsilon = d\varepsilon^{e} + d\varepsilon^{p} \tag{12.37a}$$

弹性应变增量为

$$d\varepsilon^{e} = D^{-1} d\sigma \tag{12.37b}$$

其中,D 为弹性矩阵,$d\varepsilon$,$d\sigma$ 分别为应变增量和应力增量矩阵,即

$$d\varepsilon = \begin{bmatrix} d\varepsilon_x & d\varepsilon_y & d\varepsilon_z & d\gamma_{xy} & d\gamma_{yz} & d\gamma_{zx} \end{bmatrix}^{T}$$

$$d\sigma = \begin{bmatrix} d\sigma_x & d\sigma_y & d\sigma_z & d\tau_{xy} & d\tau_{yz} & d\tau_{zx} \end{bmatrix}^{T}$$

根据式(12.5),塑性应变增量可写为

$$d\varepsilon^{p} = d\lambda \frac{\partial g}{\partial \sigma} \tag{12.37c}$$

将式(12.37b)和式(12.37e)代入式(12.37a),得

$$d\varepsilon^{p} = D^{-1} d\sigma + d\lambda \frac{\partial g}{\partial \sigma}$$

即

$$D d\varepsilon = d\sigma + d\lambda D \frac{\partial g}{\partial \sigma} \tag{12.37d}$$

式(12.31b)可写为

$$\left(\frac{\partial f}{\partial \sigma}\right)^{T} d\sigma - A d\lambda = 0 \tag{12.37e}$$

联立式(12.37d)和式(12.37e),可得

$$d\sigma = D_{ep} d\varepsilon \tag{12.38}$$

其中,D_{ep} 为弹塑性矩阵,其计算公式为

$$D_{ep} = D - D_P = D - \frac{D \frac{\partial g}{\partial \sigma} \left(\frac{\partial f}{\partial \sigma}\right)^T D}{A + \left(\frac{\partial f}{\partial \sigma}\right)^T D \frac{\partial g}{\partial \sigma}} \tag{12.39}$$

2. 硬化函数

显然,硬化函数式(12.35)、式(12.36)的矩阵形式分别为

$$A = -\frac{\partial f}{\partial W^p} \sigma^T \frac{\partial g}{\partial \sigma} \tag{12.40}$$

$$A = -\frac{\partial f}{\partial H} \left(\frac{\partial H}{\partial \varepsilon^p}\right)^T \frac{\partial g}{\partial \sigma} \tag{12.41}$$

12.5　全　量　理　论

12.5.1　全量本构方程

塑性全量理论也称为塑性形变理论,它试图直接建立全量形式的与加载路径无关的本构关系。这只有在简单加载条件下才有可能。以下先推导全量本构方程,然后简要介绍单一曲线假设和简单加载定理。

如果加载形式为简单加载,即在加载过程中任一点的各应力分量都按比例单调增长,那么增量本构方程便可简化为全量本构方程。实际上,若 σ_{ij}^0 为 t_0 时刻的任一非零的参考应力状态,$k(t)$ 为单调增加的参数,则任意 t 时刻的应力状态 σ_{ij} 为

$$\sigma_{ij} = k\sigma_{ij}^0 \tag{12.42a}$$

且有

$$s_{ij} = ks_{ij}^0, \quad \bar{\sigma} = k\bar{\sigma}^0 \tag{12.42b}$$

于是式(12.11)化为

$$de_{ij} = \frac{ds_{ij}}{2G} + k\,d\lambda s_{ij}^0$$

$$d\varepsilon_m = \frac{1}{3K}d\sigma_m$$

积分上式并令

$$\Phi = \frac{1}{k}\int k\,d\lambda$$

得

$$e_{ij} = \left(\frac{1}{2G} + \varPhi\right)s_{ij}, \quad \varepsilon_m = \frac{1}{3K}\sigma_m \qquad (12.43)$$

再令

$$H = \frac{1}{2G} + \varPhi$$

则式(12.43)的第 1 式可写成

$$e_{ij} = Hs_{ij} \qquad (12.44)$$

由此得

$$e_{ij}e_{ij} = H^2 s_{ij}s_{ij}$$

注意到下列公式

$$\bar{\sigma} = \sqrt{\frac{3}{2}s_{ij}s_{ij}}, \quad \bar{\varepsilon} = \sqrt{\frac{2}{3}e_{ij}e_{ij}}$$

有

$$H = \frac{\sqrt{e_{ij}e_{ij}}}{\sqrt{s_{ij}s_{ij}}} = \frac{3\bar{\varepsilon}}{2\bar{\sigma}}$$

将上式回代到式(12.43),得

$$e_{ij} = \frac{3\bar{\varepsilon}}{2\bar{\sigma}}s_{ij}, \quad \varepsilon_m = 3K\varepsilon_m \qquad (12.45a)$$

或

$$s_{ij} = \frac{2\bar{\sigma}}{3\bar{\varepsilon}}e_{ij}, \quad \sigma_m = 3K\varepsilon_m \qquad (12.45b)$$

12.5.2　单一曲线假设

单一曲线假设认为,在简单加载条件下,材料的硬化特性可以用 $\bar{\sigma}$ 与 $\bar{\varepsilon}$ 的函数关系来表示,即

$$\bar{\sigma} = \varPhi(\bar{\varepsilon}) = 3G\bar{\varepsilon}[1 - \omega(\bar{\varepsilon})] \qquad (12.46)$$

且这个函数形式与应力状态无关,只与材料特性有关。这样,$\varPhi(\bar{\varepsilon})$ 就可根据单向拉伸试验曲线来确定。在单向拉伸条件下,有 $\bar{\sigma} = \sigma$ 及 $\bar{\varepsilon} = \varepsilon$,故 $\sigma - \varepsilon$ 曲线就是 $\bar{\sigma} = \varPhi(\bar{\varepsilon})$。

试验表明,在简单加载或偏离简单加载不大的情况下,单一曲线假定是相当符合实际的,即图 12.4(a)所示曲线与图 12.4(b)所示曲线基本重合。

将式(12.46)代入式(12.45),得

$$s_{ij} = \frac{2\varPhi(\bar{\varepsilon})}{3\bar{\varepsilon}}e_{ij} = 2G[1 - \omega(\bar{\varepsilon})]e_{ij}$$

$$\sigma_m = \frac{E}{1-2\nu}\varepsilon_m \qquad (12.47)$$

当 $\omega(\bar{\varepsilon}) = 0$ 时,上式就变成广义胡克定律。

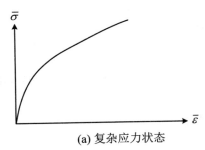
(a) 复杂应力状态

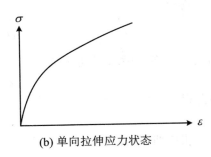
(b) 单向拉伸应力状态

图 12.4   单一曲线假设

12.5.3   简单加载定理

前面已经说明,在简单加载条件下可采用全量本构方程。通常我们只知道外部荷载的变化情况,而物体内的应力是不能事先确定的。因此,问题是物体在什么条件下,其内部各点均处于简单加载? 伊留申(1948 年)提出的简单加载定理给出了小变形情况下实现简单加载的充分条件:

(1) 荷载按比例单调增长;

(2) 材料不可压缩,即 $\nu = \frac{1}{2}$;

(3) 若有位移边界条件,只能是零位移;

(4) 材料的 $\bar{\sigma}$-$\bar{\varepsilon}$ 曲线具有幂函数形式,即 $\bar{\sigma} = A\,\bar{\varepsilon}^{\,n}$。

现对此加以证明。

设某一初始时刻,物体内的应力为 σ_{ij}^0,应变为 ε_{ij}^0,位移为 u_i^0,它们满足下列小变形时的方程:

(1) 平衡方程

$$\sigma_{ij,j}^0 + f_i^0 = 0$$

(2) 几何方程

$$\varepsilon_{ij}^0 = \frac{1}{2}(u_{i,j}^0 + u_{j,i}^0)$$

(3) 本构方程

$$s_{ij}^0 = \frac{2}{3}\frac{\bar{\sigma}^0}{\bar{\varepsilon}^0}e_{ij}^0 = \frac{2}{3}A\,(\bar{\varepsilon}^0)^{n-1}e_{ij}^0$$

（4）边界条件

$$n_j\sigma_{ij}^0 = \bar{p}_i^0 \quad （在 \Gamma_\sigma 上）$$

$$u_i^0 = 0 \quad （在 \Gamma_u 上）$$

如果外荷载按比例增加，即 t 时刻的 $f_i = kf_i^0$，$\bar{p}_i = k\bar{p}_i^0$，只要能够证明 $\sigma_{ij} = k\sigma_{ij}^0$，$\varepsilon_{ij} = \sqrt[n]{k}\varepsilon_{ij}^0$，$u_i = \sqrt[n]{k}u_i^0$ 满足 t 时刻的全部方程和边界条件，就意味着简单加载。现证明如下：

（1）平衡方程

$$\sigma_{ij,j} + f_i = k\sigma_{ij,j}^0 + kf_i^0 = k(\sigma_{ij,j}^0 + f_i^0) = 0$$

（2）几何方程

$$\varepsilon_{ij} = \sqrt[n]{k}\varepsilon_{ij}^0 = \frac{1}{2}\sqrt[n]{k}(u_{i,j}^0 + u_{j,i}^0) = \frac{1}{2}(u_{i,j} + u_{j,i})$$

（3）本构方程

$$s_{ij} = ks_{ij}^0 = k\frac{2}{3}A(\bar{\varepsilon}^0)^{n-1}e_{ij}^0 = \frac{2}{3}A(\bar{\varepsilon})^{n-1}e_{ij} = \frac{2}{3}\frac{\bar{\sigma}}{\bar{\varepsilon}}e_{ij}$$

（4）边界条件

$$n_j\sigma_{ij} = kn_j\sigma_{ij}^0 = k\bar{p}_i^0 = \bar{p}_i \quad （在 \Gamma_\sigma 上）$$

$$u_i = \sqrt[n]{k}u_i^0 = 0 \quad （在 \Gamma_u 上）$$

实践表明，实现简单加载的最基本条件是荷载按比例单调增长。当其他条件近似满足时，采用全量理论仅产生不大的偏差。不过，到目前为止全量理论的适用范围仍不明确。

 习　题

1. 试简述硬化规律、加载准则和流动法则，并分别说明它们在塑性增量理论中所起的作用。

2. 何谓正则屈服面和非正则屈服面？试写出非正则屈服面时硬化塑性材料的加载准则。

3. 对于 Mises 等向硬化材料，证明塑性功增量 dW^p 等于等效应力与等效塑性应变增量的乘积：

$$dW^p = \sigma_{ij}d\varepsilon_{ij}^p = s_{ij}d\varepsilon_{ij}^p = \bar{\sigma}d\bar{\varepsilon}^p$$

4. 设物体中某点处于塑性状态的加载过程中，其三个主应力分别为 $\sigma_1 = 3a$，$\sigma_2 = a$，$\sigma_3 = 2a$。求此时塑性应变增量的比值 $d\varepsilon_1^p : d\varepsilon_2^p : d\varepsilon_3^p$（提示：考虑与 Mises 条件相关联的流动法则）。

第 13 章　塑性理论在岩土工程中的应用

　　虽然塑性力学的研究是从 1773 年 C. Coulomb 提出土的破坏条件开始的,但长期以来成为塑性力学研究主体的是金属材料。前面所介绍的塑性力学基本理论实际上是金属塑性力学的内容,我们将其称为传统塑性力学。试验结果表明,岩石、土及混凝土这类材料在受压,特别是在三向受压时,具有明显的塑性性质,但与金属材料的塑性性质有很大的不同。直接将传统的塑性力学应用于岩土这类材料一般是不恰当的,需要修改其中的一些基本概念。由于岩土的变形规律的复杂性,岩土塑性力学的发展尚不完备,一些基本概念仍然很不清晰和统一,一些理论和假说也还有待于验证。本章将对岩土类材料的屈服条件及本构关系做初步介绍。

13.1　试　验　简　介

　　这里只简单介绍一些有关试验资料,以说明岩土类材料变形的一些主要特征。

13.1.1　岩石的压缩试验

　　岩石和混凝土等材料的典型应力应变曲线(按岩土力学习惯以受压为正)如图 13.1 所示。图中 OA 段曲线缓慢上升,这反映岩石试件内部裂纹逐渐被压密。然后进入 AB 段,它近似于直线,B 点为屈服点。随着荷载的增大,曲线继续上升并呈明显的非线性,这种非弹性变形由于岩石内部微裂隙的发生和发展,以及晶粒界面滑动而引起的塑性变形,为应变硬化阶段。EF 段曲线下降。此时岩石内发生新的裂纹开裂,体积应变不断增加,岩石开始解体,岩石强度从 E 点的峰值强度下降至 F 点的残余强度而被压碎,这个阶段是应变软化。在软化阶段性不稳定材料,这是区别于金属的一个特征。

　　当反复加载时,实际上 σ-ε 曲线形成一定的滞环。但通常仍可不考虑此滞环,且认为 OA 段可以忽略,卸载是弹性的,其模量和初始弹性阶段模量相同,这叫作弹、塑性不耦合。不过试验表明岩石的卸载弹性模量将随塑性变形的发展而变化,这叫作弹塑性耦合,这也是岩土类介质不同于金属材料的又一特点。

与金属材料不同,岩土类材料只能承受压力,而承拉能力极低,有明显的 Bauschinger 效应。

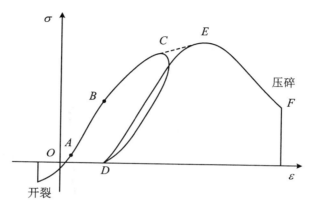

图 13.1　应力应变曲线

岩石的压缩试验还表明,其体积应变和平均压力之间不是线性的,岩石的体积应变既有静水压力下的压缩体积应变,又有受剪引起的塑性体积应变(膨胀)。在硬化阶段,压缩体积应变是主要的,表现为岩石的体积收缩;而在软化阶段,岩石的塑性体积应变不断增大,岩石体积膨胀,称为剪胀现象,这也是金属材料所没有的。

图 13.2 为岩石的常三轴($\sigma_1 > \sigma_2 = \sigma_3$)试验典型曲线,由图 13.2 可见,围压 $\sigma_2 = \sigma_3$ 对 $\sigma - \varepsilon$ 曲线和塑性性质有明显影响。当围压较低时,屈服强度低,软化现象明显。随围压增大,其峰值强度和屈服强度都增大,塑性性质明显增加。

13.1.2　土的压缩试验

应用三轴不等压压缩试验(即三轴剪切试验)可测得土的变形曲线。试验的方法一般有两种:一种是侧压保持不变的三向压缩固结试验,即试验时径向压力 $\sigma_r = \sigma_2 = \sigma_3$ 保持不变,增加轴各压力 $\sigma_z = \sigma_1$ 直至破坏。然后再取一土样,采用另一 σ_r 值做同样试验,于是可得一组曲线;另一种是试验时减小 σ_r 值,加大 σ_z 值,但使静水压力 $P = (\sigma_1 + \sigma_2 + \sigma_3)/3$ 保持不变的试验,也可得到一组曲线。

排水条件下的试验曲线,按材料的不同,基本上有如下两类:对于正常固结黏土和松砂,试验曲线大至如图 13.3 所示。上部为 $q - \varepsilon_1$ 曲线,下部为体积应变 ε_v 变化曲线。图 13.3 中表明,从 O 至 A 土是线弹性的。A 点以后出现塑性。若在 B 点处卸载,再加载,则按 BCD 进行。一般地,卸载过程 BC 段斜率也近似于 OA

段斜率,但有时不等。AB 是硬化阶段。体积应变 ε_v 发生变化表明材料体积因受压缩而减小。

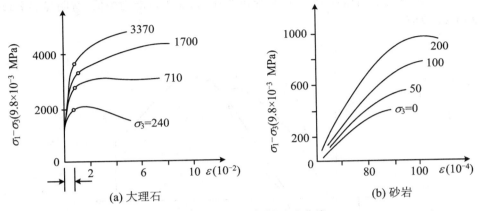

(a) 大理石　　　　　　　　　　　(b) 砂岩

图 13.2　岩石的常三轴试验曲线

对超固结黏土或密实砂,试验曲线如图 13.4 所示。当加载时,开始土体稍有收缩,此后即膨胀。曲线有硬化和软化两个阶段。实际上,无论岩石或土,常在硬化后期就开始出现体积膨胀。但在实际处理上,则认为硬化阶段体积收缩,软化阶段体积膨胀。

介于硬化和软化之间的就是理想弹塑性材料的应力应变曲线,如图 13.5 所示。这种曲线在传统塑性力学中应用很广,但在岩土中所遇不多。尽管此曲线和岩土性质有较大差别,但由于简单,故仍被采用。

此外,土的应力应变曲线也存在弹塑性耦合现象,也受围压大小的强烈影响,这些都和岩石类似。

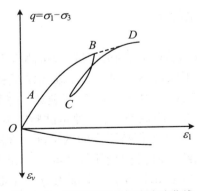

图 13.3　正常固结黏土的试验曲线

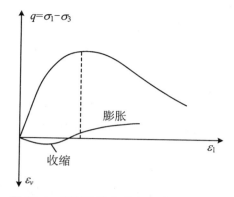

图 13.4　超固结黏土或密实砂的试验曲线

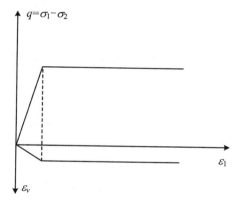

图 13.5　理想弹塑性材料的应力应变曲线

13.2　岩土塑性力学特点

由上节内容可知,岩土塑性力学和传统塑性力学相比较,具有以下一些特点:

(1) 在传统塑性力学中,一般认为体积变化是弹性的。这对多数金属在不太大的压力下是大致成立的,而对岩土类介质则明显不符。试验表明不仅静水压力可以引起岩土塑性体积变化,而且偏应力也可能引起塑性体积变化(剪胀)。

(2) 传统塑性力学的屈服准则是建立在剪切屈服基础上的。而岩土屈服准则不仅考虑剪切屈服,还要考虑体积应变屈服。因此,表现在屈服面上,传统塑性力学是开口的单一的屈服面,而岩土塑性力学的屈服面则是封闭的,且越来越多地采用双屈服面和多重屈服面。

（3）在传统塑性力学中只考虑符合 Drucker 公设的所谓稳定材料，不允许出现软化阶段。而岩土塑性力学不受稳定材料的限制，也可考虑出现软化阶段的所谓不稳定材料。

（4）传统塑性力学中，主要考虑塑性势函数和屈服函数相一致的所谓联合流动法则。这时塑性应变增量和屈服面是正交的。而岩土塑性力学中往往还考虑塑性势函数和屈服函数不一致的所谓非联合流动法则，这时塑性应变增量方向和塑性势面正交，而和屈服面不正交。

（5）传统塑性力学中，材料的弹性系数与塑性应变无关，弹塑性不耦合，而岩土塑性力学中有时要考虑弹性系数随塑性变形的发展而变化的弹、塑耦合现象。

所以，岩土类材料和金属材料的塑性变形规律有很大的不同，直接将传统塑性力学应用于岩土是不行的，需要对其中的一些基本概念加以扩充和修正。

13.3　岩土的屈服条件

考虑静水应力对屈服的影响，则屈服不仅和应力偏张量有关，而且和应力球张量有关。所以，对岩土类材料，表示初始屈服的屈服函数一般可表示为

$$f(\sigma_{ij}) = 0 \tag{13.1}$$

如材料是各向同性的，坐标的选择对屈服函数没有影响，则屈服函数可用主应力或应力张量的不变量表示，即

$$f(\sigma_1, \sigma_2, \sigma_3) = 0 \tag{13.2}$$

或

$$f(I_1(\sigma_{ij}), I_2(\sigma_{ij}), I_3(\sigma_{ij})) = 0 \tag{13.3}$$

这样，屈服函数在所表示的屈服面不再是一个柱面，而是成锥面（当 f 含 $I_1(\sigma_{ij})$ 的一次项时）或是在子午面上为曲线的锥面（当 f 含 $I_1(\sigma_{ij})$ 的二次项时），如图 13.6 所示。

屈服曲面的横截面在 π 平面的投影即屈服曲线具有如下性质：

（1）屈服曲线是一条封闭曲线，或成为 L 线上的一点。

屈服曲线必定是封闭的，否则将出现在某些状态下永不屈服的情况，这是不可能的。但是，传统塑性力学的屈服是由应力偏量引起的，和静水应力无关，而岩土的屈服不仅取决于应力偏量，而且和静水应力有关，当应力偏量为零时，也可能发生屈服（体积应变屈服）。这样，屈服曲线就有可能成为 L 线上的一个点。这和传

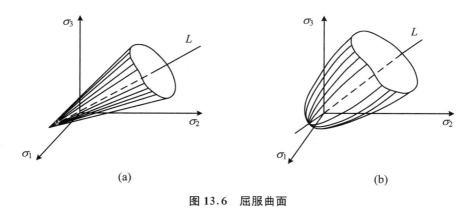

(a)　　　　　　　　　　　　　　　　　　(b)

图 13.6　屈服曲面

统塑性力学不同。

　　(2) 由于初始屈服只有一次,则由原点 O 向外做的射线和屈服曲线只能相交一次。

　　(3) 考虑到材料的均匀各向同性的性质,屈服曲线对 1、2、3 轴线是对称的。因此,屈服曲线在 6 个 $60°$ 扇形区内有相同的形状(图 13.7)。由于岩土的拉压具有不同的屈服极限,屈服曲线对 1、2、3 轴的正负方向是不对称的,这一点也是不同于金属材料的。

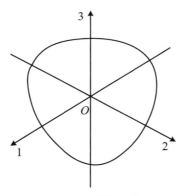

图 13.7　屈服曲线

　　对于理想弹塑性材料,材料达到屈服也就是达到破坏,屈服面和破坏面是重合的,这时屈服面是固定的。但对于硬化材料,屈服与破坏不同,屈服面不是固定的,它随荷载的增加和塑性增大而不断变化,破坏面只是代表极限状态的一个屈服面。所以,表示后继屈服函数一般仍可表示为

$$f(\sigma_{ij}, H) = 0 \tag{13.4}$$

这里 H 就是反映塑性变形的大小及其历史的参数。式(13.4)就是硬化条件的一般形式。

关于屈服面随参数 H 的变化规律,如取等向硬化模型,可以假定加载面和初始屈服面相似,以 L 轴为中心等向膨胀,使锥面逐渐扩大,以破坏面为其极限(图 13.8(a))屈服面也可假定其破坏面的锥体不变,而在锥体上加一个帽盖,随塑性变形的发展,此帽盖逐步向外扩展而形成不同状态下的加载面(图 13.8(b))。帽盖模型的优点是可以照顾到材料在静水应力下能产生塑性体积应变这一事实,而锥面无盖模型则不能。这样,就可以反映岩土不仅有剪切屈服,而且有体积应变屈服这一事实。

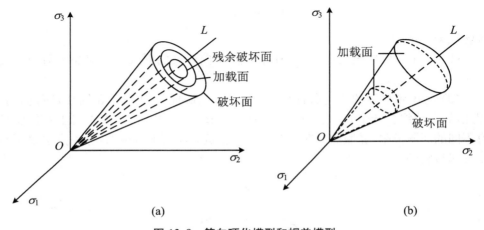

图 13.8　等向硬化模型和帽盖模型

在软化阶段,屈服面是不断收缩的,材料的强度在不断地降低,等收缩到最终屈服面时,材料进入流动状态,此时的破坏面称为残余破坏面。

下面将分别介绍几种常用的岩土的屈服条件。

13.4　Mohr-Coulomb 条件

Mohr-Coulomb(摩尔-库伦)条件也是一种剪应力屈服条件。它认为当材料的某平面上剪应力 τ_n 达到某一特定值时,就进入屈服。但是与 Tresca 条件不同,这一特定值不是一个常数,而是和该平面上的正应力 σ_n 有关,其一般形式为

$$\tau_n = f(C, \phi, \sigma_n) = 0 \tag{13.5}$$

式中,C 是材料的凝聚强度,ϕ 是材料的内摩擦角。这个函数关系应通过试验确

定。但在一般情况下，可以假定在 σ_n-τ_n 平面上呈双曲线、抛物线或摆线等关系，统称为 Mohr 条件，如图 13.9(a)所示。但对于岩土和 σ_n 不太大的情况下的岩石，可以取线性关系，称为 Coulomb 条件，如图 13.9(b)所示。

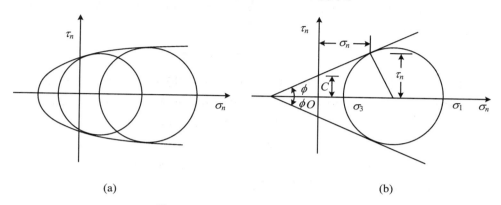

(a)　　　　　　　　　　　　　　　(b)

图 13.9　Mohr 条件与 Coulomb 条件

如图 13.9(b)可见，直线型条件可以表示为

$$\tau_n = C + \sigma_n \tan \phi \tag{13.6}$$

设主应力大小次序为 $\sigma_1 \geqslant \sigma_2 \geqslant \sigma_3$（按岩土力学的习惯，以受压为正），式(13.6)还可用主应力表示为

$$\frac{1}{2}(\sigma_1 - \sigma_3) = \frac{1}{2}(\sigma_1 + \sigma_3)\sin \varphi + C\cos \varphi \tag{13.7}$$

如果不考虑材料的内摩擦角，令 $\phi = 0$，式(13.7)成为

$$\frac{1}{2}(\sigma_1 - \sigma_3) = C$$

这就是 Tresca 条件。由此可见，Mohr-Coulomb 条件是考虑材料内摩擦情况下的 Tresca 条件的推广。

在单向拉伸情况下，$\sigma_1 = \sigma_2 = 0$，$\sigma_3 = -\sigma_s^+ < 0$，由式(13.7)得

$$\sigma_3 = -\frac{2C\cos \phi}{1 + \sin \phi}$$

即

$$\sigma_s^+ = \frac{2C\cos \phi}{1 + \sin \phi} \tag{13.8}$$

在单向压缩情况下，$\sigma_1 = \sigma_s^-$，$\sigma_2 = \sigma_3 = 0$，由式(13.7)得

$$\sigma_1 = \frac{2C\cos \phi}{1 - \sin \phi}$$

即

$$\sigma_s^- = \frac{2C\cos\phi}{1-\sin\phi} \tag{13.9}$$

式中，σ_s^+ 和 σ_s^- 分别为单向拉伸和单向压缩时材料的屈服应力，都取绝对值。比较式(13.8)和式(13.9)可知 $\sigma_s^- > \sigma_s^+$，这是符合岩石和混凝土这类材料的特性的。

式(13.7)可以写成屈服条件的一般形式

$$f = \frac{1}{2}(\sigma_1 - \sigma_3) - \frac{1}{2}(\sigma_1 + \sigma_3)\sin\phi - C\cos\phi = 0 \tag{13.10}$$

如果不限定主应力大小次序，式(13.10)中的主应力应该分别用主应力 σ_1，σ_2，σ_3 轮换，就可以得到 6 个表达式。这 6 个表达式可写成一个统一的式子

$$\begin{aligned}
f = & \{(\sigma_1 - \sigma_2)^2 - [2C\cos\phi + (\sigma_1 + \sigma_2)\sin\phi]^2\} \\
& \times \{(\sigma_2 - \sigma_3)^2 - [2C\cos\phi + (\sigma_2 + \sigma_3)\sin\phi]^2\} \\
& \times \{(\sigma_3 - \sigma_1)^2 - [2C\cos\phi + (\sigma_3 + \sigma_1)\sin\phi]^2\} = 0
\end{aligned} \tag{13.11}$$

或者用应力张量和应力偏张量的不变量表示为

$$f = \frac{1}{3}I_1(\sigma_{ij})\sin\phi - \left(\cos\theta_\sigma + \frac{1}{\sqrt{3}}\sin\theta_\sigma\sin\phi\right)\sqrt{I_2(S_{ij})} + C\sin\phi = 0 \tag{13.12}$$

式中，θ_σ 为应力 Lode 角

$$\theta_\sigma = \frac{1}{3}\arcsin\left[-\frac{3\sqrt{3}}{3} + \frac{I_3(S_{ij})}{(\sqrt{I_2(S_{ij})})^3}\right] \tag{13.13}$$

Mohr-Coulomb 条件在应力空间的屈服面是一不规则的六棱锥面，其中心线和 L 线重合，如图 13.10(a)所示。相应地，在 π 平面上的屈服曲线为一封闭的非正六角形，如图 13.10(b)所示。

13.5　Drucker-Prager 条件

试验结果表明，Mohr-Coulomb 条件是符合岩土材料的屈服和破坏特性的。但由于它的屈服面在锥顶和棱线上导数的方向是不定的，形成奇异性，为了克服这个缺点，D. C. Drucker 和 W. Prager 在 1952 年提出一个内切于 Mohr-Coulomb 六棱锥的圆锥形屈服面（图 13.10），显然它是 Mohr-Coulomb 屈服下限。将式(13.12)对 θ_σ 微分，并使之等于零，再将所得的 θ_σ 代回式(13.12)，即得 f 的最小值，则 Drucker-Prager 条件可表示为

$$f = \alpha I_1(\sigma_{ij}) + \sqrt{I_2(S_{ij})} + k = 0 \tag{13.14}$$

式中，α，k 为材料常数，

$$\alpha = \frac{\sqrt{3}\sin \phi}{\sqrt{3 + \sin^2 \phi}}$$

$$k = \frac{\sqrt{3}C\cos \phi}{\sqrt{3 + \sin^2 \phi}}$$

(13.15)

如果不计静水应力的影响,在式(13.14)中令 $I_1(\sigma_{ij}) = 0$,则有 $\sqrt{I_2(S_{ij})} = k$,这就是式(13.9)所示的 Mises 条件。所以 Drucker-Prager 条件是考虑静水应力影响的 Mises 条件的推广。

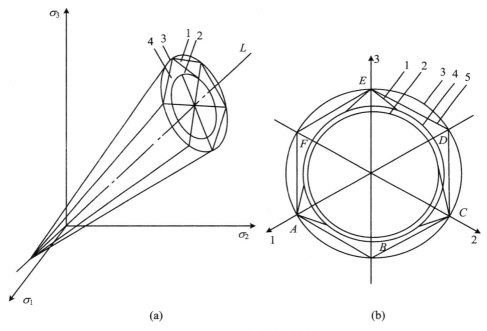

(a)　　　　　　　　　　　　(b)

图 13.10　五种屈服条件图

1. Mohr-Coulomb 条件;2. Drucker-Prager 条件(内切圆);3. 广义 Mises 条件(外接圆);4. 广义 Mises 条件(交接圆);5. 广义 Tresca 条件

13.6　广义 Mises 条件和广义 Tresca 条件

Drucker-Prager 条件是以 Mohr-Coulomb 六棱锥的内切圆锥面的形式推导得出的,若考虑两个锥面的其他接法,即在式(13.14)中取不同的 α 和 k 值,可得大小不同的圆锥形屈服面。譬如，圆锥面外接于六棱锥，即在 π 平面上屈服曲线取通过不等边六角形外角点 A, C, E 的外接圆(图 13.10(b))，则在式(13.12)中令 $\theta_\sigma = -\frac{\pi}{6}$(因为此外接圆通过 A 点，而 A 点的 $\theta_\sigma = -\frac{\pi}{6}$)，即得

$$\alpha = \frac{2\sin\phi}{\sqrt{3}(3 - \sin\phi)}$$

$$k = \frac{6C\cos\phi}{\sqrt{3}(3 - \sin\phi)} \tag{13.16}$$

如取不等边六角形内角点 B, D, F 的所谓交接圆为屈服曲线(图 13.10(b))，则在式(13.12)中令 $\theta_\sigma = \frac{\pi}{6}$($B$ 点应力 Lode 角)，得

$$\alpha = \frac{2\sin\phi}{\sqrt{3}(3 + \sin\phi)}$$

$$k = \frac{6C\cos\phi}{\sqrt{3}(3 + \sin\phi)} \tag{13.17}$$

我们把式(13.14)所示的屈服条件统称为广义 Mises 条件，而把 α, k 具有式(13.15)所示形式称为 Drucker-Prager 条件。

若将 Tresca 条件推广，即在 Tresca 条件中考虑静水应力，亦即应力张量第一不变量 $I_1(\sigma_{ij})$ 的影响，同样可得到广义 Tresca 条件。有

$$f = \{(\sigma_1 - \sigma_2)^2 - [k + \alpha I_1(\sigma_{ij})]^2\}\{(\sigma_2 - \sigma_3)^2 - [k + \alpha I_1(\sigma_{ij})]2\}\{(\sigma_3 - \sigma_1)^2$$
$$- [k + \alpha I_1(\sigma_{ij})]^2\} = 0 \tag{13.18}$$

其屈服面为一正六棱锥面(图 13.10)。考虑它和广义 Mises 条件的圆锥屈服面是外切的还是内接的，可以确定不同的 α 值。广义 Tresca 条件还可以有各种定义，Mohr-Coulomb 条件也可视为广义 Tresca 条件。

1957 年，Krikpatrick 用密实砂进行三轴试验，对广义 Mises 条件、广义 Tresca 条件和 Mohr-Coulomb 条件进行了验证，其结果如图 13.11 所示，表明 Mohr-Coulomb 条件比较符合实验。

在硬化阶段，代表上述各种屈服条件的锥面，以轴线为中心逐渐向外扩大，并以破坏面为其极限。在软化阶段则逐渐收缩，而以残余破坏面为其极限面。

在岩土塑性力学中为了研究方便，特别是在分析整理常三轴试验结果时，因为 $\sigma_2 = \sigma_3$，故常用 P, q 这两个应力不变量来表示。P, q 和三个主应力的关系为

$$P = \frac{1}{3}(\sigma_1 + \sigma_2 + \sigma_3)$$

$$q = \frac{1}{\sqrt{2}}[(\sigma_1 - \sigma_2)^2 + (\sigma_2 - \sigma_3)^2 + (\sigma_3 - \sigma_1)^2]^{\frac{1}{2}} \tag{13.19}$$

与平均应力和应力强度的表达式比较，可见 P 就是平均应力 σ_m，q 就是应力

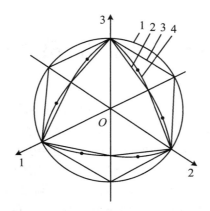

图 13.11　三种屈服条件的试验验证
1. 广义 Mises 条件；2. Mohr-Coulomb 条件；
3. 广义 Tresca 条件；4. 实验

强度 σ_i。在普通三轴试验中 $\sigma_1 > \sigma_2 = \sigma_3$，故

$$P = \frac{1}{3}(\sigma_1 + 2\sigma_3)$$

$$q = \sigma_1 - \sigma_3 \tag{13.20}$$

用 P, q 表示，屈服函数可表示为

$$f(P, q) = 0 \tag{13.21}$$

利用这个函数关系，将它画在 $P\text{-}q$ 平面上，则屈服条件或破坏条件可用一根线来表示，这根线就称为屈服线或破坏线。

例如，Tresca 条件和 Mises 条件可用图 13.12 中水平线 a 来表示，广义 Tresca 条件和广义 Mises 条件可用斜线 b 来表示，Mohr-Coulomb 条件和 Drucker-Prager 条件可用斜线 c 来表示。图中虚线可以用来表示硬化过程的屈服线。

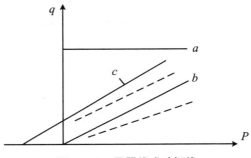

图 13.12　屈服线或破坏线

13.7　帽　盖　模　型

　　上述介绍的屈服条件主要反映了剪切屈服。正如本章前两节中所指出的,岩土的屈服不完全是由于剪切破坏所引起的。与金属材料不同,由于岩土材料会发生塑性体积变形,即使在各向等压的应力状态下也会引起屈服。因此,屈服面必然是封闭的。以上介绍的屈服条件都是开口的锥面,无法全面反映岩土材料的屈服特性。为了更好地反映岩土的硬化和软化特性,必须采用其他模型。目前采用较多的是所谓临界状态模型,它可分为单参数和双参数两种。前者通常以塑性体积变形作为硬化参数,后者以塑性体积变形和剪切变形作为硬化参数。

　　D. C. Drucker 等人于 1952 年首先提出的帽盖模型是一种单参数模型,通常在 Mohr-Coulomb 锥面(或 Drucker-Prager 锥面)上加一个帽盖,故称为帽盖模型。它是以锥面作为临界状态,而帽盖作为硬化面,随塑性体积变形而逐渐扩张,所以它是理想塑性(指剪切变形)与体积应变硬化相结合的一种模型,如图 13.13(a)所示。在 P-q 平面上的屈服线如图 13.13(b)所示。由于此模型应用于计算,其结果能较好地符合试验结果,已逐步引起人们的注意。

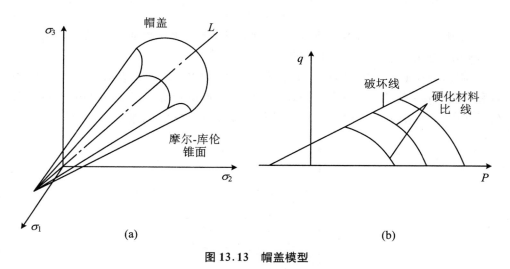

图 13.13　帽盖模型

13.8 基于与广义 Mises 条件相联合流动法则的理想弹塑性本构关系

广义 Mises 条件的屈服函数为

$$f = \alpha I_1(\sigma_{ij}) + \sqrt{I_2(S_{ij})} - k = 0 \tag{13.22}$$

按塑性势理论,取此屈服函数为塑性势函数,得与广义 Mises 条件联合的流动法则

$$d\varepsilon_{ij}^p = d\lambda \frac{\partial f}{\partial \sigma_{ij}} = d\lambda \left(\alpha \delta_{ij} + \frac{S_{ij}}{2\sqrt{I_2(S_{ij})}} \right) \tag{13.23}$$

对理想弹塑性体,$d\lambda$ 将由应力保持在屈服面(即式(13.23))来定。所以计算 $d\lambda$ 在总变形中计入弹性变形部分,最后即得相应的本构关系为

$$\frac{1}{2G} d\sigma_{ij} = d\varepsilon_{ij} - [A(\sigma_{kl}\delta_{ij} + \sigma_{ij}\delta_{kl}) + B\delta_{kl}\delta_{ij} + C\sigma_{ij}\sigma_{kl}] d\varepsilon_{kl} \tag{13.24}$$

其中,

$$A = \frac{P-1}{6\alpha P \sqrt{I_2(S_{ij})}} = \frac{H}{Pk}$$

$$B = \left[\alpha - \frac{I_1(\sigma_{ij})}{6\sqrt{I_2(S_{ij})}} \right] \frac{P-1}{3\alpha P} - \frac{3Kv}{EP} = \left[\alpha - \frac{I_1(\sigma_{ij})}{6\sqrt{I_2(S_{ij})}} \right] \frac{2h}{1 + \dfrac{9\alpha^2 k}{G}} - \frac{3Kv}{EP}$$

$$C = \frac{1}{2kP\sqrt{I_2(S_{ij})}}$$

$$P = \frac{\sqrt{I_2(S_{ij})}}{k} \left(1 + \frac{9\alpha^2 K}{G} \right)$$

$$h = \alpha \left(1 + \frac{9Kv}{E} \right) - \frac{I_1(\sigma_{ij})}{6\sqrt{I_2(S_{ij})}} = \frac{3K}{2G}\alpha - \frac{I_1(\sigma_{ij})}{6\sqrt{I_2(S_{ij})}}$$

v:泊松比;G:剪切弹性模量;E:杨氏弹性模量;$K = \dfrac{E}{3(1-2v)}$:体积模量。

在平面应变情况下,则变为

$$\frac{1}{2G} d\sigma_x = (1 - 2A\sigma_x - B - C\sigma_x^2) d\varepsilon_x + [(\sigma_x + \sigma_y)A - B - C\sigma_x\sigma_y] d\varepsilon_y$$
$$+ (-A\tau_{xy} - C\sigma_x\tau_{xy}) d\gamma_{xy}$$

$$\frac{1}{2G} d\sigma_y = [(\sigma_x + \sigma_y)A - B - C\sigma_x\sigma_y] d\varepsilon_x + (1 - 2A\sigma_y - B - C\sigma_y^2) d\varepsilon_y$$

$$+ (- A\tau_{xy} - C\sigma_y\tau_{xy})\mathrm{d}\gamma_{xy}$$

$$\frac{1}{2G}\mathrm{d}\tau_{xy} = (- A\sigma_y - C\sigma_x\tau_{xy})\mathrm{d}\varepsilon_x + (- A\tau_{xy} - C\sigma_y\tau_{xy})\mathrm{d}\varepsilon_y$$

$$+ \left(\frac{1}{2} - C\tau_{xy}^2 \right)\mathrm{d}\gamma_{xy} \tag{13.25}$$

13.9 基于与 Mohr-Coulomb 条件联合流动法则的理想弹塑性本构关系

Mohr-Coulomb 条件由于在棱角处有奇异性,所以用于三维问题是复杂的,但对于平面问题还是可以采用的。假定平面应变在 xy 平面内发生,则主应力为

$$\sigma_1 = \frac{\sigma_x + \sigma_y}{2} + \sqrt{\left(\frac{\sigma_x - \sigma_y}{2} \right)^2 + \tau_{xy}^2}$$

$$\sigma_2 = \frac{\sigma_x + \sigma_y}{2}$$

$$\sigma_3 = \frac{\sigma_x + \sigma_y}{2} - \sqrt{\left(\frac{\sigma_x - \sigma_y}{2} \right)^2 + \tau_{xy}^2}$$

则式(13.10)所示的 Mohr-Coulomb 条件可改用 σ_x , σ_y 和 τ_{xy} 表示为

$$f = \left[\left(\frac{\sigma_x - \sigma_y}{2} \right)^2 + \tau_{xy}^2 \right]^{\frac{1}{2}} - \frac{\sigma_x + \sigma_y}{2}\tan\alpha - C\cos\phi = 0 \tag{13.26}$$

此式规定以受压为正,且令 $\tan\alpha = \sin\phi$。

选用式(13.26)的函数 f 为塑性势函数,按联合流动法则,在平面应变的条件下,塑性应变增量为

$$\mathrm{d}\varepsilon_x^{\mathrm{p}} = \frac{\mathrm{d}\lambda}{2q}(\sigma_x - P + Aq)$$

$$\mathrm{d}\varepsilon_y^{\mathrm{p}} = \frac{\mathrm{d}\lambda}{2q}(\sigma_y - P + Aq) \tag{13.27}$$

$$\mathrm{d}\gamma_{xy}^{\mathrm{p}} = \frac{\mathrm{d}\lambda}{2q}\tau_{xy}$$

式中,

$$q = \left| \frac{\sigma_1 - \sigma_3}{2} \right|$$

$$P = \frac{\sigma_1 + \sigma_3}{2} \tag{13.28}$$

$$A = \tan\alpha$$

计算 $d\lambda$，再计及弹性变形，可导得相应的增量型本构关系为

$$\{d\sigma\} = [D]_{ep}\{d\varepsilon\} \tag{13.29}$$

其弹塑性矩阵 $[D]_{ep}$ 为

$$\Gamma\begin{bmatrix} (1-v)(1-X)-vS-\overline{T} & v(1-X)-(1-v)S+\overline{T} & (1-2v)Y-U \\ & (1-v)(1-\overline{X})-vS-T & (1-2v)\overline{Y}-U \\ 对称 & & \frac{1}{2}[(1-2v)(1-2Z)-\overline{T}-T] \end{bmatrix}$$

$$\tag{13.30}$$

其中，

$$\Gamma = \frac{E}{(1+v)(1-2v-\overline{T}-T)}$$

$$X = N(P-\sigma_x-Aq)^2$$

$$Y = N(P-\sigma_x-Aq)\tau_{xy}$$

$$Z = N\tau_{xy}^2$$

$$\overline{X} = N(P-\sigma_y-Aq)^2$$

$$\overline{Y} = N(P-\sigma_y-Aq)\tau_{xy}$$

$$S = N(P-\sigma_x-Aq)(P-\sigma_y-Aq)$$

$$T = Nq(P-\sigma_x-Aq)[\tan\alpha-A(1-2v)]$$

$$\overline{T} = Nq(P-\sigma_y-Aq)[\tan\alpha-A(1-2v)]$$

$$U = Nq\tau_{xy}[\tan\alpha-A(1-2v)]$$

$$N = \frac{1}{2q^2(1+A^2)}$$

以上讨论的是理想塑性材料的本构关系，对硬化材料，应根据硬化条件来计算 $d\lambda$。关于岩土的硬化条件如何描述，有各种各样的模型，它们大致分为两大类：一类是从具体试验资料直接确定屈服函数和硬化函数等经验公式，其中比较典型的有 Lade-Duncan 模型和黄文熙模型；另一类是从能量的物理概念出发，推导出屈服函数和硬化函数，其中为大家所熟知的有 Cambridge（剑桥）模型、Rowe 剪胀模型和南京水科所模型。

13.10　关于岩土的非联合流动法则

采用联合流动法则，譬如选用广义 Mises 屈服函数为塑性势函数时，按式

(13.23)，塑性体积应变增量为

$$d\varepsilon_v^p = d\varepsilon_{ii}^p = 3\alpha d\lambda \tag{13.31a}$$

如采用 Mohr-Coulomb 屈服函数为塑性势函数，则在平面应变情况下，由式(13.27)得相应的塑性体积应变增量为

$$d\varepsilon_v^p = A d\lambda = \sin\phi d\lambda \tag{13.31b}$$

式(13.31a)和式(13.31b)表明塑性体积应变增量为正，即有塑性体积膨胀，这是符合岩土材料在破裂前观察到的事实，即剪胀现象。不过实际的膨胀值没有理论计算的这么大，这个问题可以采用非联合流动予以纠正。

式(13.31a)表明，塑性体积应变增量 $d\varepsilon_v^p$ 与系数 α 成比例，而由式(13.15)至式(13.17)可见，不管 α 取哪个表达式，系数 α 都和内摩擦角 φ 有关。式(13.31b)也表明 $d\varepsilon_v^p$ 和 ϕ 有关。它们都表明 ϕ 越小，$d\varepsilon_v^p$ 也越小。因此，要使 $d\varepsilon_v^p$ 减小，可以这样构造塑性势函数，即将塑性势函数取成和这些屈服函数同样的函数形式，但将其中的 ϕ 改用较小的 ψ，即令 $0 \leqslant \psi \leqslant \phi$（可根据试验选取适当的值），并采用非联合流动法则，就可减小 $d\varepsilon_v^p$ 值。

譬如，在式(13.27)中令 $\phi = 0$，则变为

$$d\varepsilon_x^p = \frac{d\lambda}{2q}(\sigma_x - P)$$

$$d\varepsilon_y^p = \frac{d\lambda}{2q}(\sigma_y - P) \tag{13.32}$$

$$\frac{1}{2}d\gamma_{xy}^p = \frac{d\lambda}{2q}\tau_{xy}$$

相应于式(13.32)的弹塑性矩阵 $[D]_{ep}$ 为

$$\Gamma \left\{ \begin{array}{ccc} 1-\nu^2 + \nu X(1+2\nu) - X + T & \nu(1+\nu) - \nu X(1+2\nu) + X + T & (1+\nu)(1-2\nu)Y \\ \nu(1+\nu) - \nu X(1+2\nu) + X - T & 1-\nu^2 + \nu X(1+2\nu) - X - T & -(1+\nu)(1-2\nu)Y \\ (1+\nu)(1-2\nu)Y - U & -(1+\nu)(1-2\nu)Y - U & \dfrac{(1-2Z)(1+\nu)(1-2\nu)}{2} \end{array} \right\}$$

$$\tag{13.33}$$

其中，

$$\Gamma = \frac{E}{(1+\nu)^2(1-2\nu)}$$

$$X = \frac{1}{2q^2}(P - \sigma_x)^2$$

$$Y = \frac{1}{2q^2}(P - \sigma_x)\tau_{xy}$$

$$Z = \frac{1}{2q^2}\tau_{xy}^2$$

$$T = \frac{1+\nu}{2q}(P - \sigma_x)\tan\alpha$$

$$U = \frac{1+v}{2q}\tau_{xy}\tan\alpha$$

由式(13.33)可见,矩阵$[D]_{ep}$不是对称的。所以采用非联合流动法则虽然可以得到比较合理的塑性体积应变增量,但也带来一些问题。如由于$[D]_{ep}$是非对称的,会增加用有限单元法解题的困难。而且用增量法求解时,应避免采用大的荷载增量,同时所得到的解有可能不是唯一的,这些在计算时都要加以注意。

另外,非联合流动法目前还存有争议。有人认为这是一个不合理的概念,应予以放弃。

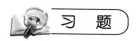 习　题

1. 岩土塑性力学有哪些特点?
2. 屈服曲线具有哪些性质?
3. 常用的岩土屈服条件有哪些?

第 14 章　弹塑性力学问题的数值方法

在弹塑性状态下,由于材料的本构关系的非线性,带来了数学处理上的很大困难,对很多具有实际意义的问题要获得解析解是不可能的,因此限制了塑性力学在工程中的应用。在工程上,对于较复杂的问题,常常只用数值计算的方法获得近似解。在现代电子计算技术的基础上发展起来的有限单元法也是一种数值法,它不仅对解决弹性问题是很成功的,而且对解决塑性应力分析等这一类非线性问题也同样是非常成功的。本章将就有限单元法解弹塑性问题做一简单介绍。

14.1　求解非线性问题的基本方法

非线性问题大致可以分为三类。第一类问题是只涉及材料非线性的问题,即物理非线性问题。在这类问题中,虽然表示材料性质的物理方程是非线性的,但只考虑小位移和小应变的情况,即在几何上仍是线性关系。第二类问题是只涉及几何非线性的问题。在这类问题中,和上一种情况正好相反。这时,材料是线性的,但由于产生了大位移和大应变,引起了几何非线性。而第三类问题是前两类问题的组合。即在这类问题中既要考虑物理非线性,又要考虑几何非线性,这是最一般的非线性问题。

虽然我们把非线问题分成三类,但解这三类问题时常用的方法基本上是相同的,所以,我们在这里将仅就第一类的问题加以讨论,即只考虑小位移和小应变的弹塑性问题。

用有限单元法求解非线性问题,常用的基本方法是迭代法、增量法和混合法,先将这三种基本方法的基本思想介绍如下:

14.1.1　迭代法

一般来讲,以位移为基本未知数,用有限单元法求解时,最后是归结为求解下

列形式的平衡方程式

$$[K]\{\delta\} = \{R\} \tag{14.1}$$

式中，$\{\delta\}$ 是节点位移向量，$\{R\}$ 是节点荷载向量。而方程组的系数矩阵，即劲度矩阵 $[K]$，在考虑物理非线性的情况下，它是与结构的用节点位移表达的应力和应变状态有关。所以，方程组(14.1)是非线性的。

　　如用迭代法求解这组非线性方程，就是重复进行一系列的计算，称为迭代计算。其中每一次迭代时，使物体受全部荷载的作用，并取劲度为某个近似的常数值，当然这样得到的结果并不是方程的真正解。为此，可以利用上一次迭代计算得到的结果修正 $[K]$，然后再进行下一次迭代计算，从而对解答逐步加以修正，直至收敛为止。

　　在迭代计算过程中，需要选取一个近似的劲度值，即需要选择一个方法来计算式(14.1)中的劲度矩阵 $[K]$。现在将常用的处理方法示于图 14.1。其中图 14.1(a)表示选取前一迭代步骤终了时的切线模量计算下一次迭代计算时的劲度。图 14.1(b)表示选取前一迭代步骤终了时的割线模量计算下一次迭代计算时的劲度。这两种方法表明在每次迭代时都要计算不同的劲度，这样计算不便。

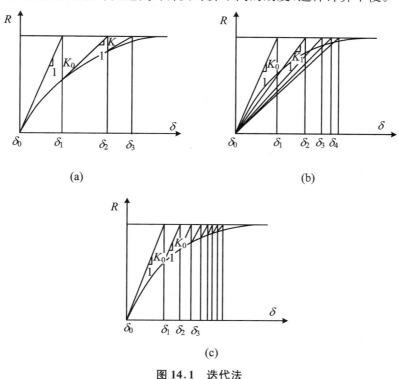

(a)　　　　　　　　　　(b)

(c)

图 14.1　迭代法

为此,提出了如图 14.1(c)所示的一种改进的办法,其每一次迭代都是只用初始劲度$[K_0]$。这样虽然可能需要较多的迭代次数,但由于不必每次迭代都重新计算劲度矩阵,总的来说,还是能大大地节省计算工作量。

14.1.2　增量法

这种方法的基本原理是:结构在屈服以后,设想荷载是以微小增量的形式逐步施加于结构的。这些荷载增量一般是取成大小相等的,但也可以不相等。由于荷载增量是微小的,所以对每加一级荷载增量,假设$[K]$取固定值(但对不同级加载,$[K]$可以取不同值),即假设方程是线性的。这样,对每一级加载,可以求出相应的位移增量。反复加载,直至达到总荷载。最后将这些位移增量加起来,即得总位移。关于每一级加载过程中$[K]$的选择方法,如图 14.2 所示可以有三种:① 采用该级加载前的切线模量;② 把原来的荷载增量再分成两半,并分别取各点的切线模量;③ 取该级荷载增量的中点的切线模量。从图 14.2 上可看出,以第三种方法效果最好。

从本质来看,增量法就是用分段线性的办法来近似非线性问题。

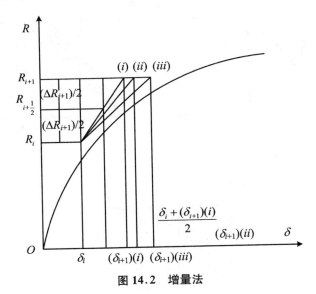

图 14.2　增量法

14.1.3　混合法

将迭代法和增量法联合起来应用,就是混合法。图 14.3 所示即为混合法的一种。这时,荷载仍是分成微小增量逐步施加的,但在施加每一级增量以后,进行一系列迭代。这种方法虽然计算工作量较多,但精度较高。

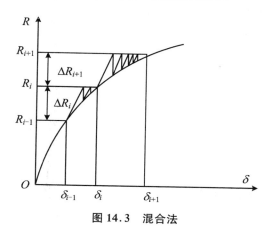

图 14.3　混合法

14.1.4　三种基本方法的比较

增量法的优点是适应性强,除了硬化程度小的材料,它能适用于各种非线性问题。另外,由于它采用逐级加载,能描述变形的发展过程,这也是其优点。但该法通常比迭代法多费时间,而且很难事先估计荷载增量应取多大才能得到比较满意的近似解。这样,如果没有精确解或试验结果加以比较,就难以判断所得结果的好坏。

迭代法用起来比较容易,计算程序比较简单,而且能适用于硬化不显著的材料(采用割线刚度),这些都是它的优点。其缺点是不能保证收敛于精确解,不能用于动态问题,也不能得到加载过程中的变形的发展情况。

混合法综合了迭代法和增量法的优点,一定程度上克服了两者的缺点,所以它得到越来越广泛的应用,即使增加了计算工作量也是值得的。

以上只是介绍了解非线性问题的三种基本方法,实际运用时,各个方法还有些变化。从下一节开始对实际运用的几种方法做较具体的介绍。

14.2　解弹塑性问题的迭代法

当应用全量理论时,可以直接用迭代法来求解弹塑性问题。根据全量理论,本

构关系可以写成

$$\{\varepsilon\} = [E_{ep}]^{-1}\{\sigma\} \tag{14.2a}$$

式中,$[E_{ep}]$是用割线模量来表示的,它的具体形式为

$$[E_{ep}]^{-1} = \frac{1}{E}\begin{bmatrix} (1+t) & -\left(\mu+\dfrac{t}{2}\right) & -\left(\mu+\dfrac{t}{2}\right) & 0 & 0 & 0 \\ & (1+t) & -\left(\mu+\dfrac{t}{2}\right) & 0 & 0 & 0 \\ & & (1+t) & 0 & 0 & 0 \\ & & & 2(1+\mu)+3t & 0 & 0 \\ & & & & 2(1+\mu)+3t & 0 \\ & & & & & 2(1+\mu)+3t \end{bmatrix}$$

式中,$t = \dfrac{E}{E_c^p}$。

以式(14.2a)为基础,可以导出单元的劲度矩阵。因为根据虚功率原理,单元节点力$\{F\}^e$对相应的节点虚位移$\{\delta\}^e$所作的虚功率应等于单元内各点的应力$\{\sigma\}$对相应的虚应变$\{\bar\varepsilon\}^e$所作的总虚功,即

$$(\{\bar\delta\}^e)^{\mathrm{T}}\{F\}^e = \int_V (\{\bar\varepsilon\}^e)^{\mathrm{T}}\{\sigma\}\mathrm{d}V \tag{14.2b}$$

因为单元应变$\{\bar\varepsilon\}^e$和节点位移$\{\delta\}^e$是由应变矩阵$[B]$来联系的

$$\{\varepsilon\}^e = [B]\{\delta\}^e \tag{14.2c}$$

即同样地,对虚位移和虚应变也应有

$$\{\bar\varepsilon\}^e = [B]\{\bar\delta\}^e \tag{14.2d}$$

应变矩阵$[B]$的具体形式决定于单元的形状以及位移模式的选择。

以式(14.2c)代入式(14.2a),然后连同式(14.2d)代入式(14.2b)得

$$(\{\bar\delta\}^e)^{\mathrm{T}}\{F\}^e = \int_V (\{\bar\delta\}^e)^{\mathrm{T}}[B]^{\mathrm{T}}[E_{ep}][B]\{\delta\}^e\mathrm{d}V$$

$$= (\{\bar\delta\}^e)^{\mathrm{T}}\int_V [B]^{\mathrm{T}}[E_{ep}][B]\mathrm{d}V\{\delta\}^e \tag{14.2e}$$

则

$$\{F\}^e = \left[\int_V [B]^{\mathrm{T}}[E_{ep}][B]\mathrm{d}V\right]\{\delta\}^e = [k]\{\delta\}^e$$

式中,

$$[k] = \int_V [B]^{\mathrm{T}}[E_{ep}][B]\mathrm{d}V \tag{14.3}$$

就是根据全量理论推出的单元的劲度矩阵。

有了单元劲度矩阵表达式,就可以按此形成整个结构的总劲度矩阵$[K]$。这时,确定未知节点位移$\{\delta\}$的基本矩阵方程为

$$[K]\{\delta\} = \{R\} \tag{14.4}$$

$[K]$ 中各元素的值不仅与结构的几何参量有关,而且与结构的用节点位移表达的应力、应变状态有关。因此,方程组(14.4)是一个非线性的方程组。下面介绍用迭代法求解时的大致步骤:

(1) 把全部荷载施加于结构,用解线性弹性的方法进行分析。这时各单元的弹性常数用 E,μ 表示。在这一步,也就是假定结构全部处于弹性阶段。

(2) 由按(1)所得到的各个单元的应变求得单元的应变强度 ε_i,根据由实验确定的曲线 $\sigma_i = \Phi(\varepsilon_i)$ 定出 σ_i,从而确定各个单元的割线模量 E_c,代入 $[E_{ep}]^{-1}$。并由式(14.3)求得各个单元的新的劲度矩阵。

(3) 由(2)中对每个单元新确定的劲度矩阵,重新进行一次弹性分析(即重复第一步)。

(4) 重复(2)。

(5) 重复(3)。

如此反复进行直至应力收敛为止。这种迭代过程如图 14.4 所示。

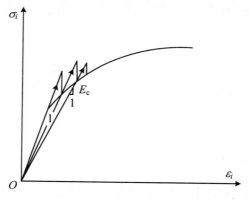

图 14.4　迭代过程

这种迭代法的特点是简单易行,计算过程中只是劲度矩阵在改变,其他运算都和弹性问题类似。所以对解弹性问题的程序,只要将有关劲度矩阵的部分和计算应力的部分做些修改,就可以应用于解弹塑性问题。

该法有几个明显的缺点,因为它是应用全量理论的,当结构处于简单加载的情况下,它才是正确的。如果不属简单加载,并且有局部卸载,将得出错误的结果。另外,当材料的非线性很显著时,收敛缓慢,有时甚至发散。

对该法的一个改进,可将 $[K]$ 分解成线性部分 $[K_e]$ 和非线性部分 $[K_p]$,即

$$[K] = [K_e] + [K_p]$$

式(14.4)改写成

$$[K_e]\{\delta\} = \{R\} - [K_p]\{\delta\}$$

这样,迭代的过程是按下述算法求解矩阵方程式

$$[K_e]\{\delta_l\} = \{R_{(l-1)}\} \tag{14.5}$$

式中,

$$\{R_{(l-1)}\} = \{R\} - [K_p(\delta_{(l-1)})]\{\delta_{(l-1)}\} \tag{14.6}$$

其右端第二项可以看成由于非线性带来的附加节点荷载向量。这里的 l 是指第几次迭代过程。

显然,在迭代的每一阶段,只需求解右端为常数的线性方程组(14.5)。而式(14.6)这些常数可以借助于前次迭代得到的结果逐步精确化。该法与上法比较,能在一定程度上减少计算工作量。但其本质上的缺点并不能得到克服。下面将介绍三种可以克服这些缺点的方法。它们是从增量理论出发的,不受简单加载的限制。

14.3　解弹塑性问题的增量-切线劲度法

本节介绍的增量-切线劲度法,它是解非线性问题的一种增量法。它的基本思想已在14.1节介绍过,现再结合求解弹塑性这一物理非线性问题做更具体的说明。

14.3.1　基本思想

求非线性问题,常常用适当的方法使它线性化,以便把非线性问题化为一系列的线性问题来处理。增量-切线劲度法的基本思想是:设想荷载以有限增量逐步施加在物体上,即把总荷载 $\{R\}$ 分成若干施加

$$\{R\} = \{\Delta R\}_0 + \{\Delta R\}_1 + \{\Delta R\}_2 + \cdots + \{\Delta R\}_n$$

这里的 $\{\Delta R\}_0$ 可取结构的弹性极限荷载。这样,物体在一定的应力和应变水平上,每增加一次荷载,将产生一个相应的应力及应变的有限增量:$\{\Delta\sigma\}$ 及 $\{\Delta\varepsilon\}$。对尚未进入屈服的单元来说,$\{\Delta\sigma\}$ 和 $\{\Delta\varepsilon\}$ 是线性关系,服从广义胡克定律

$$\{\Delta\sigma\} = [D]_e\{\Delta\varepsilon\}$$

对于已屈服的塑性区的单元,只要每次增加的荷载适当地小,我们可以采用两个近似,一个是用应力和应变的有限增量 $\{\Delta\sigma\}$ 和 $\{\Delta\varepsilon\}$ 来代替它们的无限小增量 $\{d\sigma\}$ 和 $\{d\varepsilon\}$。以后所指的应力增量和应变增量都是指它们的有限增量。另一个

是认为每一加载过程中产生的应力增量 $\{\Delta\sigma\}$ 和应变增量 $\{\Delta\varepsilon\}$ 呈线性关系,并用材料拉伸曲线 $\sigma=\Phi(\varepsilon)$ 上加载前一点处的切线低利率来代替这次加载过程中材料的模量,如图 14.5 所示,所以该法就称为切线劲度法。

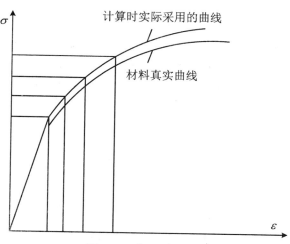

图 14.5　切线劲度法

这样,弹塑性矩阵 $[D]_{ep}$ 仅与加载前的应力、应变水平有关,而和应力增量 $\{\Delta\sigma\}$ 和应变增量 $\{\Delta\varepsilon\}$ 无关。这样,虽然对整个问题来说是非线性的,但对每一加载过程来说,问题却是线性的,从而达到线性化的目的。

根据上面两个假定,对塑性区各单元,采用增量本构关系,应有

$$\{\Delta\sigma\}_l=\left[D(\{\delta\}_{(l-1)})\right]_{ep}\{\Delta\varepsilon\}_l \tag{14.7}$$

式中,$\{\sigma\}_{(l-1)}$:经过第 $(l-1)$ 次加载得到的应力;$\{\Delta\sigma\}_l$:第 l 次加载过程中产生的应力增量;$\{\Delta\varepsilon\}_l$:第 l 次加载过程中产生的应变增量。

对第 l 次加载过程来说,$\{\sigma\}_{(l-1)}$ 是已知量,$\{\Delta\sigma\}_l$ 和 $\{\Delta\varepsilon\}_l$ 是待求的未知量,所以式(14.7)是线性关系。

由于 $[D]_{ep}$ 中的应力取加载前的应力水平,由此而形成的劲度矩阵也只和加载前的应力水平有关。因此,对第 l 次加载,可以列出方程组

$$\left[K(\{\sigma\}_{(l-1)})\right]\{\Delta\delta\}_l=\{\Delta R\}_l \tag{14.8}$$

显然,这是一个线性方程组。求解以后得到第 l 次加载后产生的位移增量 $\{\Delta\delta\}_l$,应变增量 $\{\Delta\varepsilon\}_l$ 和应力增量 $\{\Delta\sigma\}_l$,并由此得到新的应力水平 $\{\sigma\}_l=\{\sigma\}_{(l-1)}+\{\Delta\sigma\}_l$。将它再代入 $[D]_{ep}$,形成新的劲度矩阵,继续进行第 $(l+1)$ 次加载的计算。重复上述过程直至全部荷载加完为止,最后得到的位移、应变和应力就是所要求的弹塑性分析的结果。

由于每一次加载劲度矩阵都要根据加载前的应力重新计算一次。因此,对每

次加载劲度矩阵都要发生变化。这个方法又称为变劲度法。

14.3.2　劲度矩阵的形成

用切线模量法分析弹塑性问题,对每一步加载来说,除了劲度矩阵的形成以及应力的计算以外,其他的计算步骤几乎都与解弹性问题是完全相同的。所以,只要在相应的程序中对形成劲度矩阵和计算应力这两部分做适当的修改,就可以用来解弹塑性问题。关于应力增量可按式(14.7)计算。下面着重讨论一下劲度矩阵的形成问题。应用虚功原理,不难证明,对于处于弹性区域的单元,其单元劲度矩阵为

$$\{k\}_e = \int_V [B]^T [D]_e [B] dV \tag{14.9}$$

而对塑性区域的单元,其单元劲度矩阵为

$$\{k\}_p = \int_V [B]^T [D]_{ep} [B] dV \tag{14.10}$$

式中,$[D]_{ep}$是和加载前的应力水平有关,在式(14.11)中给出了它的明显表达式,其计算是不会困难的。

$$[D_{ep}]^{-1} = \frac{E}{1+\mu}$$

$$\cdot \begin{pmatrix} \dfrac{1-\mu}{1-2\mu} - \omega S_x^2 & \dfrac{\mu}{1-2\mu} - \omega S_x S_y & \dfrac{\mu}{1-2\mu} - \omega S_x S_z & -\omega S_x \tau_{xy} & -\omega S_x \tau_{yz} & -\omega S_x \tau_{zx} \\[2mm] & \dfrac{1-\mu}{1-2\mu} - \omega S_y^2 & \dfrac{\mu}{1-2\mu} - \omega S_y S_z & -\omega S_y \tau_{xy} & -\omega S_y \tau_{yz} & -\omega S_y \tau_{zx} \\[2mm] & & \dfrac{1-\mu}{1-2\mu} - \omega S_z^2 & -\omega S_z \tau_{xy} & -\omega S_z \tau_{yz} & -\omega S_z \tau_{zx} \\[2mm] & & & \dfrac{1}{2} - \omega \tau_{xy}^2 & -\omega \tau_{xy} \tau_{yz} & -\omega \tau_{xy} \tau_{zx} \\[2mm] & & & & \dfrac{1}{2} - \omega \tau_{yz}^2 & -\omega \tau_{yz} \tau_{zx} \\[2mm] & & & & & \dfrac{1}{2} - \omega \tau_{zx}^2 \end{pmatrix}$$

$$\tag{14.11}$$

由于在逐步加载过程中塑性区域是不断扩展的。在增加一个荷载增量$\{\Delta R\}$时,对于加载后仍处于弹性区域的单元或被卸载的单元以及加载前已处于塑性区域而加载后塑性变形仍然继续增加的那些单元,当然可以分别按式(14.9)和式(14.10)形成它们的劲度矩阵。但是,还有一些单元,它们在这次加载前虽然处于弹性区域,但它们与塑性区紧临,因而在继续加载的过程中进入屈服,在加载后处于塑性区域。我们把这种单元构成的区域称为过渡区域。对于过渡区域中的

单元,由于在这次加载中从弹性进入塑性屈服,如简单地按式(14.9)或式(14.10)形成它们的劲度矩阵都会引起相当的误差。为了克服这个困难,在形成单元劲度时可用下述的加权平均弹塑性矩阵$[\overline{D}]_{ep}$来代替式(14.9)中的弹性矩阵$[D]_{e}$或式(14.10)中的弹塑性矩阵$[D]_{ep}$。

　　设过渡区某个单元在第 l 次加载时由弹性过渡到塑性。在这次加载以前,它的应变强度为$(\varepsilon_i)_{(l-1)}$,这是已知值。若材料屈服时的应变强度(和 σ_s 相应的应变强度)为$(\varepsilon_i)_s$,它是可由材料试验加以确定的值,则该单元为了达到屈服所需要的应变强度增量(图 14.6)为

$$(\Delta\varepsilon_i)_s = (\varepsilon_i)_s - (\varepsilon_i)_{(l-1)} \tag{14.12}$$

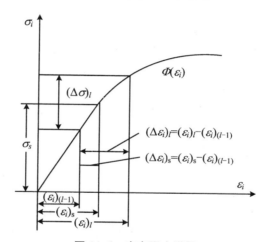

图 14.6　应变强度增量

　　这个值是可以计算的。另外,设这次加载后的应变强度为$(\varepsilon_i)_l$,则在第 l 次加载时引起的应变强度增量为

$$(\Delta\varepsilon_i)_l = (\varepsilon_i)_l - (\varepsilon_i)_{(l-1)} \tag{14.13}$$

　　因为$(\varepsilon_i)_l$ 是未知的、待求的值,所以在计算过程中只能先估计,然后逐步修正(具体处理办法后面再介绍)。记

$$m = \frac{(\Delta\varepsilon_i)_s}{(\Delta\varepsilon_i)_l} \tag{14.14}$$

　　因为 $m=0$ 时表示已屈服,$m=1$ 时表示 l 次加载后刚刚屈服,所以在过渡区内,应有 $0<m<1$。

　　定义

$$[\overline{D}]_{ep} = m[D]_e + (1-m)[D]_{ep} \tag{14.15}$$

为加权平均弹塑性矩阵。显然 $m=0$ 为塑性区,则$[\overline{D}]_{ep}=[D]_{ep}$;$m=1$ 为刚屈

服,则$[\overline{D}]_{ep} = [D]_e$。

这样,对过渡区单元可按

$$[k] = \int_V [B]^T [\overline{D}]_{ep} [B] dV \qquad (14.16)$$

来形成单元劲度矩阵。实际上,对上面三种情况都可以统一写成

$$[k] = \int_V [B]^T (m[D]_e + (1-m)[D]_{ep}) [B] dV \qquad (14.17)$$

对弹性区,取 $m = 1$;对过渡区,取 $0 < m < 1$;对塑性区,取 $m = 0$。

由于 m 和 $(\Delta\varepsilon_i)_l$ 有关,而 $\Delta\varepsilon_i$ 是和待求的 $\{\Delta\varepsilon\}_l$ 有关的量,所以,对过渡区如以 $[\overline{D}]_{ep}$ 代替式(14.7)中的 $[D]_{ep}$ 以后,从实质上来说,方程还是一个非线性的关系。因此,在计算过程中,先要对 $(\Delta\varepsilon_i)_l$ 做出估计。一般第一次估计值是把过渡区域的单元做弹性处理而得到的,然后采用迭代的办法用计算的结果来修改 $(\Delta\varepsilon_i)_l$,亦即修改 m 值,直至前后两次迭代所得结果达到指定的精度为止。所以,这种方法实质上是一种混合法。

实践证明,对过渡区采用上述处理方法,可以节省计算时间,提高计算精度。

14.3.3　主要计算步骤

现将切线劲度法的主要计算步骤归纳如下:

(1) 对结构施加全部荷载 $\{R\}$,做完全弹性的线性计算。

(2) 求出各单元的应力强度,并取得其最大值 $(\sigma_i)_{max}$。若 $(\sigma_i)_{max} \leqslant \sigma_s$,则材料全部未进入塑性状态,完全弹性的计算结果就是最终的结果。否则令 $L = \dfrac{(\sigma_i)_{max}}{\sigma_s}$,存贮根据荷载向量 $\{R\}_0 = \dfrac{1}{L}\{R\}$ 做弹性计算所得应变、应力等,并以 $\{\Delta R\} = \dfrac{1}{n}\left(1 - \dfrac{1}{L}\right)\{R\}$ 作为以后每一次加载的荷载增量,而 n 为某一正整数。

(3) 施加荷载增量 $\{\Delta R\}$,对 $\{\Delta R\}$ 在各单元中估计所引起的应变强度增量 $(\Delta\varepsilon_i)_l$,并由式(14.14)和式(14.15)分别确定相应的 m 值和 $[\overline{D}]_{ep}$。

(4) 对于每个单元根据其落在弹性(包括卸载区)塑性或过渡区域的不同情况分别按式(14.9)、式(14.10)或式(14.17)形成单元劲度矩阵。

(5) 叠加单元劲度矩阵为总劲度矩阵,求解相应的基本方程得到位移增量,进而计算应变增量及应变强度增量 $(\Delta\varepsilon_i)_l$,并修改 m 值。

(6) 重复步骤(4)、(5)几次(重复次数根据精度要求决定)然后计算应力增量,并把位移、应变及应力增量分别叠加到这次加载前的水平上去。

（7）继续加载，并进行继续加载的计算，即重复步骤(3)～(6)直至加完全部荷载为止。

从以上分析的可以看出，切线劲度法的一个特点是劲度矩阵随每一次加载以及一次加载中对 m 的每一步修正都要发生变化。所以，用该法计算时需要很多的机器时间，虽然已有一些改进的办法，但仍是不经济的。下面介绍的初应力法和初应变法可以克服这个缺点。但该法对理想塑性材料（此时 $H' = 0$）或者硬化不显著的材料亦可以适用，这是它的优点。

14.4　初 应 力 法

上面介绍的迭代法和增量-切线劲度法，在计算的每个阶段（不同级的加载计算，以及同一级加载计算的不同迭代过程）都要重新计算单元的劲度矩阵，在时间上是不经济的。本节和下节要介绍的初应力法和初应变法可以克服这个缺点。

14.4.1　基本思想

初应力法的基本思想是：同样设想荷载是以微小增量的形式逐步施加于物体的，每施加一个荷载增量 $\{\Delta R\}$，产生相应的应力增量 $\{\Delta\sigma\}$ 和应变增量 $\{\Delta\varepsilon\}$。只要 $\{\Delta R\}$ 是足够小的，根据 $[D]_{\mathrm{ep}} = [D]_{\mathrm{e}} - [D]_{\mathrm{p}}$ 和 $\{\mathrm{d}\sigma\} = [D]_{\mathrm{ep}}\{\mathrm{d}\varepsilon\}$，应力增量和应变增量之间的关系可近似地表示为

$$\{\Delta\sigma\} = ([D]_{\mathrm{e}} - [D]_{\mathrm{p}})\{\Delta\varepsilon\}$$

该式可以改写为

$$\{\Delta\sigma\} = [D]_{\mathrm{e}}\{\Delta\varepsilon\} + \{\Delta\sigma_0\} \tag{14.18}$$

令

$$\{\Delta\sigma_0\} = -[D]_{\mathrm{p}}\{\Delta\varepsilon\} \tag{14.19}$$

其中，$[D]_{\mathrm{p}}$ 由 $[D]_{\mathrm{p}} = \dfrac{[D]_{\mathrm{e}}\left\{\dfrac{\partial\sigma_i}{\partial\sigma}\right\}\left\{\dfrac{\partial\sigma_i}{\partial\sigma}\right\}^{\mathrm{T}}[D]_{\mathrm{e}}}{H' + \left\{\dfrac{\partial\sigma_i}{\partial\sigma}\right\}^{\mathrm{T}}[D]_{\mathrm{e}}\left\{\dfrac{\partial\sigma_i}{\partial\sigma}\right\}}$ 所定义，并且在现在情况下它只决定于加载前的应力水平，而和应力增量无关，所以式(14.18)是线性关系式。它在一维情况下如图 14.7 所示。

如果把 $\{\Delta\sigma_0\}$ 所代表的量看成初应力，则在形式上，式(14.18)和具有初应力的弹性问题的应力应变关系是一致的。为了以后分析的方便，使它能适用于弹性

区、塑性区和过渡区三种情况,我们将(14.19)改写成

$$\{\Delta\sigma_0\} = -(1 - m)[D]_p\{\Delta\varepsilon\} \tag{14.20}$$

在弹性区,取 $m=1$;在过渡区,取 $0<m<1$;在塑性区,取 $m=0$。

　　式中,m 如式(14.14)所定义。当然,对过渡区单元来说,$\{\Delta\sigma_0\}$ 不仅决定于加载前的应力水平,而且和这次加载时引起的应变增量 $\{\Delta\varepsilon\}$ 有关。所以,对过渡区单元采用加权平均弹塑性矩阵以后,方程实质上还是非线性的,仍用迭代办法来处理。

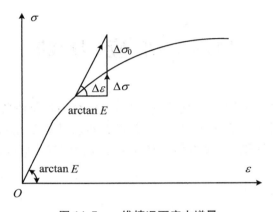

图 14.7　一维情况下应力增量

　　根据上面的分析,就把弹塑性分析的问题化为考虑初应力的弹性分析问题。这种方法就称为初应力法。如图 14.7 所示,实质上该法是通过对 $\Delta\sigma_0$ 的处理,使应力降到正确的水平上。

　　根据能量原理,不难导出这一类问题的有限单元法的计算格式为求解方程组

$$[K]\{\Delta\delta\} = \{\Delta R\} + \{R_0(\{\Delta\sigma_0\})\} \tag{14.21}$$

　　由于式(14.18)中的 $[D]_e$ 是弹性矩阵,则方程(14.21)中的系数矩阵 $[K]$ 即总劲度矩阵就是弹性计算中的劲度矩阵,这样在形式上就化为求解纯弹性的问题,这是该法的方便之处。方程(14.21)右端第一项 $\{\Delta R\}$ 是由外荷载形成的节点荷载向量,其第二项即 $\{R_0(\{\Delta\sigma_0\})\}$ 是由所谓初应力 $\{\Delta\sigma_0\}$ 转化而得的等效节点荷载向量,称为初应力等效荷载向量。它在实质上是由于考虑到材料的非线性而对荷载的一个修正量。由于初应力 $\{\Delta\sigma_0\}$ 不仅依赖于加载前的应力,尚与这次加载时所引起的应变增量 $\{\Delta\varepsilon\}$ 有关,所以初应力等效荷载向量 $\{R_0(\{\Delta\sigma_0\})\}$ 也是与 $\{\Delta\varepsilon\}$ 有关的。但 $\{\Delta\varepsilon\}$ 本身是一个待确定的量,因此对每一步加载,必须通过迭代的办法同时求出 $\{\Delta\delta\}$ 和 $\{\Delta\varepsilon\}$。

　　具体地说,对于每次加载,可进行如下的迭代:开始可取 $\{\Delta\delta\}_0 = 0$,即求解初应力荷载向量 $\{R_0\}_0 = 0$ 时的纯弹性问题

$$[K]\{\Delta\delta\}_1 = \{\Delta R\}$$

由此求得 $\{\Delta\delta\}_1$ 和相应的 $\{\Delta\varepsilon\}_1$,再根据加载前的应力用式(14.20)决定此时的 $\{\Delta\sigma_0\}_1$,并转化为相应的初应力等效荷载向量 $\{R_0\}_1$(关于 $\{R_0\}$ 的计算见后面的介绍)。然后再从

$$[K]\{\Delta\delta\}_2 = \{\Delta R\} + \{R_0\}_1$$

中解出 $\{\Delta\delta\}_2$,并决定相应的 $\{\Delta\varepsilon\}_2$,$\{\Delta\sigma_0\}_2$…

一般地说,若求得应变增量的第 l 次近似 $\{\Delta\varepsilon\}_l$,就可以求得相应的初应力等效荷载向量 $\{R_0\}_l$,再通过求解

$$[K]\{\Delta\delta\}_{(l+1)} = \{\Delta R\} + \{R_0\}_l \quad (l = 0,1,2,\cdots)$$

来求得位移及应变增量的第 $(l+1)$ 次的近似值 $\{\Delta\delta\}_{(l+1)}$ 及 $\{\Delta\varepsilon\}_{(l+1)}$,这样的迭代过程一直进行到收敛为止。然后,把此时的位移增量、应变增量和应力增量作为这次加载的结果分别叠加到加载前的水平上去。在此基础上进行下一步加载,直至全部荷载加完为止。

14.4.2　初应力等效荷载向量的计算

用初应力法进行弹塑性计算时,虽然在每次加载的每一步迭代计算中,劲度矩阵 $[K]$ 是始终不变的,并与弹性计算的劲度矩阵相同。但因为每一次加载时 $\{R_0\}$ 是要发生相应变化的;而且因为 $\{R_0\}$ 与待求的未知量 $\{\Delta\varepsilon\}$ 有关,它只能通过迭代的办法来解决,所以不仅在每一次加载中 $\{R_0\}$ 发生变化,而且在同一次加载过程中的每一步迭代中,$\{R_0\}$ 也是变化的,必须重新计算。下面就来分析 $\{R_0\}$ 和 $\{\Delta\sigma_0\}$ 的关系。

对每一个单元,根据虚功率原理应有

$$((\{\Delta\bar{\delta}\}^e)^T\{\Delta R\}^e = \int_V ((\{\Delta\bar{\varepsilon}\}^e)^T\{\Delta\sigma\}\mathrm{d}V \tag{14.22}$$

因为

$$\{\Delta\bar{\varepsilon}\}^e = [B]\{\Delta\bar{\delta}\}^e$$

$$\{\Delta\sigma\} = [D]_e\{\Delta\varepsilon\}^e + \{\Delta\sigma_0\} = [D]_e[B]\{\Delta\bar{\delta}\}^e + \{\Delta\sigma_0\}$$

则由式(14.22)得

$$\int_V ([B]^T[D]_e[B]\mathrm{d}V)\{\Delta\bar{\delta}\}^e = \{\Delta R\}^e - \int_V [B]^T\{\Delta\sigma_0\}\mathrm{d}V$$

式中,$[B]^T[D]_e[B]\mathrm{d}V$ 为弹性的单元劲度矩阵 $[k]$,其右端的第二项即为由初应力 $\{\Delta\sigma_0\}$ 转化而得的单元等效节点荷载向量,则

$$\{R_0\}^e = -\int_V [B]^T\{\Delta\sigma_0\}\mathrm{d}V$$

将式(14.20)代入后,得

$$\{R_0\} = \int_V [B]^T (1 - m) [D]_p \{\Delta\varepsilon\} dV$$

将有关各单元的$\{R_0\}^e$按相应的贡献叠加即得各节点的初应力等效荷载向量

$$\{R_0\} = \sum_e \{R_0\}^e = \sum_e \int_V [B]^T (1 - m) [D]_p \{\Delta\varepsilon\} dV \qquad (14.23)$$

符号$\sum_e$表示对与节点有关的各单元求和。

14.4.3 具体计算步骤

(1) 对结构施加全部荷载$\{R\}$,做完全弹性的计算。求出各单元的应力强度σ_i,取其最大值$(\sigma_i)_{max}$,令$L = \dfrac{(\sigma_i)_{max}}{\sigma_s}$,存贮根据$\{R\}_0 = \dfrac{1}{L}\{R\}$做弹性计算所得的位移、应变及应力,并以$\{\Delta R\} = \dfrac{1}{n}\left(1 - \dfrac{1}{L}\right)\{R\}$作为以后每次加载的荷载增量,$n$为某一正整数。

(2) 施加荷载增量$\{\Delta R\}$,对塑性区(包括过渡区)中的单元,以这次加载前的应力(对过渡区中的单元应取开始屈服时的应力)计算$[D]_p$。

(3) 对荷载增量$\{\Delta R\}$进行弹性计算,求得各单元的应变增量$\{\Delta\varepsilon\}$。

(4) 用上次迭代所得的应变增量,重新计算初应力荷载向量$\{R\}_0$。

(5) 求解在$\{\Delta R\}$和$\{R\}_0$共同作用下的弹性问题,求得相应的位移与应变增量。

(6) 重复步骤(4)、(5)直至相邻两次迭代所得的初应力相差甚小为止。

(7) 计算$\{\Delta\sigma\}$,$\Delta\varepsilon^p$(供判别是否发生卸载)。再求得位移,应变及应力的新水平并加以存贮。

(8) 如未加完全部荷载,则恢复到步骤(2)继续计算,直至荷载全部加完。

(9) 输出全部结果。

从上面的分析可以看出,初应力法实质上是一种混合法,它的特点是每一次迭代过程都是求解一个线性弹性问题。其中系数矩阵始终不变,可事先求$[K]$的逆阵存贮或进行三角分解存贮。每次加载或迭代时改变的是方程右端项。当求得右端项以后,只要进行矩阵乘法(当有$[K]$的逆阵时)或回代(当三角分解时)。所以该法的计算是省时的。而且该法不仅可用于硬化材料,对于理想塑性材料也是可用的。这是因为对于应变增量可以确定唯一的应力。从

$$[D]_\mathrm{p} = \frac{[D]_\mathrm{e}\left\{\dfrac{\partial \sigma_i}{\partial \sigma}\right\}\left\{\dfrac{\partial \sigma_i}{\partial \sigma}\right\}^\mathrm{T}[D]_\mathrm{e}}{H' + \left\{\dfrac{\partial \sigma_i}{\partial \sigma}\right\}^\mathrm{T}[D]_\mathrm{e}\left\{\dfrac{\partial \sigma_i}{\partial \sigma}\right\}}$$

可见,对理想塑性材料只要在计算 $[D]_\mathrm{p}$ 时取 $H' = 0$,然后可以通过式(14.19)由 $\{\Delta \varepsilon\}$ 确定 $\{\Delta \sigma_0\}$。

14.5　初　应　变　法

　　初应变法的基本原理和初应力法相似,也是设想荷载以微小增量的形式逐步施加于结构的。每施加一个荷载增量 $\{\Delta R\}$ 产生相应的应力增量 $\{\Delta \sigma\}$ 和应变增量 $\{\Delta \varepsilon\}$,而全应变增量 $\{\Delta \varepsilon\}$ 是由弹性的 $\{\Delta \varepsilon^\mathrm{e}\}$ 和塑性的 $\{\Delta \varepsilon^\mathrm{p}\}$ 两部分所组成的,即

$$\{\Delta \varepsilon\} = \{\Delta \varepsilon^\mathrm{e}\} + \{\Delta \varepsilon^\mathrm{p}\}$$

根据胡克定律,可以把应力应变关系写成

$$\{\Delta \sigma\} = [D]_\mathrm{e}(\{\Delta \varepsilon\} - \{\Delta \varepsilon^\mathrm{p}\}) \tag{14.24}$$

如果把塑性应变增量 $\{\Delta \varepsilon^\mathrm{p}\}$ 看成是初应变 $\{\Delta \varepsilon_0\}$,则式(14.24)成为

$$\{\Delta \sigma\} = [D]_\mathrm{e}(\{\Delta \varepsilon\} - \{\Delta \varepsilon_0\}) \tag{14.25}$$

在一维的情况下如图 14.8 所示。根据 $\{\mathrm{d}\varepsilon^\mathrm{p}\} = \left\{\dfrac{\partial \sigma_i}{\partial \sigma}\right\}\mathrm{d}\varepsilon_i^\mathrm{p}$ 和 $\left\{\dfrac{\partial \sigma_i}{\partial \{\sigma\}}\right\}^\mathrm{T}\{\mathrm{d}\sigma\} = H'\mathrm{d}\varepsilon_i^\mathrm{p}$,则

$$\{\Delta \varepsilon_0\} = \{\Delta \varepsilon^\mathrm{p}\} = \mathrm{d}\varepsilon_i^\mathrm{p}\left\{\dfrac{\partial \sigma_i}{\partial \sigma}\right\} = \frac{1}{H'}\left\{\dfrac{\partial \sigma_i}{\partial \sigma}\right\}\left\{\dfrac{\partial \sigma_i}{\partial \sigma}\right\}^\mathrm{T}\{\Delta \sigma\} \tag{14.26}$$

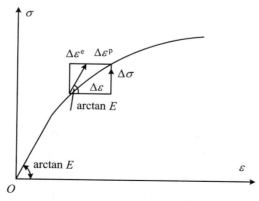

图 14.8　一维情况下各增量关系

这样，就把问题化为求解具有初应变的弹性问题。

对于这类具有初应变的弹性问题，同样可以根据能量原理得到有限单元法的计算格式

$$[K]\{\Delta\sigma\} = \{\Delta R\} + \{R_0\} \tag{14.27}$$

其中，$\{R_0\}$ 是由初应变 $\{\Delta\varepsilon_0\}$ 转化而得的等效结点荷载向量。简称为初应变等效荷载向量，它是由单元初应变等效荷载向量

$$\{R_0\}^e = \int_V [B]^T [D]_e \{\Delta\varepsilon_0\} dV \tag{14.28}$$

按相应的贡献叠加而成的。

$$\{R_0\} = \sum_e \{R_0\}^e = \sum_e \int_V [B]^T [D]_e \{\Delta\varepsilon_0\} dV \tag{14.29}$$

$\{R_0\}$ 除了与加载前应力有关，而且还与这次加载所引起的应力增量有关，记作 $(R_0\{\Delta\sigma\})$。将式(14.26)代入式(14.29)得到

$$\{R_0(\{\Delta\sigma\})\} = \sum_e \int_V \frac{1}{H'} [B]^T [D]_e \left\{\frac{\partial\sigma_i}{\partial\sigma}\right\} \left\{\frac{\partial\sigma_i}{\partial\sigma}\right\}^T \{\Delta\sigma\} dV \tag{14.30}$$

由于 $\{R_0\}$ 与 $\{\Delta\sigma\}$ 有关，而 $\{\Delta\sigma\}$ 本身又是待确定的量，因此求解方程(14.27)时需通过迭代。迭代的过程为：对每一次加载，用加载前的应力计算 $\frac{1}{H'} \left\{\frac{\partial\sigma_i}{\partial\{\sigma\}}\right\} \left\{\frac{\partial\sigma_i}{\partial\{\sigma\}}\right\}^T$。

取应力增量的初值 $\{\Delta\sigma\}_0 = 0$，此时初应变也为零。对荷载增量 $\{\Delta R\}$ 做弹性计算，即求 $\{R_0\}_0 = 0$ 的问题

$$[K]\{\Delta\delta\}_1 = \{\Delta R\} + \{R_0\}_0 = \{\Delta R\}$$

由此得到位移增量 $\{\Delta\delta\}_1$ 以及相应的应变及应力增量 $\{\Delta\varepsilon\}_1$ 及 $\{\Delta\sigma\}_1$；用 $\{\Delta\sigma\}_1$ 由式(14.30)决定 $\{R_0\}_1$，进而求解

$$[K]\{\Delta\delta\}_2 = \{\Delta R\} + \{R_0\}_1$$

得 $\{\Delta\delta\}_2, \{\Delta\varepsilon\}_2$ 及 $\{\Delta\sigma\}_2, \cdots$。

一般地说，如果在迭代到第 l 步时，已求得 $\{\Delta\sigma\}_l$，自式(14.30)决定 $\{R_0\}_l$，进而从

$$[K]\{\Delta\delta\}_{(l+1)} = \{\Delta R\} + \{R_0\}_l \tag{14.31}$$

求解得到 $\{\Delta\delta\}_{(l+1)}, \{\Delta\varepsilon\}_{(l+1)}$ 和 $\{\Delta\sigma\}_{(l+1)}$。这样的迭代过程一直进行到新一次迭代已不会使初应变有显著改变时结束。此时所得的位移、应变及应力的增量作为这一次加载的结果分别叠加到加载前的水平上去，并加以存贮。在此基础上再进行下一步加载的计算。直到荷载全部加完为止。由于具体计算步骤和初应力法十分相似，这里不再详述。

初应变法实质上也是一种混合法,它和初应力的差别可用图 14.9 来说明。以该图所示的一维情况为例,初应力法是利用所谓初应力的概念来调整弹性解答使其落在应力应变曲线上。而初应变法是利用所谓初应变的概念来调整弹性解答,使其落在应力应变曲线上,和初应力法一样,用初应变法计算,方程的系数也不改变,只是右端项在改变,所以同样可以节省计算时间,这是其优点。但是和初应力法不同,初应变法对硬化不显著的材料和对理想塑性材料不能运用,因为对理想塑性材料 $H'=0$,从式(14.30)可见,结果是发散的。可以证明,初应变法其收敛的充分条件是 $\dfrac{3G}{H'}<1$。

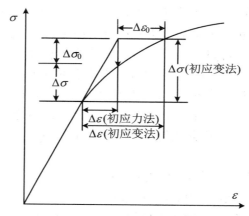

图 14.9 初应变法与初应力法的差别

有限单元法解弹塑性问题仍处在广泛研究的阶段。以上我们只是就有限单元法解弹塑性问题做了一个简单的介绍。

14.6 边 界 元 法

尽管有限单元法在科学研究和工程应用中起到了巨大作用,但有限单元法并不是十全十美的,改进有限单元法的工作一直在进行。有限单元法的某些不足是固有的,无法克服的。例如,有限单元法不大适合求解无限边界场域边值问题,而只能求解有界问题,因为用有限个单元离散无限域显然是不可能的。因此对无限域问题只能人为地截取有限域。用有限单元法难以处理的另一类问题是域内具有应力奇异的问题。这类应力奇异的问题通常发生在不规则的凹角或孔洞附近。由于应力奇异可能引起断裂扩展,因此在奇异点附件能否得到一个较为精确的解答,有时就显得十分重要。但是在奇异点处，理论上应力为无限大，用有限单元法可能产生毫无意义的分析结果。因此，不论单元划分得多么细小，有限单元法得到的结果通常不能反映它们在奇异点附近的迅速变化。有限单元法需要在整个求解域上进行离散，虽然目前有一些网格生成器，但要对形状复杂的三维体进行网格剖分，仍然不轻松，而且导致问题的自由度和原始信息量大。

为了弥补有限单元法的缺陷，科学工作者们不断致力于研究新的数值方法。边界元法是继有限元法之后的新的数值方法，它是将描述弹性力学问题的偏微分方程边值问题化为边界积分方程并吸收有限元的离散化而发展起来的。将弹性力学问题归结为求解一组边界积分方程，若在边界上已知3个位移分量和3个耐力分量中的3个分量，则由边界积分方程可以确定其余3个未知分量，而任意内点的位移和应力可由6个边界分量通过边界积分来确定，这就是边界积分方程方法。边界积分方程有奇异性，解析求解非常困难。有限元法吸引人们对边界积分方程在边界上划分单元进行离散，然后由全部边界节点的3个已知边界分量求出全部边界节点的另外3个边界分量，这就是边界元法的由来。边界元法包含有限单元法的思想，它把有限单元法的按求解域划分单元离散的概念移植到边界积分方程方法中，但边界元法不是有限元法的改进或发展，边界元法与有限元法存在着本质的差异。

边界元法具有有限元法没有的优点。由于边界元法的离散处理仅涉及边界，整个域内不再出现待求参数，因此，其待求参数的数目可以比有限元法少很多，方程规模缩小，故边界元法可以用较少量的未知数分析有限元法同样的问题。边界元法的这个特性使得其在三维问题中更具吸引力，因为在三维问题中，求解区域的外表面对体积的比值是很小的。由于边界元法能使问题降一维，并且分析同样的一个问题比有限元法简化了输入数据的准备工作，因此边界元法一般能节省计算机内存、计算时长和人工的数据准备工作量。边界元法在得出边界近似解后，虽得到不解析显式，但可以逐点计算域内点的近似解，而有限单元法则必须同时对所有域内的结点联立求解。因此当只需要对个别点求解时，边界元法较简便。

由于边界元法采用无限域的基本解自然满足场域无限远处的条件，用边界元求解有限单元难以求解的无限域问题是非常合适的。此外，对应力奇异问题也非常适用，易于处理，边界元法在理论上能够计算任意点处的解答，不论这些点的无限远处或是在奇异点为任意小的距离处，因为边界元实际上摆脱了有限元法中存在的这样一个约束，即必须在一个给定的网格点上寻求问题的解答。

实际上，任何一种方法都不是完美的，边界元法也不例外。用边界元法求解边值问题需要找到控制微分方程的一个基本解或控制微分方程在无限空间上的格林函数，对于某些问题是困难的。为了保证法求解的控制方程为常系数偏微分方程，一般还要求求解区域是均质的。因此边界元法较难求解控制微分方程为非线性的问题和含有非均匀介质的问题。虽然边界元法可以把问题的维数减少一维,但所得的影响系数矩阵是一个非对称、非带状和非稀疏的满秩矩阵。特别是在求解非线性问题时,不可避免地包含非线性项的域稳健,因而就必须在域内划分单元或网格以计算非线性项的域积分,而积分的精度在非线性问题的收敛性中起支配作用,因此域内单元或网格划分就不能太粗糙。这样边界元可以把问题的维数减少一维的优势就不明显了。

有限单元、边界元等方法是以单元为基础的,因此存在共同的缺点,每次计算前都要剖分网格,数据准备工作量大,特别是三维问题。虽然目前已有一些网格生成器,但还是计算耗时、不方便。因此人们期待一种不划分网格的数值方法,即无网格法。

14.7　无　网　格　法

无网格方法在许多应用中被认为优于传统的基于网格的有限元网。无网格法的主要思想是:通过一系列任意分布的节点(或粒子)来求解具有各种各样边界条件的积分方程或偏微分方程组,从而得到精确稳定的数值解,这些节点或粒子之间不需要网格进行连接。

光滑粒子流体动力学法(SPH)是一种无网格粒子法,自 Lucy 和 Gingold 等人提出以来已大约 40 年,其将计算域离散为具有质量、动量、能量的粒子,通过计算和记录粒子的相关信息描述材料的变形及材料间的相互作用,最先用于天体物理现象的模拟,随后被广泛地应用于连续固体力学和流体力学中。SPH 方法较之于网格的方法有如下优势:可处理大变形问题、前处理较之有限元法更简单、更适宜对自由面和界面流动进行模拟等。SPH 方法及其衍生方法是现在粒子法的主要类型,而且已经融入许多商业软件中。

14.7.1　SPH 的基本方程

任意一连续函数在 SPH 方法中其积分表达式为

$$\langle f(x) \rangle = \int_{\Omega} f(x') W(x - x', h) \mathrm{d}x' \tag{14.32}$$

式中,$W(x - x', h)$ 表示核函数或光滑函数;h 表示光滑长度;x 表示空间点坐标。

由于核函数 W 在积分域 Ω 边界上为零,通过分部积分可得到 $f(x)$ 层数的核

估计表示为

$$\left\langle \frac{\partial f(x)}{\partial x} \right\rangle = \int_\Omega \frac{f(x') \partial W(x - x', h)}{\partial x} \mathrm{d}x' \qquad (14.33)$$

　　将解域 Ω 离散为 M 个质点(带质量的粒子), x_j 代表粒子 j 的位置矢量,则 $f_i = f(x_i)$, $f_j = f(x_j)$ 分别表示 $f(x)$ 在粒子 i、j 上的值,通过式(14.30)和式(14.31)可将 $f(x)$ 在 x_i 处的核估计表示为

$$f_i = \sum_{j=1}^{j=M} f_j W_{ij} \mathrm{d}x_j = \sum_{j=1}^{j=M} f_j W_{ij} \frac{m_j}{\rho_j} \qquad (14.34)$$

$$\frac{\mathrm{d}f_i}{\mathrm{d}x^\alpha} = \sum_{j=1}^{j=M} f_j \frac{\partial W_{ij}}{\partial x_i^\alpha} \frac{m_j}{\rho_j} \qquad (14.35)$$

式中, i 粒子的临近粒子编号 j; α 为空间维序数; $W_{ij} = W(x_j - x_i, h)$ 为离散核函数;积分体元为 $\mathrm{d}x_j = \dfrac{m_j}{\rho_j}$。

　　光滑长度 h 决定着核函数的影响域,作为核函数的重要参数,其大小直接影响计算效率及计算结果的精确性。倘若 h 太小,半径为 κh 的支持域内没有足够的粒子对待求粒子施加载荷,降低了计算结果的精确性;倘若 h 太大,变形的局域性将无法显现。由于金属板碰撞过程中,结合界面的变形非常大,计算中若采用固定光滑长度,核函数影响域内粒子数量必将增加,不仅会产生压缩不稳定性,而且显著降低了计算效率,故本书采用了变光滑长度 $h(t)$,其形式如下:

$$\frac{\mathrm{d}}{\mathrm{d}t}[h(t)] = \frac{1}{d} h(t)[\mathrm{div}(v)]^{\frac{1}{3}} \qquad (14.36)$$

式中, v 表示粒子速度; d 为空间维度。

14.7.2　SPH 方法在爆炸复合领域的应用

　　问题描述:研究者发现均匀等厚度装药情况下的爆炸复合板在起爆端的爆轰成长阶段,界面波的尺寸逐渐变大,当达到稳定爆轰以后,界面波的尺寸仍在缓慢增加。

　　建立如图 14.10 所示的爆炸复合等效斜碰撞的二维计算模型,即爆炸复合中略去了炸药部分,通过 LS-DYNA 软件采用无网格的 SPH 方法对爆炸复合中的等效斜碰撞过程进行二维的数值模拟,将计算得到的碰撞角和碰撞速度分量数据赋予模型中的复板,借以消除炸药爆轰产物对结合区波形的影响,实现爆炸复合过程中复板的等效斜碰撞。

　　模拟结果:图 14.11 至图 14.13 分别给出了 3.2 μs、3.5 μs 和 3.8 μs 对应时刻爆炸复合斜碰撞过程的模拟结果。

图 14.10　计算模型

图 14.11　3.2 μs 时爆炸复合斜碰撞过程的模拟结果

图 14.12　3.5 μs 时爆炸复合斜碰撞过程的模拟结果

　　模拟结果再现了爆炸复合过程中出现的射流和界面波形结合,同时可看出结合界面处的界面波呈现从无到有的变化趋势,该现象与研究者们观察到的界面波变化情况一致。

图 14.13　3.8 μs 时爆炸复合斜碰撞过程的模拟结果

　　随着力学问题数值解法的不断发展,从有限元单元法到边界元法,再到无网格法,各有各的优点,但也有各自不可克服的缺点。所以对各种数值解法的研究一直未间断,各种数值解法也得到不断完善。

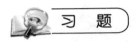 习　题

1. 有限单元法求解非线性问题,常用的基本方法有哪些?
2. 三种基本方法的基本思想是什么?

附录　张量知识简介

张量理论是数学的一个分支学科,在力学中有重要的应用。张量最初是用来表示弹性介质中各点应力状态的,后来张量理论发展成为力学和物理学的一个非常有力的数学工具。张量之所以重要在于它可以满足一切物理定律必须与坐标系的选择无关的特性。张量概念是矢量概念的推广,矢量是一阶张量。

1. 标量

标量是只有大小没有方向的物理量,例如温度 T,密度 ρ,时间 t,功 W 等。标量没有方向,分量个数为 1。

2. 矢量

矢量是既有大小又有方向的物理量,常用小写黑体字母(或字母上加箭头)来表示,例如位移 $\boldsymbol{u}$(或 $\vec{u}$),体力 $\boldsymbol{f}$(或 $\vec{f}$),速度 $\boldsymbol{v}$(或 $\vec{v}$)等,分量个数一般为 3。

3. 张量

具有多重方向性的物理量称为狭义的张量。张量是矢量概念的推广。这种高阶张量的实体记法通常用黑体字母 $\boldsymbol{A},\sigma$ 等表示。对于具有 9 个分量的二阶张量 $\boldsymbol{A}$,其分解式记法为

$$A = \begin{vmatrix} A_{11} & A_{12} & A_{13} \\ A_{21} & A_{22} & A_{23} \\ A_{31} & A_{32} & A_{33} \end{vmatrix} \tag{1}$$

共有 9 个量。张量也可用指标记法

$$A_{ij} \quad (i = 1,2,3; j = 1,2,3) \tag{2}$$

在三维空间坐标系中,如果一个张量的分量个数为 3^N,则该张量就称为 N 阶张量,例如标量,矢量和应力张量分别为零阶,一阶和二阶张量。二阶以上的张量已不可能在三维空间有明显直观的几何意义。

在参考坐标系中,其他矢量均可用 $\boldsymbol{e}_i$ 的线性组合来表示,例如三维空间矢量 $\boldsymbol{f}$ 可表示为

$$\boldsymbol{f} = f_1\boldsymbol{e}_1 + f_2\boldsymbol{e}_2 + f_3\boldsymbol{e}_3 = \sum f_i\boldsymbol{e}_i \tag{3}$$

其中 f_i 为矢量 $\boldsymbol{f}$ 在 $\boldsymbol{e}_i$ 轴的投影或分量,$\boldsymbol{e}_i$ 为基矢量或单位分量,下标 i 称为指标。这种同时写出所有分量和相应的基矢量的表示方法称为分解式记法。当然,大家

也可以用全部分量的集合来表示矢量,省略相应的基矢量,例如用

$$u_i \quad (i = 1, 2, 3) \tag{4}$$

表示位移矢量,这种字母加指标的表示方法称为指标或分量记法。矢量在笛卡尔坐标系中有 3 个分量,故为一阶张量。$u_i(i = 1, 2, 3)$ 即为 u_1, u_2, u_3,也就是 u,v,w。

在指标写法中,不重复出现的指标称为自由指标。

4. 求和约定

如果一个指标重复出现两次,则该指标要取完指标域中所有的值,然后将各项加起来。这就是爱因斯坦求和约定,重复出现的指标称为哑指标。按此约定,式(3)可写为

$$f = f_i e_i = f_1 e_1 + f_2 e_2 + f_3 e_3 \tag{5}$$

哑指标仅表示要遍历求和,因此可用除该项中自由指标以外的任何字母代替而不改变该项的意义。例如

$$f = f_i e_i = f_j e_j \tag{6}$$

哑指标只能成对出现,重复不止一次的指标,求和约定失败。求和约定仅对字母指标有效,对数字指标不存在求和运算。

又如体积应力:

$$\Theta = \sigma_{ii} = \sigma_{11} + \sigma_{22} + \sigma_{33} = \sigma_{xx} + \sigma_{yy} + \sigma_{zz} = \sigma_x + \sigma_y + \sigma_z$$

5. 求导

求导一般用"∂"或"$'$"表示。例如对 $A_{i,j}$ 的求导

$$A_{i,j} = \frac{\partial A_i}{\partial x_j} \quad (i = 1, 2, 3; j = 1, 2, 3) \tag{7}$$

因此,求导对张量是升阶的,即一阶张量求导后变成二阶张量;二阶张量求导后变成三阶张量。

6. 对称张量与反对称张量

如果 A 的分量满足

$$A_{ij} = A_{ji} \tag{8}$$

即与其转置张量相等,则 A 称为对称张量。应力与应变张量即为对称张量。

如果 B 的分量满足

$$B_{ij} = -B_{ji} \tag{9}$$

则 B 称为反对称张量。转动张量即为反对称张量。反对称张量的主对角线上的分量必为零。

如果一个张量 C 既不是对称张量也不是反对称张量,可以分解为一个对称张量与反对称张量之和。

$$C_{ij} = \frac{(C_{ij} + C_{ji})}{2} + \frac{(C_{ij} - C_{ji})}{2} \tag{10}$$

则 $p_{ij} = \dfrac{(C_{ij} + C_{ji})}{2}$ 为对称张量；$q_{ij} = \dfrac{(C_{ij} - C_{ji})}{2}$ 为反对称张量。

7. 克罗内克符号

在数学中，克罗内克符号 δ_{ij} 是一个二元函数，得名于德国数学家利奥波德·克罗内克（Leopold Kronecker）。克罗内克函数的自变量（输入值）一般是两个整数，如果两者相等，则其输出值为 1，否则为 0。

$$\delta_{ij} = \begin{cases} 0, & i \neq j \\ 1, & i = j \end{cases} \quad (i = 1,2,3; j = 1,2,3) \tag{11}$$

即

$$\delta_{ij} = \begin{vmatrix} 1 & 0 & 0 \\ 0 & 1 & 0 \\ 0 & 0 & 1 \end{vmatrix} \tag{12}$$

应力分量一般可以分解成两部分：一部分是球应力张量，对应的应力状态称为静水压力，另一部分称为偏应力张量。

球应力张量：

$$\begin{vmatrix} \sigma_m & 0 & 0 \\ 0 & \sigma_m & 0 \\ 0 & 0 & \sigma_m \end{vmatrix} \tag{12}$$

球应力张量用 $\sigma_m \delta_{ij}$ 表示即可。

参 考 文 献

［1］ 徐芝纶.弹性力学:上册［M］.5 版.北京:高等教育出版社,2016.
［2］ 杨桂通.弹塑性力学引论［M］.2 版.北京:清华大学出版社,2013.
［3］ 李遇春.弹性力学［M］.北京:中国建筑工业出版社,2009.
［4］ 薛守义.弹塑性力学［M］.北京:中国建筑工业出版社,2005.
［5］ 陈明祥.弹塑性力学［M］.北京:科学出版社,2007.
［6］ 吴家龙.弹性力学［M］.3 版.北京:高等教育出版社,2016.
［7］ 陈惠发,萨里普 Ａ Ｆ.弹性与塑性力学［M］.余天庆,王勋文,刘再华,编译.
北京:中国建筑工业出版社,2015.
［8］ 徐秉业,刘信声,沈新普.应用弹塑性力学［M］.2 版.北京:清华大学出版
社,2017.
［9］ 李同林.弹塑性力学［M］.北京:中国地质大学出版社,2016.
［10］ 徐秉业.简明弹塑性力学［M］.北京:高等教育出版社,2011.
［11］ 夏志皋.塑性力学［M］.上海:同济大学出版社,1991.